Python 3.x
基础教程

史卫亚◎编著

北京大学出版社
PEKING UNIVERSITY PRESS

内 容 提 要

本书以零基础讲解为宗旨，旨在帮助读者掌握 Python 语言的基础知识，以及如何使用 Python 语言实现编程，了解其开发技巧，并通过实战案例熟悉开发过程及问题的解决方法。

全书共分 13 章，大致分为 4 部分：第 1~4 章介绍 Python 简介及环境搭建、Python 基础和面向对象的编程知识；第 5~7 章介绍读写文件、自带电池模块及系统编程的知识；第 8~11 章介绍网络编程、收发电子邮件、图形用户界面和 Web 开发；第 12、13 章通过两个综合案例的讲解，将全书各个知识点融会贯通，加深读者对所学知识的理解。

本书专为没有任何 Python 基础的初学者和爱好者打造，无论你是否从事计算机相关专业，是否有过 Python 项目经验，或是否想要转行从事计算机相关专业，均可通过本书快速掌握 Python 的基本知识和开发技巧。

图书在版编目（CIP）数据

Python 3.x 基础教程 / 史卫亚编著. — 北京：北京大学出版社，2019.6
ISBN 978-7-301-30450-1

Ⅰ.①P… Ⅱ.①史… Ⅲ.①软件工具 — 程序设计 — 教材 Ⅳ.① TP311.561

中国版本图书馆 CIP 数据核字 (2019) 第 074346 号

书　　　名	Python 3.x 基础教程	
	PYTHON 3.X JICHU JIAOCHENG	
著作责任者	史卫亚 编著	
责 任 编 辑	吴晓月　刘沈君	
标 准 书 号	ISBN 978-7-301-30450-1	
出 版 发 行	北京大学出版社	
地　　　址	北京市海淀区成府路 205 号　100871	
网　　　址	http://www.pup.cn　　新浪微博：@ 北京大学出版社	
电 子 信 箱	pup7@ pup.cn	
电　　　话	邮购部 010-62752015　发行部 010-62750672　编辑部 010-62570390	
印 刷 者	三河市北燕印装有限公司	
经 销 者	新华书店	
	787 毫米 ×1092 毫米　16 开本　29 印张　654 千字	
	2019 年 6 月第 1 版　2019 年 6 月第 1 次印刷	
印　　　数	1—4000 册	
定　　　价	69.00 元	

前言
PREFACE

本书是专为零基础读者打造的一本编程学习用书，我们的目的是当读者系统地学习完本书的内容之后，可以骄傲地宣布："我已经是一个 Python 专家了！"

为什么要写这本书

2017 年 7 月 20 日，国务院印发《新一代人工智能发展规划》，提出了面向 2030 年我国新一代人工智能发展的指导思想、战略目标、重点任务和保障措施，部署构筑我国人工智能发展的先发优势，加快建设创新型国家和世界科技强国。随着人工智能（Artificial Intelligence，AI）时代的到来，如果想要从事 AI 相关的工作，最好要熟悉并掌握 Python 开发工具。

Python 作为一种功能强大且通用的编程语言，正在得到越来越多的应用。因此一本简单易学的 Python 基础书，将使读者学习 Python 语言事半功倍。综观当前编程图书市场，这本书的优势在于立足于基础，以编程思维方法为主线，将理论知识和实际应用结合，并通过两个综合的实际案例，贯穿全书所学知识，目标是让初学者能够快速地熟悉 Python 的基本概念和编程方法，同时会使用 Python 语言解决实际的应用问题。

本书通俗易懂，是学习 Python 基础知识的入门书籍，特别适合对 Python 还不熟悉的编程者，同时对想使用 Python 语言解决一些实际问题的初学者也非常适合。

读者对象

- 没有任何 Python 项目经验的初学者。
- 没有 Python 基础，想学习 Python 的零基础爱好者。
- 初、中级程序员和了解简单的编程语言的人。
- 正在进行毕业设计的学生。
- 高等院校及培训学校的教师和学生。

本书特色

1. 零基础入门

无论您是否从事计算机相关行业，是否接触过 Python，是否使用 Python 开发过项目，都能通过本书开启学习之旅。

2. 学习与巩固相结合

书中配有课堂范例和上机实战，课堂范例便于读者学习并梳理知识点，上机实战则可以让读者随时自我检测，巩固所学知识，真正做到知识点与范例相结合。

3. 超多实用、专业的范例

本书结合实际工作中的范例，逐一讲解 Python 的各种知识和开发技巧。最后，通过上机实战来帮助读者巩固本章知识，轻松掌握项目开发经验。

4. 视频教程，轻松学习

本书赠送 32 小时全程教学视频，详细地讲解了范例和项目开发的过程和关键点，帮助读者更加轻松地掌握本书的知识。

本书的编写思路

在第 1 章中介绍了 Python 的起源和环境的搭建，初学者应首先学习这一章，因为后续章节的代码和案例都需要在 Python 环境中运行。

初级编程主要包含 Python 基础、面向对象基础知识和面向对象高级知识，这 3 章是培养读者的 Python 编程思维，如果读者以前具有其他高级语言的编程经验，那么这一部分将学习得更为轻松，因为许多语言都是相通的，读者只需领会 Python 语言的特点即可。

在中级编程部分，介绍了读写文件、自带电池模块及系统编程的知识，这些内容建立在初级编程的基础上，可以让读者更加理解为什么 Python 越来越受欢迎，使用起来为什么更加简单方便。

在高级编程部分，重点介绍了如何编程实现图形用户界面，如何实现网络编程，并且给出了收发电子邮件和 Web 开发的应用实现方法。在掌握这些内容之后，通过两个具体的应用案例——飞机大战和每日生鲜，将全书所学的知识点融会贯通，提高读者解决实际问题的能力。

如何阅读本书

本书主要介绍 Python 语言的基本概念和编程思维，分为 4 部分，分别是初级编程、中级编程、高级编程和应用案例，为了使读者能更好地学习本书，下面为读者梳理了每一章所讲的知识点。

首先带领读者对 Python 有一个初步的了解，第 1 章主要介绍 Python 的起源和环境的搭建，并通过一个简单的 Python 程序，让读者对 Python 编程有一个初步的体验。

接下来为了使读者能够掌握 Python 相关知识，第 2 章介绍了 Python 编程过程中所使用到的基础知识，主要包含变量、注释、各种运算符、判断语句、循环语句、列表和元组、字典、无序集合、字符串、函数的基本概念及使用方法，并通过简单的实例让读者知道如何在编程过程中使用这些知识。

面向对象设计是一种软件设计方法，是一种工程化规范。第 3 章介绍面向对象的编程思想，以及 Python 语言中如何实现面向对象，并通过简单的实例让读者加深对面向对象编程的理解。

在学习完面向对象的基础知识后，第 4 章继续介绍面向对象编程过程中的高级知识，内容涉及设计模式、元类、动态语言、生成器、迭代器、闭包、装饰器、内建和异常等概念。通过对这些概念的理解及使用方法的学习，读者可以更加容易地实现代码的编写和调试。

在平时编写程序的过程中，经常涉及对计算机上某个目录中的文件进行读写的问题，经常会进行创建文件和目录、删除文件和目录、重命名等操作，在第 5 章中介绍了文件读写的知识。

Python 流行的一个原因就是因为它的第三方模块数量巨大，程序员编写代码不必从零开始"造轮子"，许多要用的功能在 Python 中都已经写好并封装成库了，模块就是具有某些功能的 Python 文件，第 6 章介绍了系统内置的模块和常见的第三方模块，最后通过实战案例演示了如何使用模块。

为了使指令更高效地执行，CPU 通过流水线方式或以几乎并行执行指令的工作方法来提高指令的执行速度。第 7 章重点介绍了提高计算机效率的两个重要概念——进程和线程。

随着网络的普及，人们的日常生活越来越离不开网络，如通过网络交流、网络购物等。如何通过编程在网络中各个节点之间进行信息的传递，是网络编程的重点内容，因此第 8 章就介绍了网络通信的基本原理，并重点介绍在 Python 中如何实现网络编程。

在某些应用中，可能会需要管理员给所有用户群发电子邮件，或者类似的应用。第 9 章首先介绍了网络中电子邮件的收发过程，然后介绍在 Python 中如何使用代码编程实现电子邮件的收发，并通过范例，解决一些实际问题。

现在大多数应用软件都是图形用户界面，操作方便。第 10 章介绍了 Python 的标准 GUI 工具包，以及如何实现 GUI 编程，主要包括图形库安装、主要组件、事件处理、布局和对话框等内容。通过这一章的学习，读者可以轻松编制图形窗口。

Web 应用程序是基于浏览器 / 服务器（Browser/Server，B/S）的一种应用程序。第 11 章首先介绍了 Web 应用程序的开发方法，主要包含 HTTP 协议和一些前端开发语言或方法，如 HTML、CSS、JavaScript、jQuery 等，然后介绍了如何简化服务器端程序开发。

最后通过课堂范例与上机实战巩固学习的内容。

第 12 章和第 13 章通过两个典型案例进行综合讲解，让读者以编程的思维明白如何将所学知识应用到真实的项目开发中。

Python 最佳学习路线

本书总结了作者多年的教学实践经验，为读者设计了最佳的学习路线。

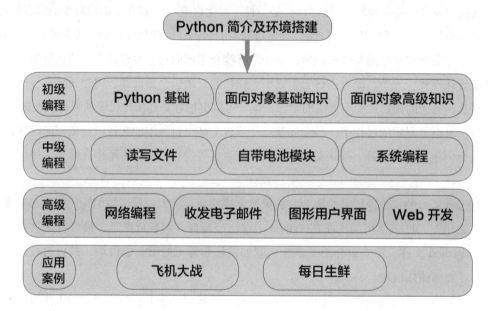

配套资源

扫描下方二维码，即可下载本书配套素材与视频资源。

本书中源码的路径，如"03\ 代码 \3.2 类和对象 \demo01.py"，其中 03 表示第三章，"代码"为目录名称，"3.2 类和对象"也是目录名称，"demo01.py"为具体的源代码文件名称。

作者团队

本书由龙马高新教育策划，河南工业大学史卫亚老师任主编，河南工业大学王社伟老师任副主编，其中第1~8章、第12章由史卫亚老师编写，第9~11章和第13章由王社伟老师编写。在编写过程中，编者竭尽所能地为读者呈现最好、最全的实用功能，但仍难免有疏漏之处，敬请广大读者指正。读者若在学习过程中有疑问或任何建议，可以通过以下方式联系我们。

投稿信箱：pup7@pup.cn

读者信箱：2751801073@qq.com

目录 CONTENTS

第1章 Python简介及环境搭建

01

本章主要介绍 Python 的基本知识，与其他高级语言相比有哪些优缺点，以及它的主要应用。同时本章将搭建 Python 编程环境。这个编程环境是本书后面所介绍的实例的基础，也是学习 Python 的第一步，然后将通过一个简单的 Python 小程序，让读者有一个简单的编程体验。

1.1 了解 Python

本节首先了解 Python 的历史，然后介绍它有什么优缺点，介绍目前它的应用领域。

1 Python 简介

Python 是一种面向对象的解释型计算机程序设计语言，由荷兰人 Guido van Rossum（吉多·范罗苏姆）于 1989 年开发，第一个公开发行版发行于 1991 年。

面向对象是一种对现实世界理解和抽象的方法，是计算机编程技术发展到一定阶段后的产物。早期的计算机编程是基于面向过程的方法，随着计算机技术的不断发展，计算机被用于解决越来越复杂的问题，通过面向对象的方式，将现实世界的事物抽象成对象，现实世界中的关系抽象成类、继承，帮助人们实现对现实世界的抽象与数字建模。面向对象是一种程序设计范型，同时也是一种程序开发的方法。对象指的是类的集合。它将对象作为程序的基本单元，将程序和数据封装其中，以提高软件的重用性、灵活性和扩展性。

计算机不能直接理解高级语言，只能直接理解机器语言，所以必须要把高级语言翻译成机器语言，计算机才能执行高级语言编写的程序。翻译一般有两种方法：编译和解释。编译型语言写的程序在执行之前需要一个专门的编译过程，把程序编译成为机器语言的文件，以后要运行的话就不用重新翻译，直接使用编译的结果就行了。而解释型语言则不同，解释型语言的程序不需要编译，在运行程序时才翻译，每个语句都是执行的时候才翻译。这样解释型语言每执行一次就要翻译一次，解释是一句一句地翻译。

2 Python 的优点

(1) 易于学习：Python 有相对较少的关键字，结构简单，语法明确。

(2) 易于阅读：Python 代码定义清晰。

(3) 易于维护：源代码容易维护。

(4) 具有丰富的标准库：Python 最大的优势之一是具有丰富的库，这些库都是跨平台的，兼容性很好。

(5) 可移植：基于其开放源代码的特性，Python 可以很方便地移植到许多平台上。

(6) 可扩展：如果需要一段运行很快的关键代码，或者是想要编写一些不愿开放的算法，可以使用 C 或 C++ 完成那部分程序，然后从 Python 程序中调用。

(7) 数据库：Python 提供所有主要的商业数据库的接口。

(8) GUI 编程：Python 支持 GUI 创建和移植到许多系统中进行调用。

(9) 可嵌入：可以将 Python 嵌入 C 或 C++ 程序中，让程序的用户获得"脚本化"的能力。

目前，许多大型网站就是用 Python 开发的，如 YouTube、Instagram，还有国内的豆瓣。很多大公司，包括 Google、Yahoo，甚至 NASA（美国航空航天局）等都大量地使用 Python。

❸ Python 的缺点

(1) 运行速度不快，如果对速度要求很高，可以使用 C 语言改写程序的关键部分。

(2) 国内市场份额相对比较小。但随着时间推移，目前国内的许多软件公司已开始大规模使用 Python，尤其是在游戏和数据处理方面。

(3) 中文资料相对匮乏。不过，随着 Python 的普及，目前已有一些优秀的教材被翻译成为中文，但其中入门级教材较多，高级编程内容还是只能看英文版。

❹ Python 应用领域

Python 作为一种功能强大且通用的编程语言，目前在国际上非常流行，正在得到越来越多的应用。图 1-1 中给出了一些经典的应用领域。

图 1-1　Python 的应用领域

1.2 搭建 Python 的编程环境

要想进行 Python 的学习和实验，首先需要在计算机中搭建 Python 的编程环境，本节将分别介绍在 Windows 和 Linux 系统中环境搭建及环境变量的配置过程。

1.2.1 ▶ Python 环境简介

Python 是跨平台的，它可以运行在 Windows、Mac 和各种 Linux/UNIX 系统中。在 Windows 中写 Python 程序，放入 Linux 中也是能够运行的。

要学习 Python 编程，首先需要把 Python 安装到计算机中。安装后，会得到 Python 工作环境，其中包括一个命令行环境，还有一个集成开发环境。

目前，Python 有两个版本，一个是 2.x 版，一个是 3.x 版，这两个版本是不兼容的。由于 3.x 版越来越普及，因此我们的教程将以最新的 Python 3.5 版本为基础。学习环境为 Ubuntu 16.04+Python 3.5。不过所有的 Python 程序在 Windows 平台中都可以运行。

1.2.2 ▶ Windows 下 Python 环境的搭建

1 Python 的下载

在浏览器中输入 Python 的下载地址 http://www.python.org，打开 Python 公司的网站，如图 1-2 所示。

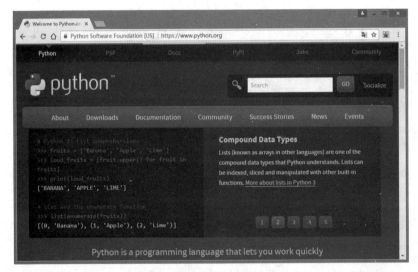

图 1-2　Python 公司的网站

单击 "Downloads" 标签下的 Windows 选项（如果是 Linux 系统，就选 Linux 选项），并根据计算机是 32 位还是 64 位选择不同的下载文件，软件下载成功后就可以进行安装了。

2 Python 的安装

双击前面下载的文件，或者右击该文件，在弹出的快捷菜单中选择 "安装" 命令，就会出现如图 1-3 所示的安装界面。

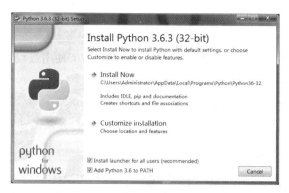

图 1-3　Python 的安装初始界面

选中图 1-3 中"Install launcher for all users(recommended)"和"add Python 3.6 to PATH"两个复选框，这样后面 1.2.3 节所介绍的步骤可以跳过不做，否则需要按照 1.2.3 节所介绍的步骤添加环境变量。

选择"Install Now"选项，软件就开始安装了，在每个窗口出现后，直接单击"Next"按钮即可，中间安装过程如图 1-4 所示。

图 1-4　安装过程界面

最后出现如图 1-5 所示的界面，单击"Close"按钮，即可完成安装。

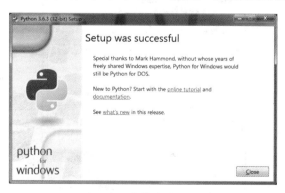

图 1-5　安装完成界面

至此，Python 就成功地安装在计算机中了。

1.2.3 ▶ Windows 环境变量的配置

Python 安装完成后，需要设置环境变量，否则在此后的使用过程中将无法找到可执行程序，会导致 Python 使用过程中出现错误环境。

设置 Python 环境变量的步骤如下。

（1）右击桌面上的"我的电脑"按钮，在弹出的快捷菜单中选择"属性"命令，出现系统设置对话框，如图 1-6 所示。

图 1-6 系统设置对话框

（2）选择"高级系统设置"标签，进入"高级"选项卡，单击"环境变量"按钮，如图 1-7 所示。

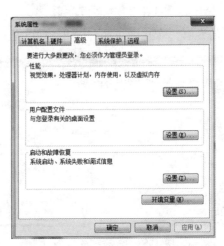

图 1-7 "系统属性"对话框

（3）此时进入"环境变量"对话框，在下方"系统变量"列表框中找到变量"Path"并双击，如图 1-8 所示。

图 1-8 "环境变量"对话框

（4）弹出如图 1-9 所示的"编辑系统变量"对话框，在"变量值"文本框中把 Python 路径添加进去。单击"确定"按钮，环境变量设置成功。

图 1-9 "编辑系统变量"对话框

至此，Python 的环境变量已经设置完毕，下面就可以打开 Python 了。

1.2.4 Linux 下的配置

由于本书后面的实例都是在 Ubuntu 16.04 平台下 Python 3.x 环境中运行的，因此首先需要在计算机中安装 Linux 系统，本书使用 Ubuntu 系统。读者可以根据自身情况，直接在计算机中安装 Ubuntu 系统，也可以在 Windows 平台上安装虚拟机 vmware，然后在虚拟机上安装 Ubuntu 系统。有关虚拟机 vmware 的安装及虚拟机上 Ubuntu 系统的安装，本书不进行介绍，如果读者对此不熟悉，可以查阅有关资料。

由于 Ubuntu 系统中自带 Python 系统，因此 Ubuntu 系统安装后，可以直接使用 Python 环境。

如果读者对 Linux 不熟悉，也可以使用 Windows 平台中的 Python 环境进行练习。本书所有代码可以跨平台运行，不需要任何修改。

1.3 编写第一个 Python 程序

1.2 节中介绍了如何搭建 Python 编程环境，下面使用搭建好的 Python 编程环境编写第一个 Python 程序。

调用 Ubuntu 系统的 gedit 程序，如图 1-10 所示。

图 1-10　执行 gedit 程序

gedit 程序类似 Windows 平台中的记事本编辑器，如图 1-11 所示。

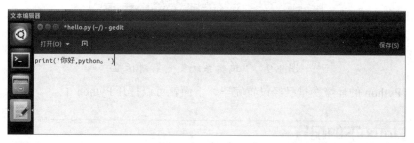

图 1-11　gedit 编辑器

在打开的文本编辑器中输入以下内容：

```
print(' 你好 ,python。')
```

然后单击右上角的"保存"按钮，或者按"Ctrl+S"组合键，此时会弹出保存文件对话框，设置保存路径及文件名即可。

保存文件的时候要注意，Python 程序文件的扩展名为 .py，文件名只要是符合标准文件命名定义就可以。假设上面的文件命名为 hello.py。

上面的内容使用 print 语句打印括号内单引号中的内容，此处也可以使用双引号。

现在已经编辑了一个 Python 文件，下面就看一下如何执行这个文件。在 Linux 环境中执行 Python 文件的方法如下。

在终端窗口中输入以下命令：

```
python3./hello.py
```

此命令中 python3 表明调用解释器来执行程序，而 hello.py 是被执行的程序。

程序运行结果如图 1-12 所示。

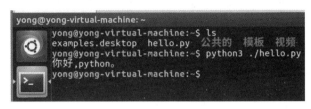

图 1-12　终端窗口命令的输入和程序运行结果

可以看出，执行结果显示出了上面代码中括号括起来的内容"你好,python"。

上面是使用解释器来执行程序代码，也可以直接使用程序的文件名来执行，但是需要进行如下操作。

首先在源程序文件的第一行增加如下代码：

```
#!/usr/bin/python3
```

这句代码表明使用的解释器所在的路径位置，这样当执行这个文件的时候，系统会从所列出的路径中使用对应的解释器执行程序。

然后在下面输入具体的程序代码，如输入下面的打印语句：

```
print(' 你好, python。')
```

最后保存文件，将这个文件命名为 hi.py。

完成上面的操作后，还需要给文件赋予可执行的权限，执行下面的命令：

```
Chmod u+x   ./hi.py
```

程序运行结果如图 1-13 所示。

图 1-13　修改权限和程序运行结果

完成了上面两个步骤后，就可以使用文件名直接执行程序，如图 1-14 所示。

图 1-14　使用文件名直接执行程序

1.4 常用的 IDE 工具

Python 开发工具可以帮助开发者加快使用 Python 开发的速度，提高工作效率。高效的代码编辑器或者集成开发环境（Integrated Development Environment，IDE）使用方便，可以帮助开发者高效开发应用程序。Python 常用的开发工具有很多，这里列出常用的两种：Vim 和 PyCharm。

1 Vim 工具

Vim 是一个类似于 Vi 的功能强大、高度可定制的文本编辑器，提供了编辑模式、插入模式等特性，可以自动实现代码补全、编译及错误跳转等方便编程的功能，可以完成复杂的编辑与格式化功能。要想使用这个开发工具，首先需要安装它，安装过程如下。

在终端中输入安装代码：

Sudo apt install vim

程序运行结果如图 1-15 所示。

图 1-15　终端中输入安装代码和程序运行结果

安装成功后，输入 vim 即可打开这个编辑器，界面如图 1-16 所示。

图 1-16　Vim 编辑器

如图 1-16 所示，中间显示了该软件的一些基本信息及一些快捷键。有关 Vim 的操作命令，读者可以查询相关帮助文件。

② PyCharm 工具

PyCharm 是一种 Python IDE，带有一整套可以帮助用户在使用 Python 语言开发时提高其效率的工具，例如调试、语法高亮、智能提示、自动完成等。

首先登录 PyCharm 网站（地址是 https://www.jetbrains.com/pycharm/），如图 1-17 所示。

图 1-17　PyCharm 网站

单击网站中的"DOWNLOAD NOW"按钮，进入下载页面，可以根据计算机配置情况选择 Windows、Mac 或 Linux 版本。由于笔者使用的是 Linux 系统，因此这里下载对应的 Linux 版本。下载完成后，首先需要解压缩，使用 tar 命令，操作如图 1-18 所示。

图 1-18　解压缩命令

解压完成后，进入解压缩的文件夹。此时，在 pycharm-2017.2.4 文件夹下有一个 bin$ 文件夹，运行该文件夹中的 Pycharm.sh 即可打开 PyCharm 软件，如图 1-19 所示。

图 1-19　运行 pycharm.sh 文件

首次启动时需要配置一些参数，一般取默认值即可，最终创建新项目的 PyCharm 窗口如图 1-20 所示。

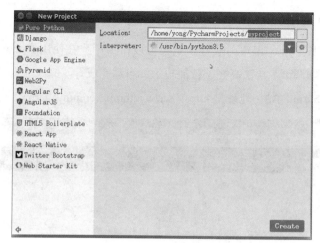

图 1-20　PyCharm 窗口

其中"Location"文本框中的地址是项目存放的位置及项目的名称，"Interpreter"文本框中的内容表示解释器的版本。单击"Create"按钮即可创建一个新的项目，如图 1-21 所示。

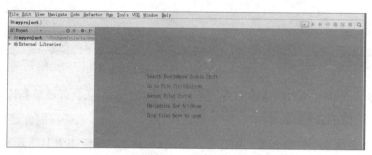

图 1-21　新建项目

如果想进行参数设置，可以选择"File"菜单下的"Setting"命令进行设置。

右击"myproject"按钮，在弹出的快捷菜单中选择"New"→"Python File"命令，可以新建一个 Python 文件，如图 1-22 所示。

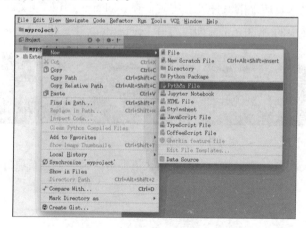

图 1-22　新建 Python 文件

首先会弹出如图 1-23 所示的对话框，在其中输入文件的名称。

图 1-23　输入新建文件的名称

例如，在"Name"文本框中输入文件名"hello"，然后单击"OK"按钮，打开文件编辑对话框，如图 1-24 所示。

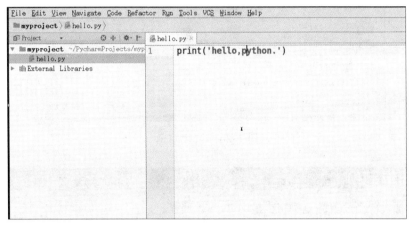

图 1-24　文件编辑对话框

可以在这个编辑器中输入 Python 程序代码，例如，输入"print('hello,python.')"，然后在空白处右击，弹出如图 1-25 所示的快捷菜单。

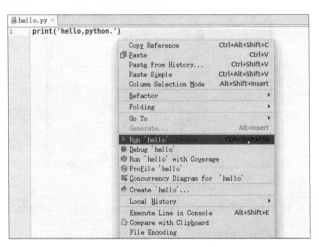

图 1-25　弹出的快捷菜单

选择"Run 'hello'"命令或直接按"Ctrl+Shift+F10"组合键，就可以运行这段程序代码。

此时在编辑器的下部就可以看到运行结果，如图 1-26 所示。

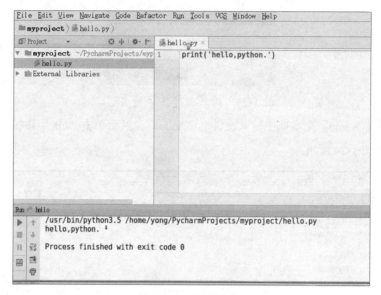

图 1-26　运行结果

课堂范例

下面通过两个简单的范例初步接触 Python 编程。

范例 1-1 图形打印（\01\ 代码 \1.5 课堂范例 \myproject\demo01.py）。

第一个范例是打印"本书目录"，效果如图 1-27 所示。

图 1-27　本书目录

这个范例实现非常简单，只需要使用前面介绍的 print 语句，程序如下：

```
print("..........Python 3.x 基础教程 .......................")
print("                    本书目录                          ")
print("                    ————                            ")
```

```
print("                        01 Python 简介及环境搭建                 ")
print("                        02 Python 基础                   ")
print("                        03 面向对象基础知识                   ")
print("                        04 面向对象高级知识                   ")
print("                        05 读写文件                   ")
print("                        06 自带电池模块                   ")
print("                        07 系统编程                   ")
print("                        08 网络编程                   ")
print("                        09 收发电子邮件                   ")
print("                        10 图形用户界面                   ")
print("                        11 Web 开发                   ")
print("                        12 飞机大战                   ")
print("                        13 每日生鲜                   ")
print(".....................................")
```

观察上面的代码可以发现，这个范例的每行代码都是 print 语句，在 print 语句中使用了不同的字符实现最终效果。读者可以尝试修改 print 语句中的内容，实现不同的效果。

范例 1-2 图片转换（\01\ 代码 \1.5 课堂范例 \myproject\demo02.py）。

第二个范例的作用为将一个图片转化为素描的效果，如图 1-28 所示。

图 1-28　图片转换

上面功能的实现，需要使用 PIL 工具包。PIL（Python Imaging Library）是 Python 中一个强大且方便的图像处理库。这个范例的代码如下：

```
from PIL import Image, ImageFilter, ImageOps
import os


def dodge(a, b, alpha):
    return min(int(a*255/(256-b*alpha)), 255)


def draw(imgPath,blur=25, alpha=1.0):
```

```
    img = Image.open(imgPath)
    img1 = img.convert('L')            # 图片转换成灰色
    img2 = img1.copy()
    img2 = ImageOps.invert(img2)
    for i in range(blur):              # 模糊度
        img2 = img2.filter(ImageFilter.BLUR)
    width, height = img1.size
    for x in range(width):
        for y in range(height):
            a = img1.getpixel((x, y))
            b = img2.getpixel((x, y))
            img1.putpixel((x, y), dodge(a, b, alpha))

    shortname,extension = os.path.splitext(imgPath)
    img1.save(shortname+'_2'+extension)


if __name__ == '__main__':
    imgPath = input('输入图片的完整路径:')
    draw(imgPath)
```

上面这段代码实现了图片的素描转换，其中定义了 dodge 和 draw 两个函数，分别实现图像像素的转换及图像的输入和结果的显示。由于本章的范例只是 Python 程序的体验，还没有讲解 Python 的语法等知识，因此这里先不介绍每行代码的作用及其中每个命令的作用，在后续章节中将陆续介绍这些命令的使用方法。

上机实战

打印输出自己的个人信息，效果如图 1-29 所示。

> 姓名：小明
> 年龄：18
> 性别：男
> 信息如下：姓名是小明，年龄是18，性别是男。

图 1-29　实战效果

程序运行后，首先提示输入姓名、年龄和性别，当输入相应的内容后，会根据数据的内容给出个人信息。

（答案：\01\代码\1.6 上机实战\myproject\demo01.py）

第 2 章 Python 基础

02

本章介绍 Python 编程过程中使用到的基础知识，主要包含变量、注释、各种运算符、判断语句、循环语句、列表和元组、字典、无序集合、字符串、函数的基本概念及使用方法，并通过简单的实例让读者了解如何在编程过程中使用这些知识。

2.1 变量

变量的概念基本上和初中代数方程中的变量是一致的，只是在计算机程序中，变量不仅可以是数字，还可以是任意数据类型。变量主要用于存储程序中可以改变的数据，也就是说，变量中的值可以变化。此外，变量在程序中使用一个变量名表示，变量名必须是大小写英文、数字和下画线的组合，且不能用数字开头。

2.1.1 变量的定义

前面已经提到变量在程序中使用一个变量名表示，在 Python 中，变量定义的语法格式如下：

变量名 = 值

上面变量定义的语法中，等号左边是变量名称，右边是要给这个变量赋值的内容。

例如：

```
name = '张三'
age = 20
```

上面分别定义了两个变量，变量名称为 name 和 age，并且给变量 name 赋值为"张三"，变量 age 的内容是 20。

范例 2.1-1 变量的定义（02\ 代码 \2.1 变量 \demo01.py）。

```
name = '小明'
print(name)
name = '小王'
print(name)
age = 18
print(age)
name = 'laowang'
print(type(name))
```

上面这段代码首先定义变量 name，给这个变量赋值为"小明"，并使用 print(name) 打印这个变量的内容；其次改变这个变量的内容为"小王"，并打印这个变量的内容；然后定义变量 age，内容是 18，并打印这个变量的值；最后重新给变量 name 赋值"laowang"，并使用 print(type(name)) 打印这个变量的类型。上面代码运行的结果如图 2-1 所示。

```
小明
小王
18
<class 'str'>
```

图 2-1　变量的定义

其中最后一个结果显示变量的类型为"str"。

2.1.2　变量的类型

在 Python 中，变量就是变量，它没有类型，而我们所说的"类型"是指变量保存在内存中的对象的类型。Python 是弱类型语言，也就是在定义变量的时候，不需要先声明类型。变量的类型是根据所赋值的类型来动态改变的。这一点和其他一些高级语言不同，如 C 语言、Java 语言是强类型语言，这些语言在定义变量的时候，需要先定义类型，一旦类型定好了，这个变量只能存储这种类型的值。

例如：

```
name = ' 小明 '
name = 1234
```

上面两行代码定义的变量名为 name，第一行给这个变量赋值为字符型"小明"，第二行又把这个变量定义为整型，这样具有很大的灵活性，但在 Java 语言中，是不允许这样定义的。

Python 语言支持的对象类型包括整型、浮点型、字符串型、布尔型、空类型、列表、元组、字典和无序列表。

下面就通过范例 2.1-2 来分别介绍各种变量类型。

范例 2.1-2 变量的类型（02\ 代码 \2.1 变量 \demo02.py）。

（1）整型 int。

Python 可以处理整数，从理论上来说，只要内存放得下，可以是任意长度的整数，当然包括负整数。

下面的代码定义变量并赋值：

```
age = 10
```

下面的代码打印这个变量的内容：

```
print(age)
```

下面的代码打印这个变量的类型：

```
print(type(age))
```

（2）浮点型 float。

浮点数也就是小数。

下面的代码定义变量并赋值：

```
score = 89.5
```

下面的代码打印这个变量的内容：

```
print(score)
```

下面的代码打印这个变量的类型：

```
print(type(score))
```

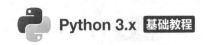

（3）字符串型 string。

字符串是以单引号"'"或双引号""""引起来的任意文本。

下面的代码定义变量并赋值：

```
name ='yong'
```

下面的代码打印这个变量的内容：

```
print(name)
```

下面的代码打印这个变量的类型：

```
print(type(name))
```

（4）布尔型 bool。

布尔类型只有 True、False 两种值。

下面的代码定义变量并赋值：

```
flag = True
```

下面的代码打印这个变量的内容：

```
print(flag)
```

下面的代码打印这个变量的类型：

```
print(type(flag))
```

（5）空类型 None Type。

空类型只有一个值，用 None 表示。

下面的代码定义变量并赋值：

```
flag = None
```

下面的代码打印这个变量的内容：

```
print(flag)
```

下面的代码打印这个变量的类型：

```
print(type(flag))
```

（6）其他类型。

此外，Python 还提供了列表、字典等多种数据类型，还允许创建自定义数据类型，后面会陆续介绍这些内容，这里不做过多说明，只做简单了解。

① 有序列表 list。

下面的代码定义列表并赋值：

```
ls = [120,119,110]
```

下面的代码打印这个列表的内容：

```
print(ls)
```

下面的代码打印这个列表的类型：

```
print(type(ls))
```

② 元组 tuple。

下面的代码定义元组并赋值：

```
tu = (120,110,119,888)
```

下面的代码打印这个元组的内容：

```
print(tu)
```

下面的代码打印这个元组的类型：

```
print(type(tu))
```

③ 字典 dist。

下面的代码定义字典并赋值：

```
infos = {'sid':110,'sname':' 小明 ','sage':20}
```

下面的代码打印这个字典的内容：

```
print(infos)
```

下面的代码打印这个字典的类型：

```
print(type(infos))
```

④ 无序列表 set。

下面的代码定义无序列表并赋值：

```
ret = {1,1,22,33,22,10,333,33}
```

下面的代码打印这个无序列表的内容：

```
print(ret)
```

下面的代码打印这个无序列表的类型：

```
print(type(ret))
```

范例 2.1-2 的整体运行结果如图 2-2 所示。

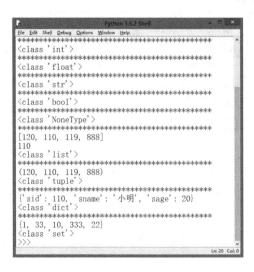

图 2-2　变量类型

2.1.3 ▶ 标识符

开发人员在程序中需要自定义一些符号和名称，这就是标识符，如变量名、函数名等。标识符由字母、下画线和数字组成，且数字不能开头。Python 中的标识符是区分大小写的。

范例 2.1-3 ▶ 标识符的使用（02\ 代码 \2.1 变量 \demo03.py）。

```
name = '小明'
userName = '小明'
```

在这个范例中，所定义的变量名都是符合要求的标识符。

但是下面的定义就不符合要求：

```
3name = '小明'
```

此外，name 和 Name 两个标识符是不一样的。

2.1.4 ▶ 关键字

Python 中存在一些具有特殊功能的标识符，就是所谓的关键字。由于这些关键字是 Python 已经使用了的，因此不允许开发者自己定义和关键字相同名称的标识符。

范例 2.1-4 ▶ 关键字的使用（02\ 代码 \2.1 变量 \demo04.py）。

下面的代码可以查看 Python 的关键字。

```
# 导入模块
import keyword
# 打印关键字列表
print(keyword.kwlist)
```

上面代码的输出结果如下：

```
['False', 'None', 'True', 'and', 'as', 'assert', 'break', 'class',
'continue', 'def', 'del', 'elif', 'else', 'except', 'finally', 'for',
'from', 'global', 'if', 'import', 'in', 'is', 'lambda', 'nonlocal', 'not',
'or', 'pass', 'raise', 'return', 'try', 'while', 'with', 'yield']
```

可以看出 Python 共有 33 个关键字。

如果如下定义标识符就会出现错误：

```
False = '小明'
```

这是因为 False 是 Python 已有的关键字，不能使用。

在 Python 中还有一些内置的功能模块，也类似于关键字。一旦程序员自己的标识符与其重名，会将其覆盖，导致原来的功能失效。所以，标识符也不要与这些名称重名。

下面的代码展示了在变量定义过程中，使用关键字需要注意的情况。

```
num = 1234567
```

```
print(id(num))
```

上面的代码完全正确，其中 id 是函数内置的功能，会给出变量的地址，但是如果使用这个名称作为标识符就会出错，例如：

```
id = 'abc'
```

上面的代码执行不会出现错误，但是如果此时再执行 print(id(num)) 就会出现错误，如图 2-3 所示。

```
Traceback (most recent call last):
  File "/home/yong/PycharmProjects/02_Python基础/01_变量/demo04.py", line 33, in <module>
    print(id(num))
TypeError: 'str' object is not callable
```

图 2-3　错误提示信息

因为上面一行代码已经覆盖了原来系统的 id 的功能。

2.1.5　输入和输出

1 输入

在程序设计中，经常需要使用者输入一些信息，以便程序进行处理。在 Python 中，输入信息的基本语法如下：

```
变量名 = input(' 提示符：')
```

上面的语法中，"提示符"可以是任意内容，用户可以根据这个内容获取程序需要的内容。当执行到这条语句的时候，程序会暂停，屏幕上会显示提示符的内容，等待用户输入一些信息，信息输入后按"Enter"键，输入的信息就会以字符串的形式存放在变量名中。

范例 2.1-5 输入和输出（02\ 代码 \2.1 变量 \demo05.py）。

下面的代码给出了输入信息的使用方法。

```
name = (' 请输入您的名字 ')
print(' 您的名字是 %s'%(name))
```

上面的代码执行的时候，屏幕上会显示"请输入您的名字"，等待用户输入信息；当用户输入信息后，这条信息会存放在 name 变量中，然后打印这条信息。

来看下面这段代码：

```
num1 = input(' 请输入数字 1:')
num2 = input(' 请输入数字 2:')
print(num1+num2)
```

上面这段代码运行后，执行结果如图 2-4 所示。

```
请输入数字1:2
请输入数字2:3
23
```

图 2-4　输入和输出 1

可以看出首先提示"请输入数字 1："，输入数字"2"并按"Enter"键，然后屏幕继续提示"请输入数字 2："，输入数字"3"并按"Enter"键，这时打印 num1+num2 的值。根据一般的分析，结果应该是 2+3=5，但是此时显示的结果是 23，主要是因为输入信息后，系统会把信息以字符串的形式存放在变量名中，所以上面程序执行后分别保存了两个字符串"2"和"3"，在后面显示 num1+num2 的时候，计算的是两个字符串的相连接，所以是"23"。

为了真正实现两个数字求和，上面代码中输入数值后，必须将字符型的数据转化为整型的数据，后面会介绍到变量的类型转换，这里先给出代码：

```python
num1 = input('请输入数字 1:')
num1 = int(num1)
num2 = input('请输入数字 2:')
num2 = int(num2)
print(num1+num2)
```

上面程序中使用 int() 函数将字符型数据转换为整型，此时执行代码结果，如图 2-5 所示。

```
请输入数字1:2
请输入数字2:3
5
```

图 2-5　输入和输出 2

2 输出

上面介绍了输入语句，而输出语句使用得更为广泛，例如，上面的代码就使用了输出语句把结果显示出来，输出语句的基本语法如下：

```python
print(内容)
```

这个语句将括号中的内容打印输出到控制台。例如，下面的代码在计算机屏幕上显示"你好"。

```python
print('你好')
```

在实际使用中，打印的信息经常会遇到换行的情况，在括号中可以加入参数"\n"表示换行，"end=''"表示不换行，使用"end='-'"表示打印的内容之间增加一个"-"。

例如：

```python
print('你好',end='')
print('你好')
print('hello\nPython')
```

上面代码的执行结果如图 2-6 所示。

```
你好你好
hello
Python
```

图 2-6　输入和输出 3

可以看出，第一行代码使用"end=' '"表示不换行，因此第二行的内容仍然输出到同一行上，而第三行代码内容显示为两行，是因为中间使用了参数 "\n"。

2.1.6 数据类型转换

前面介绍输入函数的时候，输入的信息会以字符串的形式存放在变量名中，当时使用了 int() 函数将字符型数据转换为整型数据。在实际编程中，经常涉及不同类型数据的转换，下面就介绍常用的数据类型转换函数。

（1）float()：将一个字符串或整数转换为一个新的浮点数（小数）。注意，字符串中的内容必须是一个数字。

（2）int()：将一个字符串或浮点数转换为一个新的整数。注意，字符串中的内容必须是一个数字。

（3）str()：将一个任何类型的值转换为一个新的字符串。

范例 2.1-6 数据类型的转换（02\ 代码 \2.1 变量 \demo06.py）。

下面的代码分别介绍了数据类型转换过程中的不同情况。

```
num1 = '123'
num2 = int(num1)
print(num2)
print('***************************************')
num1 = '3.14'
num2 = float(num1)
print(num2)
```

上面代码的运行结果如图 2-7 所示。

```
123
***************************************
3.14
```

图 2-7 数据类型的转换 1

可以看出，上面的代码中分别使用 int() 函数和 float() 函数将两个字符串转换为整型和浮点型，不过这时可以观察到，程序开始的时候，字符串中的内容本身就是整型或者浮点型数据。

再看下面这段代码：

```
num1 = '3.14'
num2 = int(num1)
print(num2)
```

上面这段代码执行就会出现错误，这是因为 num1 中的字符型内容是一个浮点型的数字，使用 int() 函数转换就会出现错误，使用的时候要求 int() 函数中必须也是整型数据。此时可以先使 float() 函数将其转换为浮点型，然后再使用 int() 函数转换为整型，代码如下：

```
num1 = '3.14'
num2 = float(num1)
num3 = int(num2)
print(num3)
```

上面的代码也可以将 float() 函数和 int() 函数合并，代码如下：

```
num1 = '3.14'
num2 = int(float(num1))
print(num2)
```

上面介绍的是把字符型转换为数值型，float() 函数和 int() 函数还可以把数值型数据进行转换，代码如下：

```
num1 = 3.14
num2 = int(num1)
print(num2)
print('***********')
num1 = 3
num2 = float(num1)
print(num2)
```

运行结果如图 2-8 所示。

```
3
***********
3.0
```

图 2-8　数据类型的转换 2

可以发现，上面这段代码中，int() 函数把浮点型数字取整，而 float() 函数把整型数据转换为浮点型数据。

str() 函数可以将任何类型的内容转换为一个新的字符串，无论这个类型是整型、浮点型、布尔型或空类型。

对应整型数据，还可以分别使用 bin() 函数、oct() 函数、hex() 函数把数据转换为二进制、八进制和十六进制数据。

2.1.7　== 与 is

下面介绍两个概念：恒等号 "==" 和 "is" 的区别，"=="用于判断恒等号前后值是否相等，而 "is" 用于判断两个对象的地址是否相等。

范例 2.1-7 恒等号 "==" 和 "is" 的使用（02\ 代码 \2.1 变量 \demo07.py）。

先看下面的代码：

```
ls1 = [1,2,3]
ls2 = [1,2,3]
print(ls1==ls2)
print(ls1 is ls2)
```

上面的代码分别定义了 ls1 和 ls2 两个列表，其内容完全一样，然后打印 "ls1==ls2" 和 "ls1 is ls2"，结果如图 2-9 所示。

True
False

图 2-9 恒等号 "==" 和 "is" 判断

第一个结果是 True，这是因为两个列表的内容完全一样，而第二个结果是 False，这是因为 is 是判断两个对象的地址是否相等。这个例子中，两个列表尽管内容一样，但是对象的地址是不同的，可以使用 id() 函数查看它们的地址：

```
print(id(ls1))
print(id(ls2))
```

结果如图 2-10 所示。

279619271816
279608672712

图 2-10 地址的查看

可以看出两个变量的地址是不同的。

在实际程序开发中，判读数字或者字符串是否相等的时候，一般都使用恒等号 "=="。

2.2 编写注释

注释是编写程序时，写程序的人给一个语句、程序段、函数等的解释或提示，能提高程序代码的可读性。注释就是对代码的解释和说明，其目的是让人们能够更加轻松地了解代码。在 Python 中，注释主要有 4 种：单行注释、多行注释、中文注释和平台注释。下面就使用范例分别介绍这几种注释的使用。

2.2.1 单行注释

范例 2.2 注释的使用（02\ 代码 \2.2 编写注释 \demo01.py）。

单行注释表示注释的内容占一行，以 "#" 开头，"#" 右边的所有内容都是注释内容，而不是真正要执行的程序，起辅助说明作用。例如，下面代码中第一行就是注释内容。

```
# 我是注释，可以在里面写一些功能说明
print('hello world')
```

2.2.2　多行注释

多行注释表示注释的内容包含连续的多行，此时可以使用 3 个单引号 (''') 或 3 个双引号 (""")把注释的内容包含在中间。

例如，下面的代码中，前 4 行中第 1 行和第 4 行表示多行注释的开始和结束标识，中间两行是注释的内容。

```
'''
我是多行注释
可以写很多很多行的功能说明
'''
print('hello world')
```

2.2.3　中文注释

从 Python 3 开始，Python 默认使用 UTF-8 编码，所以 Python 3.x 的源文件不需要特殊声明 UTF-8 编码。也就是说中文注释一般用于 Python 2.x 源文件中编码的说明，例如，下面代码中第一行就是中文注释，说明这个程序文件使用的是 UTF-8 编码。

```
# -*- coding: UTF-8 -*-
print('hello world')
```

上面中文注释中的“-*-”可以写也可以不写。

2.2.4　平台注释

如果需要使 Python 程序运行在 Windows 以外的平台上（Linux），需要在 Python 文件的最前面加上如下第一行注释说明。

```
#!/usr/bin/python3
print ('hello world');
```

上面代码第一行表明解释器所在的位置，如果平台是 Windows 系统，则不需要这句注释。

下面是部分注释代码：

```
'''
作者：李白
中心思想：表达作者身处异地对月思乡的感情
'''
print('静夜思')
print('床前明月光')
print('疑是地上霜')
print('举头望明月')
```

```
print(' 低头思故乡 ')
```

在上面这段代码中，使用 3 个单引号 (''') 把注释的内容包含在中间，运行结果如图 2-11 所示。

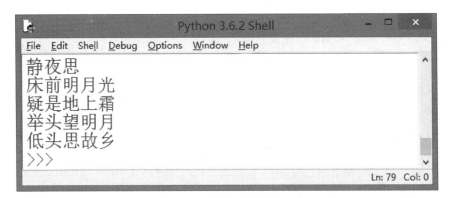

图 2-11　注释的使用

2.3　运算符

运算符用于执行程序代码运算，Python 语言中主要有如下运算符：算术运算符、比较运算符、赋值运算符、位运算符、逻辑运算符、成员运算符和身份运算符。下面分别介绍。

2.3.1　算术运算符

算术运算符即算术运算符号，是完成基本的算术运算的符号，Python 语言中常用的算术运算符如表 2-1 所示。

表 2-1　算术运算符

假设变量 a=10,b=20		
运算符	描述	实例
+	两个对象相加	a+b 的结果是 30
-	两个对象相减	a-b 的结果是 -10
*	两个对象相乘或返回重复若干次的字符串	a*b 的结果是 200
/	b 除以 a	b/a 的结果是 2
%	返回两个对象相除后的余数	b%a 的结果是 0
**	返回 a 的 b 次幂	a**b 的结果是 10 的 20 次方
//	返回商的整数部分	9 除 2 的结果是 4

例如，下面的代码中分别给出了以上算术运算符的演示实例。

范例 2.3-1 算术运算符的使用（02\ 代码 \2.3 运算符 \ demo01.py）。

```
a = 10
b = 20
ret1 = a+b
ret2 = a-b
ret3 = a*b
ret4 = a/b
print(ret1)
print(ret2)
print(ret3)
print(ret4)
print('*******************************************')
a = 10
b = 3
ret1 = a%b
ret2 = a**b
ret3 = a//b
print(ret1)
print(ret2)
print(ret3)
```

运行结果如图 2-12 所示。

```
30
-10
200
0.5
*********************************************************
1
1000
3
```

图 2-12　算术运算符的使用

2.3.2 比较运算符

利用比较运算符可以进行两个值的比较。当使用运算符比较两个值时，结果是一个布尔类型，是一个逻辑值 True 或者 False 的运算符号。表 2-2 为常用的比较运算符。

表 2-2　比较运算符

假设变量 $a=10, b=20$		
运算符	描述	实例
==	等于，比较对象是否相等	$(a==b)$ 返回 False
!=	不等于，比较两个对象是否不相等	$(a!=b)$ 返回 True
>	大于，返回 a 是否大于 b	$(a>b)$ 返回 False
<	小于，返回 a 是否小于 b	$(a<b)$ 返回 True
>=	大于等于，比较一个对象是否大于另一个对象	$(a>=b)$ 返回 False
<=	小于等于，比较一个对象是否小于另一个对象	$(a<=b)$ 返回 True

例如，下面的代码中分别给出了以上比较运算符的演示示例。

范例 2.3-2 比较运算符的使用（02\ 代码 \2.3 运算符 \ demo02.py）。

```
a = 10
b = 20
ret1 = a>b
ret2 = a<b
ret3 = a==b
ret4 = a!=b
ret5 = a>=b
ret6 = (a<=b)
print(ret1)
print(ret2)
print(ret3)
print(ret4)
print(ret5)
print(ret6)
```

运行结果如图 2-13 所示。

```
False
True
False
True
False
True
```

图 2-13　比较运算符的使用

注意，其中判断两个变量是否相等时使用 "==" 运算符。

2.3.3　赋值运算符

赋值运算符一般使用 "="，作用是将等号右边一个表达式的值赋给等号左边的变量。在实际使用过程中，有一些变化，如表 2-3 所示为赋值运算符。

表 2-3　赋值运算符

假设变量 $a=10,b=20$		
运算符	描述	实例
=	简单的赋值运算符	$c=a+b$ 将 $a+b$ 的结果赋值给 c
+=	加法赋值运算符	$c+=a$ 等效于 $c=c+a$
-+	减法赋值运算符	$c-=a$ 等效于 $c=c-a$
*=	乘法赋值运算符	$c*=a$ 等效于 $c=c*a$
/=	除法赋值运算符	$c/=a$ 等效于 $c=c/a$
%=	取模赋值运算符	$c\%=a$ 等效于 $c=c\%a$
**=	幂赋值运算符	$c**=a$ 等效于 $c=c**a$
//=	取整数赋值运算符	$c//=a$ 等效于 $c=c//a$

例如，下面的代码中分别给出了以上赋值运算符的演示示例。

范例 2.3-3 赋值运算符的使用（02\ 代码 \2.3 运算符 \ demo03.py）。

```
a = 10
b = 20
a+=b
print(a)
print(b)
print('****************************************')
a = 10
b = 20
a-=b
print(a)
print(b)
print('****************************************')
a = 10
b = 20
a*=b
print(a)
print(b)
print('****************************************')
a = 10
b = 20
a/=b
print(a)
print(b)
print('****************************************')
```

```
a = 10
b = 3
a%=b
print(a)
print(b)
print('************************************')
a = 10
b = 3
a**=b
print(a)
print(b)
print('************************************')
a = 10
b = 3
a//=b
print(a)
print(b)
```

运行结果如图 2-14 所示。

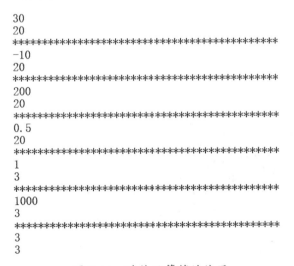

图 2-14 赋值运算符的使用

2.3.4 位运算符

程序中的所有数在计算机内存中都是以二进制的形式储存的。位运算符就是直接对整数在内存中的二进制位进行操作。常用的位运算符如表 2-4 所示。

表 2-4　位运算符

假设变量 a=60,b=13		
运算符	描述	实例
&	按位与运算符，参与运算的两个值，如果两个相应位都是 1，则该位的结果为 1，否则为 0	(a&b) 的结果为 12，二进制解释为 0000 1100
|	按位或运算符，只要对应的两个二进制有一个为 1，结果位就为 1	(a|b) 的结果为 61，二进制解释为 0011 1101
^	按位异或运算符，当两个对应的二进制位相异时，结果为 1	(a^b) 的结果为 49，二进制解释为 0011 0001
~	按位取反运算符，1 变成 0，0 变成 1	(~a) 的结果为 -61，二进制解释为 1100 0011
<<	左移运算符，运算数的二进制位全部左移若干位，由 << 右边的数值指定需要移动的位数	(a<<2) 的结果为 240，二进制解释为 1111 0000
>>	右移运算符，运算数的二进制位全部右移若干位，由 >> 右边的数值指定需要移动的位数	(a>>2) 的结果为 15，二进制解释为 0000 1111

例如，下面的代码中分别给出了以上位运算符的演示示例。

范例 2.3-4 位运算符的使用（02\ 代码 \2.3 运算符 \ demo04.py）。

```python
a = 60
b = 13
ret1 = a&b
print(ret1)
ret1 = a|b
print(ret1)
ret1 = a^b
print(ret1)
print('*****************************************')
ret1 = ~a
print(ret1)
ret1 = a<<2
print(ret1)
ret1 = a>>2
print(ret1)
```

运行结果如图 2-15 所示。

```
12
61
49
**********************************************
-61
240
15
```

图 2-15　位运算符的使用

2.3.5 ▶ 逻辑运算符

逻辑运算符可以把语句连接成更复杂的语句，常用的逻辑运算符如表 2-5 所示。

表 2-5　逻辑运算符

假设变量 $a=10,b=20$			
运算符	逻辑表达式	描述	实例
and	a and b	布尔与，如果 a 为 False，a and b 返回 False，否则返回 b 的值	(a and b) 返回 20
or	a or b	布尔或，如果 a 是非 0，它返回 a 的值，否则它返回 b 的计算值	(a or b) 返回 10
not	not a	布尔非，如果 a 为 True，返回 False，如果 a 为 False，返回 True	Not (a and b) 返回 False

例如，下面的代码中分别给出了以上逻辑运算符的演示示例。

范例 2.3-5 ▶ 逻辑运算符的使用（02\ 代码 \2.3 运算符 \ demo05.py）。

```
print(True and False)
print(True or False)
print(not True)
print('**********************************************')
```

在运算中，and 连接的两个变量只要有一个为 False，结果就是 False；而 or 只要有一个为 True，结果就是 True；no 相当于取反。上面代码的运行结果如图 2-16 所示。

```
False
True
False
**********************************************
```

图 2-16　逻辑运算符的使用

在实际使用中，0、''、None、空集合都等价于 False；其他的内容相当于 True。

2.3.6 ▶ 成员运算符

Python 中有成员运算符，可以判断一个元素是否在某一个序列中。例如，可以判断一个字符是否属于这个字符串，可以判断某个对象是否在这个列表中等。常用的成员运算符如表 2-6 所示。

表 2-6　成员运算符

运算符	描述	实例
in	如果在指定的序列中找到值返回 True，否则返回 False	如果 x 在 y 序列中，返回 True
not in	如果在指定的序列中没有找到值返回 True，否则返回 False	如果 x 不在 y 序列中，返回 True

例如，下面的代码中分别给出了以上成员运算符的演示示例。

范例 2.3-6▶ 成员运算符的使用（02\ 代码 \2.3 运算符 \ demo06.py）。

```
print( '明' in '小明')
print( '王' in '小明')
print(6 in [1,2,3,4,5,6])
print(6 not in [1,2,3,4,5,6])
```

上面代码的运行结果如图 2-17 所示。

```
True
False
True
False
```

图 2-17　成员运算符的使用

2.3.7 ▶ 身份运算符

身份运算符用于比较两个对象的存储单元，是用来比较两个对象是否为同一个对象，而之前比较运算符中的" =="则是用来比较两个对象的值是否相等。常用的身份运算符如表 2-7 所示。

表 2-7　身份运算符

运算符	描述	实例
is	is 判断两个标识符是不是引用自一个对象	x is y，如果 $id(x)$ 等于 $id(y)$，is 返回结果 1
is not	is not 判断两个标识符是不是引用自不同对象	x is not y，如果 $id(x)$ 不等于 $id(y)$，is not 返回结果 1

例如，下面的代码中分别给出了以上身份运算符的演示示例。

范例 2.3-7 身份运算符的使用（02\ 代码 \2.3 运算符 \ demo07.py）。

```
print('abc'=='abc')
print('abc' is 'abc')
print([1,2,3] is [1,2,3])
print([1,2,3] == [1,2,3])
print([1,2,3] is not [1,2,3])
```

对于字符串，它们的值相等，对象也是相等的；但是列表就不一样，两个对象不一样。
上面代码的运行结果如图 2-18 所示。

```
True
True
False
True
True
```

图 2-18　身份运算符的使用

2.3.8　运算符的优先级

当多个运算符同时出现在一个表达式中时，就需要定义计算的先后顺序，Python 中各种
运算符的优先级如表 2-8 所示。

表 2-8　运算符优先级

运算符	描述
**	指数（最高优先级）
~	按位翻转
*,/,%,//	乘、除、取模、取整除
+,-	加法、减法
>>,<<	右移、左移运算符
&	位（and）
^,|	位运算符
<=,<,>,>=	比较运算符
==,!=	等于运算符
=,%=,/=,//=,-=,+=,*=,**=	赋值运算符
is,is not	身份运算符
is, is not	成员运算符
not, and or	逻辑运算法

例如，下面的代码中分别给出了以上运算符优先级的演示示例。

范例 2.3-8 运算符的优先级（02\ 代码 \2.3 运算符 \ demo08.py）。

```
year = int(input(' 输入年份：'))
ret = (year%400==0) or ((year%4==0) and (year%100!=0))
print(ret)
```

上面的代码判断输入的年份是否为闰年，判断条件中有算术运算符、逻辑运算符和比较运算符，根据表 2-8 中的运算顺序，运行结果如图 2-19 所示。

输入年份：2017
False

图 2-19　运算符的优先级

2.4 判断语句

判断语句根据判断条件，在程序执行过程中判断该条件是否成立，然后根据判断结果执行不同的操作，从而改变代码的执行顺序，实现更多的功能。下面介绍 Python 中判断语句的基本格式。

2.4.1 if 语句

if 语句的基本格式如下：

```
if   条件：
    语句块
```

当条件成立时执行语句块，不成立时执行语句块之后的内容。

注意，书写条件语句的时候，条件之后有冒号，此外第二行语句块与上一行 if 语句比较起来有缩进。

范例 2.4-1 if 语句的使用（02\ 代码 \2.4 判断语句 \demo01.py）。

下面的代码给出了这种基本的条件判断程序示例。

```
year = int(input(' 输入年份：'))
if (year%400==0) or (year%4==0 and year%100!=0):
    print(' 闰年 ')
```

上面的代码根据输入的年份，在 if 后面的条件中判断是否为闰年，如果是闰年就打印"闰年"，否则不显示任何内容。例如，输入 2000 年，则显示是闰年，如图 2-20 所示。

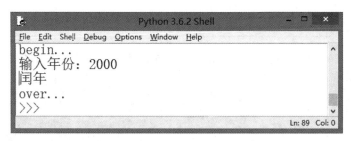

图 2-20　if 语句的使用

2.4.2 if…else 语句

if…else 语句的基本格式为：

```
if   条件：
    语句块 1
else：
    语句块 2
```

if…else 语句当条件成立的时候执行语句块 1，当条件不成立的时候执行语句块 2。注意，书写的时候条件之后有冒号，else 之后也有冒号。

范例 2.4-2 if…else 语句的使用（02\ 代码 \2.4 判断语句 \demo02.py）。

下面的代码给出了这种条件语句的程序示例。

```
age = int(input(' 输入年龄：'))
if age>=18:
    print(' 已成年 ')
else:
    print(' 未成年 ')
```

上面的代码首先使用输入语句让用户输入年龄，然后根据年龄的大小进行判断，如果大于 18 岁，就打印"已成年"，否则打印"未成年"，如图 2-21 所示。

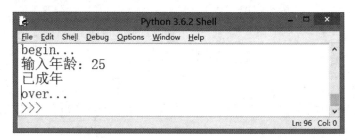

图 2-21　if…else 语句的使用

2.4.3 if 嵌套

if 嵌套就是在 if 语句中还有其他 if 语句,下面是 if 嵌套的基本语法格式。

```
if 条件 1:
    语句块 1
    if 条件 2:
        语句块 2:
        ……
```

上面语法中当条件 1 成立的时候执行语句块 1,然后判断条件 2,如果条件 2 成立则执行语句块 2,当任何一个条件不成立时就退出条件语句。

同样,if…else 语句也存在嵌套的情况,此时在 if…else 语句中语句块 1 或者语句块 2 中都可以嵌套其他条件语句。

范例 2.4-3 if 嵌套的使用(02\ 代码 \2.4 判断语句 \demo03.py)。

下面的代码给出了 if 嵌套条件语句的程序示例。

```
score = int(input(' 输入分数: '))
if 0<=score<=100:
    if score>=90:
        print('A')
    else:
        if score >= 80:
            print('B')
        else:
            if score >= 70:
                print('C')
            else:
                if score >= 60:
                    print('D')
                else:
                    print('E')
else:
    print(' 不符合要求 ')
```

上面这段程序根据输入的成绩进行判断,如果成绩处于 90~100 分打印“A”,如果成绩处于 80~90 分打印“B”,如果成绩处于 70~80 分打印“C”,如果成绩处于 60~70 分打印“D”,如果成绩在 60 分以下打印“E”。如果分数不是在 0~100 分就打印“不符合要求”。 例如,当输入分数为 86 的时候,显示结果为“B”,如图 2-22 所示。

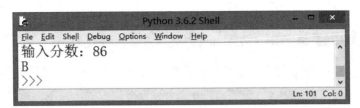

图 2-22 if 嵌套的使用

2.4.4 elif 语句

elif 语句的基本语法为：

```
if    条件 1:
      语句块 1
elif  条件 2:
      语句块 2
elif  条件 3:
      语句块 3
...
else:
      语句块 n
```

elif 语句是当条件 1 成立时执行语句块 1，条件 2 成立时执行语句块 2……条件都不成立则执行语句块 *n*。实际上这种语法格式和嵌套条件语句类似。

范例 2.4-4 elif 语句的使用（02\ 代码 \2.4 判断语句 \demo04.py）。

下面这段代码同样能实现上节代码中根据成绩打印 "ABCDE" 的功能。

```
score = int(input(' 输入分数：'))
if 0<=score<=100:
    if score>=90:
        print('A')
    elif score>=80:
        print('B')
    elif score >= 70:
        print('C')
    elif score >= 60:
        print('D')
    else:
        print('E')
else:
    print(' 不符合要求 ')
```

这种语句书写时注意 if 和 elif 语句要对齐。

2.5 循环语句

循环语句是在一定条件下反复执行某段程序的流程结构，被反复执行的程序被称为循环体。循环语句是由循环体及循环的终止条件两部分组成的。在编程过程中，为了提高代码的重复使用率，有经验的开发者都会采用循环。下面分别介绍 Python 语句中几种常用的循环语句。

2.5.1 while 循环

while 是一种基本循环模式。当满足条件时进入循环，不满足时就退出循环。下面是它的基本语法格式。

```
while 条件:
        代码块
```

当条件成立的时候，语句块循环执行，直到条件不满足才退出循环。

范例 2.5-1 while 循环的使用（02\ 代码 \2.5 循环语句 \demo01.py）。

来看下面这段代码：

```
num = 0
while num < 10:
    num+=1
    print(' 好好学习，天天向上。'+str(num))
```

上面这段代码根据变量的值是否小于 10 来执行有关操作，当小于 10 的时候，打印"好好学习，天天向上"并且变量值加 1。运行结果如图 2-23 所示。

```
好好学习，天天向上。1
好好学习，天天向上。2
好好学习，天天向上。3
好好学习，天天向上。4
好好学习，天天向上。5
好好学习，天天向上。6
好好学习，天天向上。7
好好学习，天天向上。8
好好学习，天天向上。9
好好学习，天天向上。10
```

图 2-23　while 循环的使用

2.5.2 嵌套 while 循环

while 循环语句中也可以嵌套 while 循环，语法为：

```
while 条件1:
```

```
        语句块 1
        while 条件 2:
            语句块 2
            ......
```

范例 2.5-2 嵌套 while 循环的使用（02\ 代码 \2.5 循环语句 \demo02.py）。

来看下面一段代码：

```
m = 1
while m<10:
    # 第一个数
    n = 1
    while n<m+1:
        print(str(n)+'*'+str(m)+'='+str(m*n),end='\t')
        n+=1
    m+=1
    print()
```

这段代码的作用是打印 9*9 乘法口诀表，使用循环嵌套，外层循环取一个值时，内层循环执行一遍，结果如图 2-24 所示。

```
1*1=1
1*2=2    2*2=4
1*3=3    2*3=6    3*3=9
1*4=4    2*4=8    3*4=12   4*4=16
1*5=5    2*5=10   3*5=15   4*5=20   5*5=25
1*6=6    2*6=12   3*6=18   4*6=24   5*6=30   6*6=36
1*7=7    2*7=14   3*7=21   4*7=28   5*7=35   6*7=42   7*7=49
1*8=8    2*8=16   3*8=24   4*8=32   5*8=40   6*8=48   7*8=56   8*8=64
1*9=9    2*9=18   3*9=27   4*9=36   5*9=45   6*9=54   7*9=63   8*9=72   9*9=81
```

图 2-24　嵌套 while 循环的使用

2.5.3　for 循环

for 循环是编程语言中使用很广的一种循环语句，循环语句由循环体及循环的终止条件两部分组成，语法格式为：

```
for 变量 in 集合:
    代码块
```

这种循环在运行中，变量每次从集合中取一个值，然后执行代码块，直到变量取完为止。

范例 2.5-3 for 循环的使用（02\ 代码 \2.5 循环语句 \demo03.py）。

来看下面这段代码：

```
names = ['张三','李四','王五']
for name in names:
    print(name)
```

可以看出，通过使用循环程序，变量 name 每次从集合中取一个值并打印，运行结果如图 2-25 所示。

张三
李四
王五

图 2-25　for 循环的使用

2.5.4　嵌套 for 循环

同样，for 循环中也可以嵌套 for 循环，基本语法格式为：

```
for 变量1 in 集合1:
        语句块1
        for 变量2 in 集合2:
                语句块2
                ……
```

例如，上面乘法口诀表的实现可以使用 for 循环嵌套来完成。

范例 2.5-4 嵌套 for 循环的使用（02\ 代码 \2.5 循环语句 \demo04.py）。

```
for m in range(1,10):
    for n in range(1,m+1):
        print(str(n) + '*' + str(m) + '=' + str(m * n), end='\t')
    print()
```

其中 range() 函数生成一个从 1~9 的集合，实现效果和 while 循环嵌套的效果完全一样。

2.5.5　break 和 continue

在循环语句中，可以使用 break 用来结束整个循环，也可以使用 continue 结束本次循环，进入下一次循环。

这两个语句的使用过程中需要注意：

● break/continue 只能用在循环中，除此以外不能单独使用；

● break/continue 在嵌套循环中，只对最近的一层循环起作用。

范例 2.5-5 break/continue 循环的使用（02\ 代码 \2.5 循环语句 \demo05.py）。

来看下面这段代码：

```
for i in range(10):
    for j in range(10):
        if i==2 and j==3:
            break
```

```
print('i='+str(i)+',j='+str(j))
```

上面的代码在执行过程中，当 *i* 等于 2、*j* 等于 3 时，内层循环结束，继续执行外层循环，执行结果中没有打印 *i* 等于 2、*j* 等于 3，整个循环过程中，外层循环变量一直到 *i*=9，内层循环变量一直到 *j*=9。

上面代码中如果把 break 语句替换成 continue 语句，则执行结果没有打印 *i* 等于 2、*j* 等于 3 的结果，只是结束本次循环，并没有退出循环。

2.6 列表和元组

序列是 Python 中最基本的数据结构，序列中的每个元素都分配一个数字，这个数字表明它的位置或索引，第一个索引是 0，第二个索引是 1，依次类推。Python 有 6 个序列的内置类型，但最常见的是列表和元组。本节就介绍这两种类型的数据结构。

2.6.1 列表

列表（list）是 Python 内置的一种数据类型，列表是一种有序的集合，列表可以存放各种类型的数据，可以随时添加和删除其中的元素。

1 列表的定义

列表的语法格式为：

```
名字 = [值 1，值 2，值 3······]
```

列表中的值应该包括在方括号中，值与值之间使用逗号分隔。

范例 2.6-1 列表的使用（02\ 代码 \2.6 列表和元组 \demo01.py）。

先看下面的代码：

```
names = ['唐三藏','孙悟空','猪八戒','沙僧']
```

上面的代码定义了一个列表，名称为 names，其中包含 4 个值，分别为唐三藏、孙悟空、猪八戒和沙僧。当需要获取列表中的元素时，可以使用索引，例如，names[0] 表示元素唐三藏。

列表中可以是不同的元素类型，也可以列表嵌套，例如：

```
ls = [12,3.14,None,True,'abc',['唐三藏','孙悟空','猪八戒','沙僧']]
```

上面这个列表中的元素就包含多种情况，此时如果想获取这个列表中的元素，同样使用索引，例如，ls[3] 表示 True，ls[5][2] 表示猪八戒。

如果允许下面代码运行：

```
print(ls[3])
print(ls[5][2])
```

则结果为：

```
True
猪八戒
```

2 列表的新增和修改

有时需要向列表中增加内容或者修改其中的内容，下面通过范例介绍其常用的方法。

范例 2.6-2 列表新增和修改的使用（02\ 代码 \2.6 列表和元组 \demo02.py）。

（1）列表 .append(值) 表示新增数据值到列表的末尾。例如：

```
ls = [110,120,119]
print(ls)
ls.append(111)
print(ls)
```

运行结果如图 2-26 所示。

$$[110, \quad 120, \quad 119]$$
$$[110, \quad 120, \quad 119, \quad 111]$$

图 2-26　列表新增和修改的使用

可以看出上面的代码使用 append( ) 把新增数据值增加到列表的末尾。

（2）列表 .insert(下标 , 值) 表示新插入数据值到指定下标位置。

```
ls = [110,120,119]
print(ls)
ls.insert(1,111)
print(ls)
```

运行结果如图 2-27 所示。

$$[110, \quad 120, \quad 119]$$
$$[110, \quad 111, \quad 120, \quad 119]$$

图 2-27　列表的插入

可以看出，增加的数据插入指定的索引位置 1 的位置处。

（3）列表 .extend(列表) 表示列表末尾一次性追加另一个序列中的多个值（用新列表扩展原来的列表）。例如：

```
ls1 = [110,120,119]
ls2 = [1,2,3]
print(ls1)
print(ls2)
ls1.extend(ls2)
print(ls1)
```

运行结果如图 2-28 所示。

```
[110, 120, 119]
[1, 2, 3]
[110, 120, 119, 1, 2, 3]
```

图 2-28　列表的追加

可以看出，此时列表 ls2 增加到 ls1 的末尾。

（4）列表 [下标] = 值表示找到对应下标的值并进行修改。例如：

```
ls = [110,120,119]
print(ls)
ls[1] = 1200
```

运行结果如图 2-29 所示。

$$[110, \quad 120, \quad 119]$$
$$[110, \quad 1200, \quad 119]$$

图 2-29　列表的访问

上面的代码将列表中索引第二个元素替换成 1200，也可以使用 ls[-2] = 1200 替换 ls[1] = 1200 语句。

3 列表的查询

如果需要查询列表中的内容，可以有多种方法，下面通过范例介绍这些方法。

范例 2.6-3 列表查询的使用（02\ 代码 \2.6 列表和元组 \demo03.py）。

（1）值 = 列表 [index] 表示根据下标查找值。注意，下标从前往后排列，下标为 0 表示第一个元素，下标为 1 表示第二个元素，依次类推。也可以从后往前排列下标，此时，下标为-1表示最后一个元素，下标为-2 表示倒数第二个元素，依次类推。例如：

```
ls = [110,120,119]
print(ls[1])
print(ls[-2])
```

上面两个打印语句都是打印列表中的第二个元素。注意，索引的下标不能超出范围，例如，如果使用 print(ls[5]) 就会报错，因为这个列表下标最大值是 2。

（2）下标 = 列表 .index(值) 表示从列表中找出某个值第一个匹配项的索引位置。也可以使用下标 = 列表 .index(值，起始下标) ；下标 = 列表 .index(值，起始下标，终止下标) 定义搜索的起始位置。例如：

```
ls = [110,120,119,110,120,119,110,120,119]
print(ls.index(120))
print(ls.index(120,5))
```

```
print(ls.index(120,3,8))
```

其中，ls.index(120) 表示这个列表中第一个 120 出现的索引位置，ls.index(120,5) 表示从这个列表的索引位置 5 开始查找列表中第一个 120 出现的索引位置，ls.index(120,3,8) 表示从这个列表的索引位置 3 开始到索引位置 8 结束期间，查找列表中第一个 120 出现的索引位置。

（3）次数 = 列表 .count(值) 表示统计某个元素在列表中出现的次数。例如：

```
ls = [110,120,119,110,120,119,110,120,119]
print(ls.count(120))
```

上面的代码显示列表中出现 120 的次数，结果为 3。

（4）元素的个数 = len(列表) 表示查询列表的长度，即元素的个数。例如：

```
ls = [110,120,119,110,120,119,110,120,119]
print(len(ls))
```

上面的代码显示这个列表的长度，结果为 9。

（5）max(列表) 、min(列表) 分别表示查询列表中的最大值和最小值。例如：

```
ls = [110,120,119,110,120,119,110,120,119]
print(min(ls))
print(max(ls))
```

上面的代码显示这个列表中最大值为 120，最小值为 110。

4 列表的删除

如果需要删除列表中的内容，可以使用下面的方法。

范例 2.6-4 列表删除的使用（02\ 代码 \2.6 列表和元组 \demo04.py）。

（1）列表 .pop() 表示删除列表的末尾元素，并返回此元素。例如：

```
ls = [110, 120, 119]
ret = ls.pop()
print(ret)
print(ls)
```

上面代码删除列表中的最后一个元素，此时列表中剩下的内容为 [110, 120]。

（2）列表 .pop(下标) 表示根据元素下标删除，并返回此元素。例如：

```
ls = [110, 120, 119]
ret = ls.pop(1)
print(ret)
print(ls)
```

上面的代码删除列表中下标是 1 的元素，即 120，删除后列表的内容为 [110, 119]。

del 列表 [下标] 或者 del(列表 [下标]) 表示根据元素下标删除列表内容。例如：

```
ls = [110, 120, 119]
```

```
del ls[1]
print(ls)
```

上面的代码删除列表中下标为 1 的元素 120，删除后列表的内容为 [110, 119]。

（3）列表 .remove(值) 表示根据元素的值进行删除。例如：

```
ls = [110,120,119,110,120,119,110,120,119]
ls.remove(120)
```

print(ls) 执行上面的删除操作后，列表的内容为 [110, 119, 110, 120, 119, 110, 120, 119]，可以发现，删除的是列表中第一个满足条件的元素。

5 列表的判断

在列表的使用过程中，经常需要判断某一个数值是否存在于列表中，用以下两种方法。

（1）in（存在）：如果存在那么结果为 True，否则为 False。

（2）not in（不存在）：如果不存在那么结果为 True，否则 False。

范例 2.6-5 列表判断的使用（02\ 代码 \2.6 列表和元组 \demo05.py）。

例如：

```
ls = [110, 120, 119]
print(120 in ls)
print(120 not in ls)
```

上面的代码分别判断 120 是否在这个列表中，返回结果分别是 True 和 False。

6 列表的脚本操作

列表对 + 和 * 的操作符与字符串相似。+ 用于组合列表，* 用于重复列表。

例如，表 2-9 中给出了这两种脚本操作的结果。

表 2-9 脚本操作

Python 表达式	结果	描述
[1,2,3]+[4,5,6]	[1,2,3,4,5,6]	组合
['Hi!']*4	['Hi!', 'Hi!', 'Hi!', 'Hi!']	重复

其中，两个列表的 + 脚本操作效果和前面介绍的 extend 操作结果一样。

范例 2.6-6 列表脚本操作的使用（02\ 代码 \2.6 列表和元组 \demo06.py）。

首先看下面的代码：

```
ls1 = [110,120,119]
ls2 = [1,2,3]
ret = ls1+ls2
print(ret)
```

上面的代码执行后，生成新的列表内容为 [110, 120, 119, 1, 2, 3]，其中的 + 脚本操作也可以更改为 ls1.extend(ls2)。

```
ls1 = [110,120,119]
ret = ls1*3
print(ret)
```

上面代码执行的结果为 [110, 120, 119, 110, 120, 119, 110, 120, 119]。

实际操作中，字符串也可以使用 * 实现重复的效果，例如：

```
s = 'abc'
ret = s*3
print(ret)
```

上面代码执行的结果为 abcabcabc。

7 列表的排序

范例 2.6-7 列表排序的使用（02\ 代码 \2.6 列表和元组 \demo07.py）。

如果需要对列表中的元素进行排序，可以使用下面两种方法。

（1）列表 .reverse()：对列表中元素顺序反转。例如：

```
ls = [110,120,119]
ls.reverse()
print(ls)
```

上面代码的执行结果为 [119, 120, 110]。

（2）列表 .sort()：对原列表进行排序，如果指定参数，则使用比较函数进行排行，默认从小到大排序。例如：

```
ls = [110,120,119]
ls.sort(reverse=True)
print(ls)
```

上面代码执行的结果为 [120, 119, 110]，表示从大到小进行排序，如果只使用 ls.sort()，不指定参数，则结果为 [110, 119, 120]。

8 列表的切片

Python 3 的切片操作类似于其他语言的从字符串中提取子串的操作，非常灵活，可以很方便地对有序序列进行切片操作，代码简单易用。基本语法为：

```
列表 [num1:num2:num3]
```

上面语法可以返回一个新的列表，其中，num1 和 num2 都是列表的下标，num3 是间隔。

范例 2.6-8 列表切片的使用（02\ 代码 \2.6 列表和元组 \demo08.py）。

首先运行以下代码：

```
ls = [110,120,119,110,120,119,110,120,119]
ls1 = ls[0:5]
print(ls1)
```

上面代码切片后的结果为 [110, 120, 119, 110, 120]，注意，这里下标是从 0 开始的，也就是列表的第一个元素，而结束的下标是 5，但不包括这个下标对应的元素。

```
ls = [110,120,119,110,120,119,110,120,119]
ls1 = ls[:5]
print(ls1)
```

上面代码切片后的结果为 [110, 120, 119, 110, 120]，和上面的代码结果一样，这里省略了初始下标，默认从 0 开始。

```
ls = [110,120,119,110,120,119,110,120,119]
ls1 = ls[::2]
print(ls1)
```

上面代码切片后的结果为 [110, 119, 120, 110, 119]，这段代码中 ls[::2] 没有起始和终止下标，默认是从开始到结束，中间间隔是 2。

```
ls = [110,120,119,110,120,119,110,120,119]
ls1 = ls[::-1]
print(ls1)
```

上面代码切片后的结果为 [119, 120, 110, 119, 120, 110, 119, 120, 110]，因为其中间隔是 -1，表示从后往前间隔给出结果。

9 列表的遍历

列表的遍历表示依次访问列表中的元素，下面给出如何遍历列表中的元素。

范例 2.6-9 列表遍历的使用（02\ 代码 \2.6 列表和元组 \demo09.py）。

（1）使用 while 循环遍历。例如：

```
ls = [120,110,119]
num = 0
length = len(ls)
while num<length:
    print(str(num)+':'+str(ls[num]))
    num+=1
```

上面代码先使用 len(ls) 计算出列表的长度，然后根据变量 num 的值是否小于这个长度，来确认是否打印列表中的元素。运行结果如下：

```
0:120
1:110
2:119
```

（2）使用 for 循环遍历。上面的结果也可使用如下代码实现。

```
num = 0
ls = [120,110,119]
for i in ls:
    print(str(num) + ':' + str(i))
    num+=1
```

10 列表的传递

列表的传递，简单地说就是不同列表值的传送，下面通过一些实例理解列表的传递。

范例 2.6-10 列表传递的使用（02\ 代码 \2.6 列表和元组 \demo10.py）。

先看下面的代码：

```
ls1 = [1,2,3]
ls2 = ls1
# 改变原来 ls1 指向的内容
ls1.append(110)
print(ls1)
print(ls2)
```

上面代码的执行结果为：

```
[1, 2, 3, 110]
[1, 2, 3, 110]
```

上面的代码首先使用赋值的方法定义了列表 ls2，其内容和 ls1 的内容一样，但是如果给 ls1 增加元素，可以发现 ls2 同样也一起增加了，这表明尽管列表名称不一样，但两个列表指向同一块内存区，会被同时修改。

上面的情况对于变量并不存在这样的效果，例如：

```
num1 = 10
num2 = num1
# 改变 num1 的指向
num1 += 100
print(num1)
print(num2)
```

上面代码执行的结果为：

```
110
10
```

可以看出尽管 num1 修改了，num2 并没有被修改。虽然在定义的时候，num1 和 num2 指向同一个内存区，但是当变量中内容是 int、float、none 和 bool 类型时，是属于不变的类型，当修改其中一个变量时，原先指向的内存区的内容不变，此时会指向一个新的内存区，新的内存区中是修改后的内容。例如，上面代码 num1 被修改了，其指向修改后的结果，但 num2 的指向仍然不变。这一点和列表不一样，列表属于可变类型的结果，可以直接在内存区修改，不需要在新的内存区中生成新的内容。

```
ls1 = [1,2,3]
ls2 = ls1
# 改变 ls1 的指向
ls1 = [3,2,1]
print(ls1)
print(ls2)
```

此时运行的结果为：

```
[3, 2, 1]
[1, 2, 3]
```

这是因为前面代码中是改变列表的值，这个代码只是改变列表的指向，所以两个列表的显示结果不一样。

2.6.2 　元组

Python 的元组与列表类似，不同之处在于元组的元素不能修改。元组使用小括号，列表使用方括号。

1 元组的定义和使用

元组定义的基本语法格式为：

元组名称 = (值 1, 值 2, ……,)

范例 2.6-11 元组的使用（02\ 代码 \2.6 列表和元组 \demo11.py）。

首先运行以下代码：

```
tu = ('东','南','西','北',)
print(type(tu))
print(tu)
```

上面的代码中定义了一个元组 tu，并显示元组的类型及打印该元组的内容，访问元组中内容的方法和列表一样，可以使用索引或者使用值访问索引，例如：

```
print(tu[1])
print(tu.index('南'))
```

元组不能进行修改或者增添等操作，如果此时使用 tu[1] = 'xx' 更改元组的内容就会报错。定义元组的时候注意，如果只有一个元素，元素后面必须增加一个逗号，例如，tu = (110) 定义的是一个整型变量，必须使用 tu = (110,) 定义才正确。列表并不存在这种情况，也就是说

使用 [110] 和 [110,] 定义的都是列表。

2 列表和元组相互转换

在实际使用中，列表和元组可以相互转换，基本格式为：

（1）列表 = list(元组) 可以把元组转换为列表；

（2）元组 = tuple(列表) 可以把列表转换为元组。

范例 2.6-12▶列表和元组相互转换（02\ 代码 \2.6 列表和元组 \demo12.py）。

首先看以下代码：

```
ls = [110,120,119]
tu = tuple(ls)
```

上面的代码可以把列表转换为元组，同理：

```
tu = (110,120,119)
ls = list(tu)
```

可以把元组转换为列表。

2.7 字典

字典(dict)是另一种可变容器模型，且可存储任意类型对象。它使用键 - 值(key-value)存储，具有极快的查找速度。

2.7.1 字典的定义

键 - 值对用冒号分隔，每个键 - 值对之间用逗号分隔，整个字典包括在大括号中，格式为：

```
d = {key1 : value1, key2 : value2}
```

其中，键一般是唯一的，并且键是字符串形式，如果重复最后的一个键 - 值对会替换前面的键 - 值对，值不需要唯一。此外，值可以取任何数据类型，如字符串、数字或元组。字典内部存放的顺序和值 key 放入的顺序是没有关系的。

范例 2.7-1▶字典的定义（02\ 代码 \2.7 字典 \demo01.py）。

下面的代码定义了一个字典。

```
student = {'sid':110,'sname':' 小 明 ','ssex':'
男 ','sscore':89.5,'sid':120}
```

这个字典中有 5 个元素，每个元素都由键和值组成，访问时可以使用键查询对应的值，例如，student['sname'] 返回的结果是"小明"。

2.7.2 字典的新增和修改

字典的内容可以增加和修改，其基本语法格式为：

字典 [键] = 值

如果此键(key)不存在，就是往字典里新增一个键 - 值对，否则，就是修改原来的键 - 值对。

范例 2.7-2 字典的新增和修改（02\ 代码 \2.7 字典 \demo02.py）。

来看下面这段代码：

```
infos = {
    'sid':1,
    'sname':' 小明 ',
    'shobby':[' 篮球 ',' 游泳 ',' 外语 ']
}
infos['saddress'] = ' 河南省郑州市 '
infos['sid'] = 110
```

上面的代码首先定义一个字典，其中包含 3 个键 - 值对，然后使用 infos['saddress'] = ' 河南省郑州市 ' 增加一个键 - 值，因为原来的字典中没有 'saddress' 键；而 infos['sid'] = 110 是修改原来的键 sid 所对应的值。

2.7.3 字典的查询

涉及字典查询的常用操作方法有多种，下面通过范例介绍如何使用。

范例 2.7-3 字典的查询（02\ 代码 \2.7 字典 \demo03.py）。

（1）值 = 字典 [键]：根据键查询值。例如：

```
infos = {
    'sid':1,
    'sname':' 小明 ',
    'shobby':[' 篮球 ',' 游泳 ',' 外语 '],
    'saddress': ' 河南省郑州市 '
}
print(infos['saddress'])
```

上面的代码使用 infos['saddress'] 查询该字典中键是 saddress 的值，返回结果为河南省郑州市。

（2）字典 .get(键，[默认值])：通过字典提供的 get 方法，如果键不存在，可以返回 None，或者自己指定的 value。例如：

```
infos = {
    'sid':1,
```

```
    'sname':' 小明 ',
    'shobby':[' 篮球 ',' 游泳 ',' 外语 '],
    'saddress': ' 河南省郑州市 '
}
print(infos.get('saddress'))
print(infos.get('id'))
print(infos.get('id',' 未找到 '))
```

上面代码中 infos.get('saddress') 得到字典对应键是 saddress 的值，返回结果为河南省郑州市；而 infos.get('id') 由于字典中没有 id 键，因此返回 None；而 infos.get('id',' 未找到 ') 返回 "未找到"。

（3）len(字典)：计算字典元素个数，即键的总数。例如：

```
infos = {
    'sid':1,
    'sname':' 小明 ',
    'shobby':[' 篮球 ',' 游泳 ',' 外语 '],
    'saddress': ' 河南省郑州市 '
}
print(len(infos))
```

上面代码返回字典的元素个数，结果为 4。

（4）str(字典)：输出字典可打印的字符串表示。例如：

```
infos = {
    'sid':1,
    'sname':' 小明 ',
    'shobby':[' 篮球 ',' 游泳 ',' 外语 '],
    'saddress': ' 河南省郑州市 '
}
ret = str(infos)
print(ret)
```

上面代码返回的结果为：

```
{'sid': 1, 'sname': ' 小明 ', 'shobby': [' 篮球 ', ' 游泳 ', ' 外语 '],
'saddress': ' 河南省郑州市 '}
```

（5）infos.keys()：返回一个字典中所有的键。例如：

```
infos = {
    'sid':1,
    'sname':' 小明 ',
    'shobby':[' 篮球 ',' 游泳 ',' 外语 '],
    'saddress': ' 河南省郑州市 '
```

```
}
infos_keys = infos.keys()
print(infos_keys)
for i in infos_keys:
    print(i)
```

上面代码中 infos.keys() 可以返回一个字典中所有的键，然后使用循环语句遍历这个结果并分别打印其中的键的名称。

（6）dict.values()：返回一个字典中所有的值（dict 是定义的字典名称对象，本例为 infos）。类似上面的代码，可以使用 infos_values = infos.values() 代替 infos_keys = infos. keys() 得到字典中所有的值，然后使用循环语句遍历这个结果并分别打印其中的值。

（7）dict.items()：返回可遍历的 (键 , 值) 元组数组（dict 是定义的字典名称对象，本例为 infos）。同样可以使用 infos_items = infos.items() 修改签名代码中 infos_keys = infos.keys() 得到所有的键 - 值对，然后使用循环语句遍历这个结果并分别打印键 - 值。由于这是键 - 值对，因此遍历语句为：

```
for k,v in infos_items:
    print(str(k)+':'+str(v))
```

2.7.4　字典的删除

当字典中的内容不需要时，可以对其进行删除，下面给出了常用的方法。

范例 2.7-4 字典的删除（02\ 代码 \2.7 字典 \demo04.py）。

（1）字典 .pop(键)：根据键，删除指定的值，并将此值返回。例如：

```
infos = {
    'sid':1,
    'sname':' 小明 ',
    'shobby':[' 篮球 ',' 游泳 ',' 外语 '],
    'saddress': ' 河南省郑州市 '
}
v = infos.pop('sid')
```

上面的代码执行后，删除字典中键是 sid 的内容。

（2）del 字典 [键]：根据键，删除指定的值。上面代码也可以使用 del infos['sid'] 替换 infos.pop('sid') 达到同样的效果。

（3）字典 .clear()：清空字典中的键 - 值对。例如，上面代码如果想清空字典中的内容，可以使用 infos.clear() 实现。

2.7.5 ▶ 字典的判断

当需要判断一个键是否存在于字典中，可以使用下面的语法。

```
键 in 字典
```

上面语法判断键是否存在于字典中，如果键存在于字典中，返回 True；否则，返回 False。同样也可以使用 not in 方法，语法和上面的类似。

范例 2.7-5▶字典的判断（02\ 代码 \2.7 字典 \demo05.py）。

运行下面这段代码：

```
infos = {
    'sid':1,
    'sname':' 小明 ',
    'shobby':[' 篮球 ',' 游泳 ',' 外语 '],
    'saddress': ' 河南省郑州市 '
}
print('sid' in infos)
print('sid' not in infos)
```

上面语句中，'sid' in infos 判断 sid 是否存在于字典 infos 中，返回结果为 True ；而 'sid' not in infos 返回结果为 False。

同样可以使用 values() 对值进行判断，确定是否字典中存在给定的值。例如：

```
infos = {
    'sid':1,
    'sname':' 小明 ',
    'shobby':[' 篮球 ',' 游泳 ',' 外语 '],
    'saddress': ' 河南省郑州市 '
}
print(1 in infos.values())
print(2 in infos.values())
```

上面代码中 1 in infos.values() 返回 True，因为字典中存在这样的值；而 2 in infos.values() 返回 False，因为字典中不存在 2。

2.7.6 ▶ 字典的遍历

如果想遍历字典中的内容，可以使用循环实现。

范例 2.7-6▶字典的遍历（02\ 代码 \2.7 字典 \demo06.py）。

运行以下代码：

```
infos = {
```

```
        'sid':1,
        'sname':' 小明 ',
        'shobby':[' 篮球 ',' 游泳 ',' 外语 '],
        'saddress': ' 河南省郑州市 '
}
for key in infos:
        print(key+':'+str(infos[key]))
```

上面代码遍历字典中所有内容并打印每个键 - 值对，结果如图 2-30 所示。

```
sid:1
sname:小明
shobby:[' 篮球 ', ' 游泳 ', ' 外语 ']
saddress:河南省郑州市
```

图 2-30   字典的遍历

上面代码中的循环遍历语句也可以修改为：

```
for key in infos.keys():
        print(key+':'+str(infos[key]))
```

或者

```
for key,value in infos.items():
        print(key + ':' + str(value))
```

都可以实现同样的效果。

2.7.7   字典的其他功能

字典的常用操作除了前面介绍的几种外，还有下列几种也经常使用。

范例 2.7-7 字典的其他功能（02\ 代码 \2.7 字典 \demo07.py）。

（1）dict.copy()：返回一个新的字典，内容一样，但地址不同。例如：

```
infos = {
        'sid': 1,
        'sname': ' 小明 ',
        'shobby': [' 篮球 ', ' 游泳 ', ' 外语 '],
        'saddress': ' 河南省郑州市 '
}
infos2 = infos.copy()
```

其中 infos2 = infos.copy() 可以产生一个新的字典。

（2）dict.fromkeys(seq[, val])：创建一个新字典，以序列 seq 中元素做字典的键，val 为字典所有键对应的初始值。例如：

```
ls = ['num1','num2','num3']
infos = dict.fromkeys(ls)
```

```
print(infos)
ret = 'abca'
infos = dict.fromkeys(ret)
print(infos)
ls = ['num1','num2','num3']
infos = dict.fromkeys(ls,0)
print(infos)
```

上面代码的运行结果如图 2-31 所示。

```
{'num1': None, 'num2': None, 'num3': None}
{'a': None, 'b': None, 'c': None}
{'num1': 0, 'num2': 0, 'num3': 0}
```

图 2-31　字典的访问

可以看出，当 fromkeys() 中只有一个参数的时候，生成的字典中每个键对应的值都是 None，即如果只有一个值，所有键对应的值都是这个值。

（3）dict.setdefault(key, default=None)：和 get() 类似，如果键在字典中，返回这个键所对应的值；如果键不在字典中，将会向字典中插入这个键，并且以 default 为这个键的值，并返回 default。default 的默认值为 None。例如：

```
infos = {
    'sid': 1,
    'sname': '小明',
    'shobby': ['篮球', '游泳', '外语'],
    'saddress': '河南省郑州市'
}
v = infos.setdefault('sid',110)
print(v)
print(infos)
```

上面代码 v = infos.setdefault('sid',110) 返回值 1 给变量 *v*，并且修改其中 sid 的值为 110。这是因为字典中存在 sid 键，如果不存在某个键，例如：

```
v = infos.setdefault('snum',110)
```

此时会在字典中插入这个键 - 值对。

（4）dict.update(dict2)：把字典 dict2 的键 - 值对更新到 dict 中。例如：

```
infos1 = {
    'sid': 1,
    'sname': '小明',
    'shobby': ['篮球', '游泳', '外语'],
    'saddress': '河南省郑州市'
```

```
}
infos2 = {
    'snum':110,
    'ssex':'男'
}
infos1.update(infos2)
print(infos1)
print(infos2)
```

上面代码的运行结果如图 2-32 所示。

```
{'sid': 1, 'sname': '小明', 'shobby': ['篮球', '游泳', '外语'], 'saddres
s': '河南省郑州市', 'snum': 110, 'ssex': '男'}
{'snum': 110, 'ssex': '男'}
```

图 2-32　字典的更新

2.7.8　字典与列表对比

字典 dict 有以下特点：

- 查找速度极快；
- 需要占用大量的内存。

而列表 list 具有以下特点：

- 查找和插入的时间随着元素的增加而增加；
- 占用空间小。

2.8　无序集合

　　无序集合（set）是一个内容没有顺序，并且不能重复的集合容器。因为无序集合是一个没有顺序的集合，所以不能直接使用下标访问；此外，由于无序集合是内容不能重复的集合容器，因此可以用来过滤重复元素。下面就来学习如何使用无序集合。

2.8.1　定义无序集合

用下面的语法实现无序集合的定义。

```
无序集合名称 = {值1,值2,值3......}
无序集合名称 = set(iterator)
```

其中，花括号或 set() 函数可以用来创建集合。注意，想要创建空集合，必须使用 set() 而不是花括号，后者用于创建空字典。花括号也不可以创建元素含有字典与列表的集合。

范例 2.8-1 无序集合的使用（02\ 代码 \2.8 无序集合 \demo01.py）。

先看下面这段代码：

```
mySet = {1,2,3,3,1,1,2,3,2,100}
print(type(mySet))
print(mySet)
```

上面代码中尽管 mySet = {1,2,3,3,1,1,2,3,2,100} 定义的花括号中有 10 个值，但是创建的时候，系统会自动过滤重复元素，因此最终这个集合的元素是 {1, 2, 3, 100}。

```
mySet = set('abc')
print(mySet)
```

上面代码产生的无序集合的输出为 {'a', 'b', 'c'}。

2.8.2 无序集合的新增

无序集合新增的语法格式为：

x.add(obj)：将括号内的内容新增到无序集合内；

范例 2.8-2 无序集合的新增（02\ 代码 \2.8 无序集合 \demo02.py）。

先看下面这段代码：

```
mySet = {120,110,119}
mySet.add(100)
print(mySet)
```

代码执行完成后，把 100 增加到前面创建的无序集合中，此时新的集合内容为 {120, 100, 110, 119}。但是如果增加的内容原来的无序集合中已经存在，由于系统会自动过滤重复元素，因此，此时不会在无序集合中增加新的元素。

x.update(y)：将集合 y 并入原集合中。例如：

```
mySet1 = {120,110,119}
mySet2 = {1,2,3,110}
mySet1.update(mySet2)
```

上面代码执行后的结果是 {1, 2, 3, 119, 120, 110}，使用 update 将两个集合合并，合并过程中会自动过滤重复元素。

2.8.3 无序集合的删除

无序集合中元素的删除方法有多种，下面通过范例分别介绍。

范例 2.8-3 无序集合的删除（02\ 代码 \2.8 无序集合 \demo03.py）。

（1）x.remove(obj)：移除括号中的元素，如果元素不存在，系统会报错。

```
mySet = {120,110,119}
mySet.remove(119)
```

上面的代码将在无序集合 mySet 中删除一个元素 119，删除后结果为 {120, 110}。

（2）x.discard(obj)：移除括号中的元素，如果元素不存在，系统不会报错。

例如，上面代码可以使用 mySet.discard(119) 替换 mySet.remove(119) 实现同样的效果。

（3）x.pop()：随机删除并返回集合 x 中的某个值。例如：

```
mySet = {120,110,119}
ret = mySet.pop()
```

上面代码随机删除无序集合 mySet 中的内容。

（4）x.clear()：清空集合中的内容。

```
mySet = {120,110,119}
print(mySet)
mySet.clear()
```

上面的代码执行后，无序集合中的元素都被清除，只剩一个空集，表示为 set()。

2.8.4　无序集合的交、并、差、集

无序集合之间可以计算交、并、差等运算，下面通过范例分别介绍这些运算。

范例 2.8-4 无序集合的交、并、差等运算（02\ 代码 \2.8 无序集合 \demo04.py）。

"|" 用于计算集合之间的并集，或者使用 "union"。例如：

```
mySet1 = {1,2,3}
mySet2 = {3,4,5}
ret1 = mySet1 | mySet2
ret1 = mySet1.union(mySet2)
```

上面代码最后两行的效果一样，都是计算两个集合的并集，结果为 {1, 2, 3, 4, 5}。

"&" 用于计算集合之间的交集，或者使用 "intersection"。例如：

```
mySet1 = {1,2,3}
mySet2 = {3,4,5}
ret1 = mySet1 & mySet2
ret1 = mySet1.intersection(mySet2)
```

上面代码最后两行的效果一样，都是计算两个集合的交集，结果为 {3}。

"-" 用于计算集合之间的差集，或者使用 "difference"。例如：

```
mySet1 = {1,2,3}
mySet2 = {3,4,5}
ret1 = mySet1 - mySet2
ret1 = mySet1.difference(mySet2)
```

上面代码最后两行的效果一样，都是计算两个集合的差集，结果为 {1, 2}。

2.8.5 无序集合的判断

如果需要判断一个集合是否包含在另一个集合中，可以使用下面的方法。

- x.issubset(y)：判断集合 *y* 是否为集合 *x* 的子集。
- x.issuperset(y)：判断集合 *y* 是否为集合 *x* 的父集。

范例 2.8-5 无序集合的判断（02\ 代码 \2.8 无序集合 \demo05.py）。

运行以下代码：

```
mySet1 = {110,120,119}
mySet2 = {110,119}
print(mySet2.issubset(mySet1))
print(mySet1.issuperset(mySet2))
```

上面代码中，mySet2.issubset(mySet1) 判断 mySet2 是否为 mySet1 的子集，结果为 True，而 mySet1.issuperset(mySet2) 判断 mySet1 是否为集合 mySet2 的父集，结果为 True。

同样，可以判断一个元素是否在一个集合中，方法如下。

obj in x：判断 obj 是否为 *x* 的一个元素。例如：

```
num = 120
print(num in mySet1)
```

由于 120 是 mySet1 的元素，因此结果为 True。

```
num = 1200
print(num in mySet1)
```

由于 1200 不是 mySet1 的元素，因此结果为 False。

2.8.6 无序集合与列表、元组之间的相互转换

无序集合可以与列表、元组之间相互转换，下面是转换方法。

- list() 可以把元组或者无序集合转换为列表。
- tuple() 可以把列表或者无序集合转换为元组。
- set() 可以把列表或者元组转换为无序集合。

范例 2.8-6 无序集合与列表、元组之间的相互转换（02\ 代码 \2.8 无序集合 \demo06.py）。

运行以下代码：

```
ls = [i for i in range(10)]+[i for i in range(10)]
print(ls)
se = set(ls)
print(se)
```

```
tu = tuple(ls)
print(tu)
se = set(tu)
print(se)
ls = list(se)
print(ls)
tu = tuple(se)
print(tu)
```

上面代码执行的结果如图 2-33 所示。

```
[0, 1, 2, 3, 4, 5, 6, 7, 8, 9, 0, 1, 2, 3, 4, 5, 6, 7, 8, 9]
{0, 1, 2, 3, 4, 5, 6, 7, 8, 9}
(0, 1, 2, 3, 4, 5, 6, 7, 8, 9, 0, 1, 2, 3, 4, 5, 6, 7, 8, 9)
{0, 1, 2, 3, 4, 5, 6, 7, 8, 9}
[0, 1, 2, 3, 4, 5, 6, 7, 8, 9]
(0, 1, 2, 3, 4, 5, 6, 7, 8, 9)
```

图 2-33　无序集合与列表、元组之间的相互转换

2.9　字符串

　　字符串在编程中使用非常广泛，一般用来输入或者输出提示信息，本节将重点介绍在 Python 中如何定义和使用字符串。

2.9.1　字符串介绍

　　字符串是程序中常见的类型。可以使用引号 (' 或 ") 来创建字符串。例如，"abc" "234" 等都是字符串，本节将介绍 Python 中字符串如何定义、通过下标如何访问字符串中的字符、字符串的运算等。首先看一个简单的范例。

范例 2.9-1 字符串的使用（02\ 代码 \2.9 字符串 \demo01.py）。

　　下面代码定义字符串并进行访问。

```
name = '小明'
pwd = '123456'
print(name)
print(pwd)
```

运行结果打印出两个字符串的内容：

```
小明
123456
```

2.9.2 字符串编码

在计算机内存中，统一使用 Unicode 编码，当需要将内容保存到硬盘或者需要传输的时候，就转换为 UTF-8 编码。

Unicode 是为了打破传统的字符编码方案的局限而产生的，它为每种语言中的每个字符设定了统一并且唯一的二进制编码，以满足跨语言、跨平台进行文本转换、处理的要求。Unicode 通常用两个字节表示一个字符，原有的英文编码从单字节变成双字节，只需要把高字节全部填为 0 就可以。对可以用 ASCII 表示的字符使用 Unicode 并不高效，因为 Unicode 比 ASCII 占用大一倍的空间，而对 ASCII 来说，高字节的 0 对它毫无用处。为了解决这个问题，就出现了一些中间格式的字符集，它们被称为通用转换格式，即 UTF（Unicode Transformation Format）。

2.9.3 字符串的定义及访问

1 字符串的定义

双引号或单引号中的数据就是字符串，在 Python 中，使用单引号或者双引号 (' 或 ") 来创建字符串。

范例 2.9-2 字符串的定义及访问（02\ 代码 \2.9 字符串 \demo02.py）。

首先定义两个字符串，如下面代码所示。

```
name = 'Python'
info=' 我喜欢编程 '
```

上面两句代码都可以定义字符串。

此外，当字符串内容较多的时候，如果字符串中间有换行，可以在前后使用三个双引号来标识，例如：

```
ret = """/usr/bin/python3.5 /home/yong/PycharmProjects/02_Python 基础 /09_ 字符串 /
demo02.py

   /usr/bin/python3.5 /home/yong/PycharmProjects/02_Python 基础 /09_ 字符串 /
demo02.py

   /usr/bin/python3.5 /home/yong/PycharmProjects/02_Python 基础 /09_ 字符串 /
demo02.py/usr/bin/python3.5 /home/yong/PycharmProjects/02_Python 基础 /09_ 字
符串 /demo02.py

   /usr/bin/python3.5 /home/yong/PycharmProjects/02_Python 基础 /09_ 字符串 /
demo02.py"""
```

2 字符串的访问

如果有字符串 name = 'abcdef'，在内存中的实际存储如图 2-34 所示。

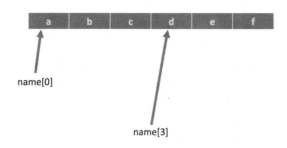

图 2-34 字符串在内存中的存储

即访问字符串中的字符可以像列表一样使用索引。例如：

```
name = 'Python'
print(name[1])
print(name[-1])
```

上面代码打印字符串中的第二个字符"y"和最后一个字符"n"。

下面代码可以遍历这个字符串并打印。

```
for i in name:
    print(i)
```

2.9.4 字符串的格式化

当字符串中出现数字、字母、浮点数等内容的时候，如果需要按照一定的格式显示，此时就需要定义使用什么样的格式。Python 的格式化是通过占位符完成的，有字母占位符和数字占位符两种。表 2-10 给出了字符串的格式。

表 2-10 字符串的格式

字符串	格式
%c	格式化字符及其 ASCII 码
%s	格式化字符串
%d	格式化整数
%u	格式化无符号整型
%o	格式化无符号八进制数
%x	格式化无符号十六进制数
%X	格式化无符号十六进制数（大写）
%f	格式化浮点数字，可指定小数点后的精度

字符串	格式
%e	用科学计数法格式化浮点数
%E	作用同 %e，用科学计数法格式化浮点数
%g	%f 和 %e 的简写
%G	%f 和 %E 的简写
%p	用十六进制数格式化变量的地址

范例 2.9-3 字符串的格式化（02\ 代码 \2.9 字符串 \demo03.py）。

运行以下代码：

```
name = input(' 姓名：')
age = int(input(' 年龄：'))
score = float(input(' 分数：'))
infos1 = ' 姓名 ='+str(name)+', 年龄 ='+str(age)+', 分数 ='+str(score)
print(infos1)
```

上面的代码先输入姓名、年龄和分数，然后显示，如图 2-35 所示。

```
姓名：小明
年龄：22
分数：88.5
姓名=小明，年龄=22，分数=88.5
```

图 2-35　字符串的格式化

此时，可以使用表 2-10 中的格式化进行定义，代码如下：

```
infos = ' 姓名 =%s, 年龄 =%d, 分数 =%f'%(name,age,score)
```

上面代码中姓名使用 %s 表示格式化字符串，年龄使用 %d 表示格式化整数，分数使用 %f 表示格式化浮点数字，可以使用 " 分数 =%0.1f" 指定小数点后的精度为 1 位。

上面使用的是字母占位符 %，也可以使用 {} 占位符。例如，上面的效果可以使用下面的代码表示：

```
infos = ' 姓名 ={0}, 年龄 ={1}, 分数 ={2}'.format(name,age,score)
```

2.9.5 转义字符

当需要在字符中使用特殊字符时，Python 用反斜杠（\）转义字符。常用的转义字符如表 2-11 所示。

表 2-11　转义字符

转义字符	描述
\（在行尾时）	续行符
\\	反斜杠符
\'	单引号

续表

转义字符	描述
\"	双引号
\n	换行
\t	横向制表符
\r	回车

当字符串中含有单引号时，执行会出现错误。

范例 2.9-4 转义字符的使用（02\ 代码 \2.9 字符串 \demo04.py）。

要定义下面变量：

```
infos = 'name='Python',price=100'
```

因为字符串中含有单引号，所以就需要使用转义字符，代码如下：

```
infos = 'name=\'Python\',price=100'
print(infos)
```

上面的代码就可以实现字符串中含有单引号的定义，结果如下：

```
name='Python',price=100
```

此外，可以使用 \t 增加字符间的空格，代码如下：

```
infos = 'name=Python\t\tprice=100'
```

如果在字符串中需要换行，前面介绍过可以前后使用 3 个单引号或者双引号，例如：

```
infos = """name=Python
price=100"""
```

上面代码表示不清晰，可以直接使用 \n 表示换行：

```
infos = 'name=Python\nprice=100'
print(infos)
```

如果 \n 本身是字符串的一部分，此时需要使用两个 \ 才可以，代码如下：

```
infos = 'name=Python\\nprice=100'
```

2.9.6 ▶ 字符串运算符

字符串运算符经常使用的有连接和重复输出，如表 2-12 所示。

表 2-12 字符串运算符

假设 a 变量值为字符串 "Hello"，b 变量值为 "Python"		
操作符	描述	实例
+	字符串连接	$a+b$ 'HelloPython'
*	重复输出字符串	$a*2$ 'HelloHello'

范例 2.9-5 字符串运算符的使用（02\ 代码 \2.9 字符串 \demo05.py）。

运行以下代码：

```
s1 = 'abc'
s2 = 'cba'
s3 = s1+s2
print(s3)
```

上面的代码运行后产生字符串"abccba"。

再看下面的代码：

```
s1 = '-'
s2 = '-'*10
print(s2)
```

上面的代码运行后产生字符串"----------"。

2.9.7 字符串的其他常见操作

在实际运算中，经常会对字符串进行查找、统计、分隔、判断、大小写转换、对齐等操作，下面就介绍这些操作。

1 字符串查找

常用的字符串查找函数有 find()、rfind()、index() 和 rindex()。

find() 方法检测字符串中是否包含子字符串 str，如果指定了开始和结束范围，则检查在指定范围内是否包含子字符串 str，如果包含子字符串，则返回开始的索引值，否则返回−1。基本语法为：

```
str.find(str1, begin, end)
```

其中，begin 表示开始的位置，end 表示结束的位置。

范例 2.9-6 字符串查找的使用（02\ 代码 \2.9 字符串 \demo06.py）。

运行以下代码：

```
infos = '我爱中华人民共和国，我是中国的合法公民。'
s1 = '中'
ret1 = infos.find(s1)
print(ret1)
```

上面代码的运行结果是 2，因为"中"在 infos 中的索引位置 3 处。

```
infos = '我爱中华人民共和国，我是中国的合法公民。'
s1 = '中间'
ret1 = infos.find(s1)
```

```
print(ret1)
```

上面的代码运行后输出结果为−1，因为 infos 中不包含 s1 字符。

```
infos = '我爱中华人民共和国，我是中国的合法公民。'
s1 = '中'
ret1 = infos.find(s1,6)
print(ret1)
```

结果返回 12，查找从索引位置 6 的字符"共"开始查找，这个代码值给出了查找的起始位置，也可以同时给出终止位置，例如可以写成 infos.find(s1,6,13)。

rfind() 返回字符串最后一次出现的位置（从右向左查询），即从后向前查找，如果没有匹配项则返回−1。上面 find() 方法是查找第一次出现的位置，即从前向后找，这是二者的不同。例如：

```
infos = '我爱中华人民共和国，我是中国的合法公民。'
s1 = '中'
ret1 = infos.rfind(s1)
print(ret1)
```

运行结果为 12。注意尽管是从后向前查找，但是给出的位置还是从左开始计算的索引位置。

index() 方法与 find() 方法一样，但是如果 str 不在 string 中会报异常。rindex() 方法与 rfind() 方法一样，但是如果 str 不在 string 中会报异常。

```
infos = '我爱中华人民共和国，我是中国的合法公民。'
s1 = '中'
ret1 = infos.index(s1)
print(ret1)
```

运行结果为 2。

```
infos = '我爱中华人民共和国，我是中国的合法公民。'
s1 = '中'
ret1 = infos.rindex(s1)
print(ret1)
```

运行结果为 12。

```
infos = '我爱中华人民共和国，我是中国的合法公民。'
s1 = '中'
ret1 = infos.rindex(s1,0,10)
print(ret1)
```

运行结果为 2。

2 字符串统计

count() 方法用于统计字符串中某个字符出现的次数。其基本语法格式为：

```
str.count(sub, start,end)
```

其中，sub 表示统计的子字符串，start 表示字符串开始搜索的位置。默认为第一个字符，第一个字符索引值为 0；end 表示字符串中结束搜索的位置。字符中第一个字符的索引为 0。默认为字符串的最后一个位置。

范例 2.9-7▶字符串统计的使用（02\代码\2.9 字符串\demo07.py）。

运行以下代码：

```
infos = '我爱中华人民共和国，我是中国的合法公民。'
ret1 = infos.count('中')
print(ret1)
```

上面代码的运行结果为 2，因为 infos 中出现两个字符"中"。

```
ret1 = infos.count('我们')
print(ret1)
```

上面代码的运行结果为 0，因为 infos 中没有出现"我们"。

3 字符串分隔

字符串分隔函数有如下几个。

（1）split() 通过指定分隔符对字符串进行切片，基本语法为：

```
str.split(s="", num)
```

其中，s 表示分隔符，默认为所有的空字符，包括空格、换行（\n）、制表符（\t）等。num 表示分隔次数。分隔后的结果是字符串的有序列表。

范例 2.9-8▶字符串分隔的使用（02\代码\2.9 字符串\demo08.py）。

运行以下代码：

```
infos = '你 - 我 - 他'
ret1 = infos.split('-')
print(ret1)
```

运行结果为 ['你','我','他']。

而以下代码：

```
infos = '你 - 我 - 他'
ret1 = infos.split('-',1)
print(ret1)
```

运行结果为 ['你'，'我 - 他']，因为其中指定了分隔的次数是 1 次。

```
infos = '你 - 我 - 他'
```

```
ret1 = infos.split('/')
print(ret1)
```

运行结果为 [' 你 - 我 - 他 ']，因为 infos 中没有 '/' 字符，此时把原来的字符串当成一个整体放到结果中。

（2）splitlines() 按照行 ('\r', '\r\n', '\n') 分隔，返回一个包含各行作为元素的列表。基本语法为：

```
str.splitlines([keepends])
```

keepends 表示在输出结果中是否去掉换行符 ('\r', '\r\n', '\n')，默认为 False，不包含换行符，如果为 True，则保留换行符。例如：

```
infos = '\t 你 \n\r 我 \n 他 \r 我们 '
ret1 = infos.splitlines()
print(ret1)
```

运行结果为 ['\t 你 ','',' 我 ',' 他 ',' 我们 ']。

（3）partition() 方法用来根据指定的分隔符将字符串进行分隔。如果字符串包含指定的分隔符，则返回一个三元的元组，第一个为分隔符左边的子串，第二个为分隔符本身，第三个为分隔符右边的子串。基本语法为：

```
str.partition(s)
```

其中 s 表示指定的分隔符。

```
infos = ' 你 - 我 '
ret1 = infos.partition('-')
print(ret1)
```

运行结果为 (' 你 ','-',' 我 ')。

```
infos = ' 我和你和他 '
ret1 = infos.partition(' 和 ')
print(ret1)
```

运行结果为 (' 我 ',' 和 ',' 你和他 ')。

rpartition() 和 partition() 方法类似，不同的是从目标字符串的末尾也就是右边开始搜索分隔符。

```
infos = ' 我和你和他 '
ret1 = infos.rpartition(' 和 ')
print(ret1)
```

运行结果为 (' 我和你 ',' 和 ',' 他 ')。

4 字符串的判断

Python 还有一些对字符串进行判断的函数，这些函数返回值是布尔型的值，即 True 或者 False。下面就介绍一些常用的函数。

范例 2.9-9 字符串分隔的使用（02\ 代码 \2.9 字符串 \demo09.py）。

（1）Startswith() 判断是否以某个字符开头。

```
info = 'hello.py'
print(info.startswith('h'))
print(info.startswith('a'))
```

上面代码中 info.startswith('h') 判断字符串 'hello.py' 是否以 'h' 开头，显然是的，因此结果为 True，同理，info.startswith('a') 的结果为 False。

（2）endswith() 判断是否以某个字符结尾。同样使用上面的字符串 'hello.py'，如果使用 print(info.endswith('.py')) 进行判断，则结果应为 True。

（3）isalnum() 判断是否为文字字符和数字。

```
info = '12a3 汉字 4'
print(info.isalnum())
```

上面代码中字符串 '12a3 汉字 4' 中既有文字字符又有数字，因此返回结果为 True。

（4）isalpha() 判断是否为文字字符。

```
info = 'hello.py'
print(info.isalpha())
```

上面代码中，因为字符串 'hello.py' 中包含有小数点，所以不是文字字符，因此返回的结果为 False。

```
info = 'hellopy'
print(info.isalpha())
```

上面代码中，字符串 'hellopy' 中全部是文字字符，因此返回的结果是 True。

（5）isdigit() 判断是否为数字。

```
info = '1234'
print(info.isdigit())
```

显然，上面字符串 '1234' 中全部是数字，所以返回的结果是 True。

```
info = '12a34'
print(info.isdigit())
```

上面字符串 '12 a 34' 中包含有字母，所以返回的结果是 False。

（6）isupper() 判断是否为大写。

```
info = 'ABCD'
print(info.isupper())
```

显然字符串 'ABCD' 中都是大写字母，因此返回的结果是 True。

（7）islower() 判断是否为小写。

```
info = 'abcd'
print(info.islower())
```

显然字符串 'abcd' 中都是小写字母，因此返回的结果是 True。

（8）isspace() 判断是否都是空格。

```
info = '          '
print(info.isspace())
```

显然字符串 '   ' 中都是空格，因此返回的结果是 True。

5 字符串的大小写

Python 中经常使用下面几个函数处理字符串的大小写转换。

范例 2.9-10 字符串大小写的使用（02\ 代码 \2.9 字符串 \demo10.py）。

（1）capitalize() 将字符串的首字母修改为大写。

运行以下代码：

```
infos = 'hello,Python'
ret = infos.capitalize()
print(ret)
```

上面代码将字符串 'hello,Python' 的首字母修改为大写，结果为 "Hello,python"，注意，即使原来字符串中存在其他大写字母也会被修改为小写字母。例如，其中的 "P" 被修改为 "p"。那么如何解决这个问题呢，可以使用以下代码：

```
ret = infos[0].upper()+infos[1:]
print(ret)
```

这样就可以输出 "Hello,Python"。

（2）upper() 将字符串全部修改为大写。例如：

```
infos = 'hello,Python'
ret = infos.upper()
print(ret)
```

此时结果输出 "HELLO,PYTHON"，实现将字符串全部转换为大写。

（3）lower() 将字符串全部修改为小写。例如：

```
infos = 'hello,Python'
ret = infos.lower()
print(ret)
```

此时结果输出 "hello,python"，实现将字符串全部转换为小写。

6 字符串的对齐

所谓字符串的对齐，在 Office 中排版时经常会使用到，在 Python 中，也可以实现这个功能，

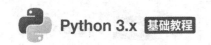

常用的函数如下。

范例 2.9-11 字符串对齐的使用（02\ 代码 \2.9 字符串 \demo11.py）。

ljust：将字符串左对齐。

运行以下代码：

```
infos = '我喜欢编程'
ret = infos.ljust(10)
print(ret)
print(ret+'-')
```

使用的时候要注意，一般需要定义显示字符串所需要的宽度或者位数，例如，上面代码中 ljust(10) 表示宽度为 10 个字符。不过从上面代码执行的结果中无法看出左对齐，我们可以增加 print(ret+'-') 来对比执行结果，显示结果如下：

```
我喜欢编程
我喜欢编程     -
```

可以看出上面的显示结果中，最后一行的显示表明原先的字符串左对齐，不够 10 个字符的补空格，然后与字符串 "-" 连接并显示。

```
print(ret+'-')ljust：右对齐
```

和上面的例子一样，来看下面的代码：

```
infos = '我喜欢编程'
ret = infos.rjust(10)
print(ret)
```

执行后显示如下：

```
     我喜欢编程
```

可以看出，显示的结果右对齐，前面显示空格。

```
center：居中
```

同样，居中对齐的使用方式与左对齐和右对齐类似，例如：

```
infos = '我喜欢编程'
ret = infos.center(10)
print(ret)
```

显示结果如下：

```
  我喜欢编程
```

结果居中显示，由于定义的字符长度是 10，因此前后补齐空格。

范例的最终运行结果如图 2-36 所示。

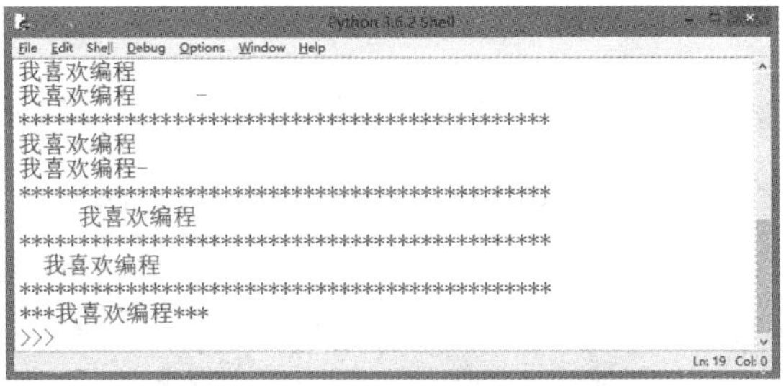

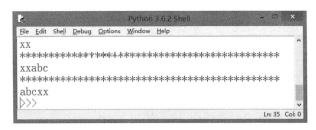

图 2-36　字符串对齐的使用

7 字符串的裁剪

实际输入的字符串中经常有些字符不需要，此时可以把这些多余的字符去掉，下面介绍 3 种常用的字符串裁剪函数。

- strip()：把一个字符串左右两边的子字符串内容裁掉。
- lstrip()：把一个字符串左边的子字符串内容裁掉。
- rstrip()：把一个字符串右边的子字符串内容裁掉。

范例 2.9-12 字符串裁剪的使用（02\ 代码 \2.9 字符串 \demo12.py）。

运行以下代码：

```python
infos = 'abcxxabc'
ret = infos.strip('abc')
print(ret)
print('*******************************************')
infos = 'abcxxabc'
ret = infos.lstrip('abc')
print(ret)
print('*******************************************')
infos = 'abcxxabc'
ret = infos.rstrip('abc')
print(ret)
```

上面代码执行的结果如图 2-37 所示。

图 2-37　字符串裁剪的使用

8 字符串的合并

前面介绍过 split() 是字符串分隔函数，字符串合并函数 join() 是这个分隔函数的逆反操作。

范例 2.9-13 字符串合并的使用（02\ 代码 \2.9 字符串 \demo13.py）。

运行以下代码：

```
ls = ['你','我','他']
ret = '-'.join(ls)
print(ret)
```

上面代码使用连接符"-"将列表中的字符连接到一起，形成一个新的字符串，结果如下：

```
你 - 我 - 他
```

上面代码使用连接符"-"连接，如果使用其他连接符，只需简单替换即可。例如，可以使用 ret = ' '.join(ls) 替换 ret = '-'.join(ls)，此时字符之间的连接符"-"不存在，即直接连在一起，运行结果如下：

```
你我他
```

9 字符串的编码与解码

在 Python 中，字符在不同的编码方式下占用的字节不一样，在 utf-8 编码下，一个汉字占 3 个字节，而 gbk 编码下，一个汉字占两个字节，不过一般我们不用关心系统如何编码的问题，这里只简单了解这个概念就行。

encode() 为编码函数，即将"字符"转成"字节"；decode() 为解码函数，即将"字节"转成"字符"。

范例 2.9-14 字符串编码与解码的使用（02\ 代码 \2.9 字符串 \demo14.py）。

运行以下代码：

```
name = '小 a 明'
ret1 = name.encode('utf-8')
print(ret1)
print(type(ret1))
print('*********************************************')
name = '小 a 明'
ret2 = name.encode('gbk')
print(ret2)
print(type(ret2))
```

上面代码执行的结果如图 2-38 所示。

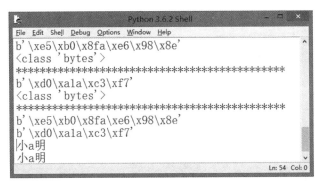

图 2-38　字符串编码与解码的使用

2.10　函数

　　在高级语言中，经常会使用函数，本节就介绍函数的概念及如何定义函数，同时关于函数的嵌套、变量的作用域等问题也会重点介绍。

2.10.1　函数的介绍

　　函数是事先编写好的、可重复使用的、用来实现单一或相关联功能的代码段。函数能提高应用的模块性和代码的重复利用率。Python 提供了许多内建函数，这些函数是系统提供的标准函数，可以直接调用，如前面例题中经常使用的 print() 函数。此外，用户可以自己创建函数，称为用户自定义函数。

范例 2.10-1　函数的介绍（02\ 代码 \2.10 函数 \demo01.py）。

　　下面的代码定义一个函数 add() 实现加法功能，其中有两个参数 num1 和 num2。

```
def add(num1,num2):
    return num1+num2
```

　　调用 add() 函数可以直接使用函数名调用，例如，add(1,2) 会把 1 和 2 传入定义的函数中进行计算，返回结果为 3。

2.10.2　函数的定义和调用

　　下面主要介绍用户自定义函数及如何调用所定义的函数。上面的加法函数已经给出了函数的定义和调用的基本方法，下面是定义的语法。

　　自定义函数的定义：

```
def   函数名（[ 参数 ]）:
```

代码块

[return 表达式]

如上所示，首先需要使用关键字 def 定义，然后是函数名，函数名后必须有小括号，小括号内是参数，参数之间用逗号分隔，如果没有参数，小括号也不能省略；在函数名后面一定要有冒号，函数的最后一般需要有 return 返还语句，中间代码块是函数体，并且函数体必须缩进。如果定义的函数名称重名了，后者覆盖前者。

自定义函数的调用直接使用函数名即可。

函数名（[参数]）

范例 2.10-2 函数的定义和调用（02\ 代码 \2.10 函数 \demo02.py）。

前面的代码已经演示了函数的定义及使用，下面再看一段代码：

```
def run():
    print('begin...')
    print('run.......')
    print('end...')
```

上面的代码定义了函数 run()，这个函数中没有参数，但是小括号不能省略，其中的函数体中，每行代码都缩进书写，由于这个函数中只是使用 print() 函数显示一些内容，因此没有返回值，省略了 return。调用上面函数只需要使用 run() 即可，运行结果如下：

```
begin...
run.......
end...
```

如果此时定义一个变量 run = 10，则前面定义的函数会被覆盖。

2.10.3 函数的文档说明

函数的文档说明实际上就是在函数中的注释信息，说明该函数的作用及其中参数的作用，使用 3 个单引号作为定界符。

范例 2.10-3 函数的文档说明（02\ 代码 \2.10 函数 \demo03.py）。

运行以下代码：

```
def fly(num):
    '''
    飞行器飞行的功能
    :param num: 高度
    :return:    True 表示成功 False 表示失败
    '''
    print(' 起飞 ...')
```

```
print('fly...')
print(' 降落 ...')
return True
```

上面的代码定义了一个函数 fly()，其中使用 3 对单引号作为前后定界符，中间的内容就是 fly() 函数的文档说明。fly() 函数中也使用了 print() 函数打印一些提示信息。

2.10.4　函数的 4 种类型

从前面的函数定义中可以看到，有的函数使用了参数，有的没有参数，此外，有的函数最后使用 return 返回结果，有的没有使用 return 语句。根据是否有参数和是否有返回值，函数分为 4 种类型：无参，无返回值；有参，无返回值；无参，有返回值；有参，有返回值。

注意，返回参数时有一些注意事项，下面通过范例进行介绍。

范例 2.10-4 函数的几种类型（02\ 代码 \2.10 函数 \demo04.py）。

（1）return 写在函数运行的最后一行 , 返回值的同时结束这个函数。

（2）没有返回值的函数，其实就相当于 return None。

下面给出几个代码演示其中一些类型。

```
def f4(num1,num2,oper):
    if oper=='+':
        print(num1+num2)
    elif oper=='-':
        print(num1 + num2)
    elif oper=='*':
        print(num1*num2)
    elif oper=='/':
        print(num1/num2)
```

上面这个代码属于有参数，无返回值的类型，函数有 3 个参数，在函数体中根据输入的第 3 个参数的符号类型，执行不同的内容并打印结果，例如，f4(5,2,'*') 结果为 10。

将上面的代码修改成以下形式：

```
def f5(num1,num2,oper):
    if oper=='+':
        return num1+num2
    elif oper=='-':
        return num1 + num2
    elif oper=='*':
        return num1*num2
    elif oper=='/':
```

```
        return num1/num2
```

上面代码属于有参数，有返回值的类型，不过这种情况下，调用函数之后得到的返回值不会自动打印，必须使用打印函数才能把结果打印出来，代码如下：

```
ret = f5(10,3,'/')
print(ret)
ret = f5(5,2,'*')
print(ret)
```

结果如下：

```
3.3333333333333335
10
```

2.10.5 函数的嵌套

所谓函数的嵌套是指在一个函数的内部又调用了其他函数。

范例 2.10-5 函数的嵌套（02\ 代码 \2.10 函数 \demo05.py）。

例如：

```
def f2():
    print('f2...begin...')
    f1()
    print('f2...end...')
def f1():
    print('f1...begin...')
    print('f1...end...')
```

上面代码分别定义了 f1() 和 f2() 两个函数，其中在 f2() 函数中调用了 f1() 函数，在执行 f2() 函数的时候，会调用 f1() 函数，显示结果如下：

```
f2...begin...
f1...begin...
f1...end...
f2...end...
```

2.10.6 函数的参数

前面介绍函数定义时已经看到，函数名后面的括号内可以包含参数，下面介绍在函数使用过程中参数的不同使用方法。

范例 2.10-6 函数的可变和不可变类型的应用（02\ 代码 \2.10 函数 \demo06.py）。

1 可变和不可变类型参数

参数一般包含两类：可变类型和不可变类型。其中，可变参数包含列表、字典、set 等，而不可变类型包括整数、浮点数、布尔、空、函数、元组、字符串。

在使用参数时应确定传入的参数是可变类型还是不可变类型。如果是不可变类型，传入之后，即使在函数值中修改了内容也并不会影响原来的参数值，否则会影响对应参数的值。例如：

```
def my_func1(num):
    num+=10
    print('my_func1...num=%s'%num)
ret = 20
my_func1(ret)
print('ret=%s'%ret)
```

上面的代码执行后结果如下：

```
my_func1...num=30
ret=20
```

这是因为此时使用的参数是不可变类型，尽管传入函数后，num 的值等于 20，并且在函数中被修改为 30，但是并不影响原来的参数值。

再看以下代码：

```
def my_func1(num):
    num.append(10)
    print('my_func1...num=%s'%num)
ret = [20]
my_func1(ret)   # num = ret
print('ret=%s'%ret)
```

代码运行结果如下：

```
my_func1...num=[20, 10]
ret=[20, 10]
```

这是因为此时使用的参数是可变类型，在使用函数之前，ret 列表的值是 [20]，但是在函数体中增加了一个 10，由于参数是可变类型，因此在函数体中的修改同时也会反映到原来的参数中，在函数体中显示的结果和函数结束之后显示的结果一样。

范例的整体运行结果如图 2-39 所示。

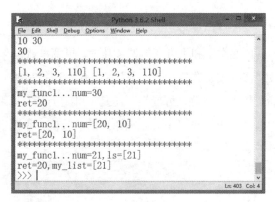

图 2-39　函数的可变类型和不可变类型的应用

范例 2.10-7 函数的必需参数、默认参数、可变参数、关键字参数的应用（02\ 代码 \2.10 函数 \demo07.py）。

2 必需参数

有时函数中的参数必须按顺序、数量依次赋值。

例如，下面这个函数有两个输入参数，在函数体中分别打印这两个参数的值。

```
def func1(num1,num2):
    print('num1=%s,num2=%s'%(num1,num2))
```

如果按照如下顺序调用这个函数：

```
func1(100,200)
```

则输出结果为：

```
num1=100,num2=200
```

而如果按照如下顺序调用这个函数：

```
func1(200,100)
```

则输出结果为：

```
num1=200,num2=100
```

如果调用的时候缺少一个参数，则会出现错误，例如调用函数的时候输入：

```
func1(200)
```

此时会出现错误信息：

```
TypeError: func1() missing 1 required positional argument: 'num2'
```

3 默认参数

默认参数表示如果调用的时候没有给参数赋值，就使用默认值，如果已给参数赋值，就使用赋值的内容。注意，默认参数必须在必需参数之前。

例如，下面这个函数定义中只有一个默认参数 num2，它的数值默认为 1。

```
def func2(num1,num2=1):
    print('num1=%s,num2=%s'%(num1,num2))
```

在调用上面的函数时，如果所有参数都已赋值，就使用赋值的内容，例如：

```
func2(100,200)
```

结果如下：

```
num1=100,num2=200
```

如果调用上面的函数时，没有使用第 2 个参数，此时就使用默认的参数，例如：

```
func2(100)
```

结果如下：

```
num1=100,num2=1
```

可以看出，此时使用了默认参数的值显示结果。

4 可变参数

所谓可变参数，就是函数中参数的数量不定，此时可以使用元组、列表或者字典。例如：

```
def func3(*args):
    print(type(args))
    print(args)
```

上面函数定义中参数部分使用 *args 表示可变参数，下面是调用该函数的多种情况。

func3() 没有使用参数，func3(1) 使用了一个参数，func3(110,120,119) 使用了 3 个参数。

运行结果如下：

```
<class 'tuple'>
()
<class 'tuple'>
(1,)
<class 'tuple'>
(110, 120, 119)
```

可以发现，此时参数类型系统识别为元组类型。

继续看下面的代码：

```
def func3(*args):
    print(sum(args))
```

上面函数定义中也是使用可变参数类型，下面是不同的调用方式。

```
func3()
func3(1)
func3(1,2)
func3(110,120,119)
```

结果如下：

```
0
1
3
349
```

可以看出，当调用 func3() 函数时，如果没有参数，例如 func3() 括号中没有参数则求和结果为 0，如果只有 1 个参数，则和是这个参数本身，例如 func3(1) 给出参数的值即 1，其他的可变参数情况计算出参数的和，例如 func3(1,2) 计算其中两个参数的和，即 1+2=3，同理 func3(110,120,119) 计算其中三个参数的和，即 110+120+119=349。

如果是列表，那么传递参数可以按照下面的方式传送。

```
ls = [120,110,119]
func3(ls[0],ls[1],ls[2])
func3(*ls)
```

计算结果都是 349。其中 func3(ls[0],ls[1],ls[2]) 调用方式是分别传送列表中的每一个元素，当列表中元素个数太多时，就需要把每个都写出来，非常麻烦，此时可以使用 *ls 调用整个列表的元素。

参数也可以使用字典，下面的代码给出了字典参数的使用方法。例如：

```
def func3(**kwargs):
    print(type(kwargs))
    print(kwargs)
```

上面函数定义使用的参数是字典格式。下面是几种不同的调用方法。

```
func3(sid=1,sname=' 小明 ')
info = {'sid': 1, 'sname': ' 小明 '}
func3(sid=info['sid'],sname=info['sname'])
func3(**info)
```

上面几种调用方法输出效果一样，如下所示：

```
<class 'dict'>
{'sid': 1, 'sname': ' 小明 '}
```

5 关键字参数

关键字参数指定为某个参数赋值，例如：

```
def func4(num1,num2):
    print('num1=%s,num2=%s'%(num1,num2))
```

上面的代码定义了一个函数，传统调用方法为 func4(100,200)，此时会把 100 传给 num1，而 200 传给 num2，可以使用关键字参数指定，代码如下：

```
func4(num2=100,num1=200)
```

此时，指定 num1 的值为 200，而 num32 的值为 100。

2.10.7 变量作用域

一个程序的所有变量并不是在哪个位置都可以访问的。访问权限决定于这个变量是在哪里赋值的。变量的作用域决定了哪一部分程序可以访问哪个特定的变量名称。

范例 2.10-8 变量的作用域（02\ 代码 \2.10 函数 \demo08.py）。

1 全局变量和局部变量

两种最基本的变量作用域如下。

全局变量：函数外部定义，可以在程序的任何位置访问的变量，并且可以多次访问；在函数内部不能直接修改全局变量，如果要修改，使用 global 声明。

局部变量：在函数内部定义的变量，作用域仅局限于函数内部，使用完后通过垃圾回收机制进行回收。

例如下面这段程序：

```
def fun1(num1):
    num2 = 200
    print('num1=%d,num2=%d'%(num1,num2))
fun1(100)
print(num1)
print(num2)
```

上面程序首先定义一个函数，函数的参数是 num1，它是一个局部变量，只能在函数体中使用，函数体中定义了一个变量 num2，也是一个局部变量，只能在函数体中使用，因此程序执行到 print(num1) 时就会出现错误：

```
NameError: name 'num1' is not defined
```

这是因为不能发现变量 num1。

再来看下面这段代码：

```
num = 1000
def fun2(num1):
    num2 = 200
    print('num=%d,num1=%d,num2=%d'%(num,num1,num2))
fun2(100)
print(num)
```

上面代码首先定义一个变量 num，是一个全局变量，可以在任何地方访问，在函数体中访问到了该变量，而函数体中的 num1 和 num2 都是局部变量。代码运行结果如下：

```
num=1000,num1=100,num2=200
1000
```

如果想在函数体外可以使用到函数体内定义的变量，就必须使用 global 关键字，如下面的代码：

```
def fun3(num1):
    global num2
    num2 = 200
    print('num1=%d,num2=%d'%(num1,num2))
fun3(100)
print(num2)
```

上面代码中，在函数体中定义了一个变量 num2 使用 global 关键字声明，表示它是一个全局变量，这样在函数体外也可以访问这个变量。上面代码的运行结果如下：

```
num1=100,num2=200
200
```

2 全局变量和局部变量重名

当局部变量和全局变量重名时，在函数内部优先使用局部变量，如果在函数内部需要把局部变量当作全局变量来使用，需要使用声明 global。例如：

```
num = 1000
def fun5():
    num = 100
    print('func5...num=%d' % (num))
fun5()
print('num=%d' % (num))
```

上面的代码在函数体外定义了一个变量 num，是全局变量，但是在函数体内定义的变量名称也是 num，此时函数内部优先使用局部变量，所以函数体内变量内容的修改不会影响外部的全局变量的值。上面代码的运行结果如下：

```
func5...num=100
num=1000
```

继续看下面的代码：

```
num = 1000
def fun4(num1):
    global num
    num2 = 200
    num = num+num1
    print('num=%d,num1=%d,num2=%d' % (num, num1, num2))
```

```
fun4(100)
print('num=%d' % (num))
```

上面的代码在函数体外定义了一个变量 num，但在函数体内使用关键字也定义了一个变量 num，这表明需要把局部变量当作全局变量使用。此时，当调用该函数时，在函数体内修改了这个变量的值，在函数体外再显示这个变量时，值也一同变换，因为 num 是全局变量。

上面代码的运行结果如下：

```
num=1100,num1=100,num2=200
num=1100
```

2.10.8 ▶ 递归函数

如果一个函数在内部调用自己本身的话，这个函数就是递归函数。

范例 2.10-9 ▶ 递归函数的使用（02\ 代码 \2.10 函数 \demo09.py）。

下面这段代码在函数体内递归调用本身。

```
def rec():
    print('rec...')
    rec()
rec()
```

上面这段代码运行后，会一直打印 rec…，直到出现如下执行错误：

```
RecursionError: maximum recursion depth exceeded while pickling an
object
```

这是因为在 Python 中有递归的限制，可以使用下面的代码查看递归默认的深度。

```
import sys
print(sys.getrecursionlimit())
```

默认深度是 1000。

所以，当满足一定的条件的时候才可以称为递归，这个条件包括有可以循环的内容以及跳出递归的条件。例如：

```
def rec(num):
    if num==1 or num==2:
        return 1
    return rec(num-1)+rec(num-2)
for i in range(1,11):
    print(rec(i))
```

上面这个函数体中有条件，明确定义了何时跳出递归。这个递归函数的作用是显示下面的数列内容：1，1，2，3，5，8，13，21，34，55。

2.10.9 ▶ 匿名函数

前面定义了函数的使用，如果函数只调用一次，可以使用匿名函数，即函数没有名称，此时更为方便。匿名函数的定义如下：

```
lambda [arg1 [,arg2,.....argn]]:expression
```

其中，lambda 表示这是一个匿名函数，"："左侧是参数，右侧是返回值。

范例 2.10-10 ▶ 匿名函数的使用（02\ 代码 \2.10 函数 \demo10.py）。

范例中 f1 = lambda x:x+1 是一个匿名函数，这个函数的作用类似于下面的 f2() 函数：

```
def f2(x):
    return x+1
```

f2() 函数的作用是根据 x 的值，返回 $x+1$ 的值。

匿名函数的调用直接使用函数名就可以，如上面的匿名函数使用的方法是 f1(10)。例如：

```
ls1 = [1,2,3,4,5]
ls2 = list(map(lambda x:x**2,ls1))
print(ls2)
```

上面代码使用 map() 类函数映射列表 ls1 的值到一个匿名函数中，匿名函数的作用是计算每个变量的平方，运行结果如下：

```
[1, 4, 9, 16, 25]
```

继续看下面的代码：

```
ls1 = [1,2,3]
ls2 = [4,5,6]
ls3 = list(map(lambda x,y:x+y,ls1,ls2))
print(ls3)
```

上面的代码同样使用了匿名函数，计算两个列表的和，结果如下：

```
[5, 7, 9]
```

2.10.10 ▶ 高阶函数

functools 一般用于高阶函数，所谓高阶函数是指那些作用于函数或者返回其他函数的函数，也就是说使用高阶函数可以得到一个新的函数。通常只要是可以被当作函数调用的对象就是这个高阶函数的目标。

范例 2.10-11 ▶ 高阶函数的使用（02\ 代码 \2.10 函数 \demo11.py）。

在这个范例中，要使用高阶函数，必须先导入以下函数库：

```
import functools
```

functools 中有很多功能函数，这里介绍以下两种。

（1）partial()：为某个函数赋值一些参数，返回一个新的函数。

例如，int('101001',2) 表示显示 101001 的十进制表示，其中参数 2 表示这个字符是二进制表示的，结果为 41。此时，就可以使用 partial() 函数，如下所示：

```
int2 = functools.partial(int,base=2)
```

上面代码使用 partial() 函数表示作用于 int() 函数，默认的第二个参数 base 是 2，此时要实现上面代码的效果可以使用：

```
print(int2('101001'))
```

（2）reduce()：该函数必须有两个参数，作用域是一个集合或者集合加初始值，首先取两个值赋值给参数，然后将函数的返回值再赋值给第一个参数，集合的第二个值赋值给第二个参数。例如：

```
ls = [1,2,3,4,5]
ret = functools.reduce(lambda x,y:x+y,ls)
print(ret)
```

上面代码中使用 reduce() 函数计算列表 ls 中所有元素的和，其中第一个参数使用的是匿名函数，第二个参数就是列表 ls，计算过程中开始使用集合的前两个元素依次赋值给 x 和 y，然后把这两个数相加，把结果赋值给 x，并把集合中下一个元素 3 赋值给 y，继续这个操作直到全部元素计算完毕，上面代码运算的结果为 15。

2.11 Python 之 "禅"

在 Python 环境中输入以下代码：

```
Import this
```

会出现一段介绍，给出了 Python 语言的一些特点，以及编辑 Python 代码需要注意的事项，其中文对照如图 2-40 所示。

```
>>> import this
The Zen of Python, by Tim Peters

Beautiful is better than ugly.
Explicit is better than implicit.
Simple is better than complex.
Complex is better than complicated.
Flat is better than nested.
Sparse is better than dense.
Readability counts.
Special cases aren't special enough to break the rules.
Although practicality beats purity.
Errors should never pass silently.
Unless explicitly silenced.
In the face of ambiguity, refuse the temptation to guess.
There should be one-- and preferably only one --obvious way to do it.
Although that way may not be obvious at first unless you're Dutch.
Now is better than never.
Although never is often better than *right* now.
If the implementation is hard to explain, it's a bad idea.
If the implementation is easy to explain, it may be a good idea.
Namespaces are one honking great idea -- let's do more of those!
```
美比丑好
显式（清晰、明确）比隐式（含蓄、暗示）好
简单比复杂好
复杂比纠缠好
平坦（扁平）比嵌套好
稀疏比稠密好
可读性很重要
特例不应破坏原则
虽然实用性胜过纯粹性
错误不应被默默放过
除非明确要求默默放过错过
在含糊（不明确）面前，拒绝猜测（推测）
应该有一个明显（显而易见）的方案完成任务，而且最好只有一个明显的方案
虽然起初那个方案也许并不明显，除非你是Python之父
现在做比永远不做好
虽然永远不做通常好过马上就做
如果很难解释一个实现，这个实现不是个好方案
如果容易解释一个实现，这个实现也许是个好方案
命名空间是非常好的理念，我们应多多使用

图 2-40 Python 语言的一些特点

读者可以体会其中含义。

课堂范例

范例2 图 2-41 是石头、剪刀、布的游戏，编程实现人机对战猜拳游戏（02\ 代码 \2.12 课堂范例 \demo01.py）。

图 2-41　石头剪刀布的游戏

程序模拟石头、剪刀、布的游戏，如图 2-42 所示。

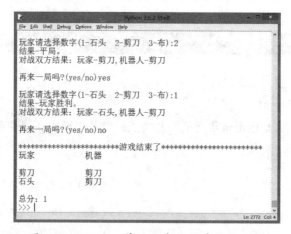

图 2-42　石头、剪刀、布的程序运行结果

程序运行，首先提示玩家输入"1-石头　2-剪刀　3-布"，然后机器也是随机选择，比较谁获得胜利，给出结果并提示是否继续比赛，最后显示双方的所有比赛结果。

可以使用随机数产生机器每次的选择，产生随机数可以使用库函数 random()，如果想随机生成 1~3 的整数，可以使用以下代码：

```
import random
random.randint(1,3)
```

玩家的输入可以使用输入函数来实现，然后比较二者之间的数值判断谁获胜，代码如下：

```
while True:
    # 机器 随机
    computer = str(random.randint(1,3))
    # 玩家 选择
    player = input('\n玩家请选择数字 (1-石头  2-剪刀  3-布):')
    # 判断
    if player not in ['1','2','3']:
        print('输入格式错误，请重新输入。')
        continue
    else:
        # 一次对战信息
        ret = (player,computer)
        # 储存
        player_infos.append(ret)
        # 判断游戏结果
        if ret==('1','2') or ret==('2','3') or ret==('3','1'):
            print('结果-玩家胜利。')
            # 赢了，分数加 1
            player_score+=1
        elif player==computer:
            print('结果-平局。')
        else:
            print('结果-玩家失败。')
            player_score -= 1
        print('对战双方结果：玩家-%s,机器人-%s'%(infos[player],infos[
computer]))
```

当一局结束之后，可以使用下面的代码判断玩家是否继续玩这个游戏。

```
choice = input('\n再来一局吗?(yes/no)')
        # 判断，如果不玩了，结束循环
        if choice=='no':
            break
    print('\n*********************** 游戏结束了 ***********************')
    index = 1
    # 打印玩家所有对战记录信息和分数
    print('玩家\t\t机器\n')
    for m,n in player_infos:
        print('%s\t\t%s'%(infos[m],infos[n]))
    print('\n总分：%s'%player_score)
```

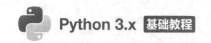

上面的代码使用条件语句进行判断，如果输入 no，则退出游戏，显示结果，否则继续游戏。

 上机实战

（1）2015 年培养学员 10000 人，每年增长 25%，按此增长速度，到哪一年培训学员人数将达到 20 万人（02\ 代码 \2.13 上机实战 \demo01.py）。

（2）统计字符串中各个字符的个数（02\ 代码 \2.13 上机实战 \demo02.py）。

（3）定义一个函数，有 3 个参数，分别是年、月、日。输入任意年、月、日，计算出这是这一年的第几天（02\ 代码 \2.13 上机实战 \demo03.py）。

（4）定义一个函数，识别字符串是否符合 Python 语法的变量名（02\ 代码 \2.13 上机实战 \demo04.py）。

第 3 章　面向对象基础知识

03

　　面向对象设计是一种软件设计方法，是一种工程化规范。本章将介绍面向对象的基本思想，以及 Python 语言中如何实现面向对象，并通过简单的实例让读者快速掌握如何以面向对象的思维编写程序。

3.1 理解面向对象的思想

计算机编程语言发展历程中，有两种基本的编程思想，分别是面向过程和面向对象。下面介绍两种编程思想的基本联系和区别。

面向过程（Procedure Oriented）是一种以过程为中心的编程思想，是一种基础的方法，考虑的是实际的实现步骤，然后用函数把这些步骤一步步实现，使用时依次调用就可以了。一般的面向过程是从上往下步步求精，所以面向过程最重要的是模块化的思想方法。通俗地讲，我们在编写代码时，看到的是一步步执行的过程——即面向过程。面向过程的编程思想最典型的就是 C 语言，其实就是通过函数来体现，并不断地调用函数，执行完整个过程即可。

面向对象（Object Oriented，OO）是软件开发方法。面向对象是一种对现实世界理解和抽象的方法，是计算机编程语言发展到一定阶段后的产物。通俗地讲，面向对象是基于面向过程，将过程进行对象的封装。

例如，学生早上起来这件事，粗略地可以将这个过程分为：起床、穿衣、洗漱、去学校4 个步骤，而这 4 步需要一步步地完成，它的顺序很重要，只需要一个个地实现就行了。而如果是用面向对象的方法，可能就只抽象出一个学生的类，它包括这 4 个方法，但是具体的顺序就不一定是原来的顺序了。

用面向过程的方法开发的软件，其稳定性、可修改性和可重用性都比较差，这是因为面向过程的方法本质是功能分解，自顶向下不断把复杂的处理分解为子处理，这样一层一层地分解下去，直到仅剩下若干个容易实现的子处理功能为止，然后用相应的工具来描述各个最低层的处理。因此，面向过程的方法是围绕实现处理功能的"过程"来构造系统的。然而，用户需求的变化大部分是针对功能的，因此，这种变化对于基于过程的设计来说是灾难性的。用这种方法设计出来的系统结构常常是不稳定的，用户需求的变化往往造成系统结构的较大变化，从而需要花费很大代价才能实现这种变化。

用面向对象的方法开发的软件，就是在编程的时候尽可能地去模拟现实世界，按照现实世界中的逻辑去处理问题，分析问题中有哪些参与的实体，这些实体应该有什么属性和方法，如何通过调用这些实体的属性和方法去解决问题。

3.2 类和对象

3.2.1 理解类和对象

在面向对象的思想中，类和对象是两个重要的概念，对象是对客观事物的抽象，类是对对象的抽象，或者说类是一种抽象的数据类型，它是对具有相同特征实体的抽象。类定义了类的两个元素: 属性和方法, 方法也可以称为行为。类和对象之间的关系是, 对象是类的实例, 类是对象的模板。

例如, 学生群体是一个类, 这个类的基本描述称为类的属性, 可以包括姓名、年龄、地址、分数等, 而这个类的方法可以包括参加考试、进行选课等。具体到每个学生可以是这个类的一个对象, 例如这个对象的姓名是张三, 年龄是 20, 地址在北京, 分数是 98 等, 而这个对象的行为可以具体到他参加了什么考试, 都选修了什么课程。同样, 李四、王五等都是具体的对象, 可以将对象进行实例化, 使其具有学生类的属性和方法。

再举个类的例子, 汽车可以是一个类, 可以具有品牌、价格等属性, 也可以具有跑、停等行为, 而具体到某一辆汽车就是一个实例, 称为对象。

类是抽象的, 对象是具体的, 通过类可以创建很多对象, 而每个对象都是不同的。在编程过程中, 使用面向对象的方法需要按照以下步骤实现。

（1）设计类, 包括定义类的属性和方法。

（2）根据类创建对象。

（3）调用对象的属性和行为。

3.2.2 定义类

下面给出类定义的基本语法格式:

```
class 类名 ():
        属性 1
        属性 2
        def 方法名 1(self, 参数 1, 参数 2...):
            语句
        def 方法名 2(self, 参数 1, 参数 2...):
            语句
```

上面代码中首先使用 class 关键字, 然后后面紧跟类名, 在类定义体中, 分别定义该类的属性和方法, 其中每个方法使用 def 关键字定义, 并在其后代码中定义方法的实现语句。

范例 3.2-1 类和对象的定义及使用（03\ 代码 \3.2 类和对象 \demo01.py）。

下面的代码定义了一个简单的类。

```
class Student:
    def gotoclass(self):
        print('gotoclass...')
    def eat(self):
        print('eat...')
```

此时类名是 Student, 有两个方法, 分别是 gotoclass() 和 eat()。在这两个方法中分别打印一句话, 方法后面的括号中有参数 self, 后面将会介绍到。

3.2.3 创建对象

类创建完成后，可以创建对象，并赋值给 s1，代码如下：

```
s1 = Student()
```

对象创建完成后，就可以访问其方法，代码如下：

```
s1.gotoclass()
s1.eat()
```

前面已经介绍过对象可以创建多个，下面的代码创建另外一个对象，并调用其方法。

```
s2 = Student()
s2.gotoclass()
s2.eat()
```

注意，每次创建的对象都是新的，二者指向不同的地址，例如，上面 s1 和 s2 是两个不同的对象。

上面这个学生类定义的时候，并没有定义该类的属性，可以在对象创建后，为对象增加属性，例如：

```
s3 = Student()
s3.name = '张三'
s3.age = 22
```

上面的代码创建了一个新的对象并赋值给 s3，然后为这个对象增加姓名和年龄两个属性。如果此时使用下面代码：

```
print(s1.name)
```

访问 s1 对象的属性就会出现错误，因为 s1 对象创建的时候并没有从学生类继承这个属性，要想使用姓名这个属性，需要给这个属性进行赋值，代码如下：

```
s1.name = '李四'
```

上面这个范例整体运行结果如图 3-1 所示。

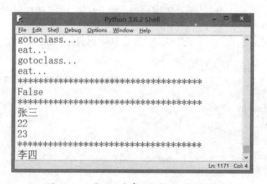

图 3-1　类和对象的定义及使用

3.2.4 self

前面 Student 类定义的时候，gotoclass() 和 eat() 方法后面的括号中有参数 self，但是创建的对象使用这些方法时并没有传递参数给 self，程序运行的时候并没有因为没有传递参数而报错。下面就介绍 self 参数的用法。

self 表示当前实例对象，它可以自动赋值，也就是说如果哪个对象调用了 secf()，就会将这个对象自动赋值给 self。

范例 3.2-2 self 的定义及使用（03\ 代码 \3.2 类和对象 \demo02.py）。

运行以下代码：

```
class Car:
    def run(self):
        print('品牌是 %s，颜色是 %s 的 Car run...'%(self.brand,self.color))
```

上面代码中首先定义一个汽车类，该类中有一个方法，方法的参数就是 self。下面的代码创建对象并且增加属性，然后调用汽车类的方法。

```
c1 = Car()
c1.brand = '奔驰'
c1.color = '黑色'
c1.run()
```

上面的代码分别增加了对象 c1 的品牌是"奔驰"，颜色是"黑色"，当运行 run() 方法的时候，因为 self 表示当前实例对象，它可以自动赋值，所以此时 self 对象就是 c1 对象，因此此时 self 也具有新增加的属性：品牌和颜色。此时，运行结果如下：

```
品牌是奔驰，颜色是黑色 的 Car run...
```

3.3 魔法方法

在 Python 中，有一些内置特定的方法，这些方法在进行特定的操作时会自动被调用，称为魔法方法（"Magic Method"），以"__"双下画线（英文输入法下的两个"_"组成）包起来表示，例如，类的初始化方法 __init__()。本节就介绍一些常用的魔法方法。

范例 3.3-1 魔法方法 1（03\ 代码 \3.3 魔法方法 \demo01.py）。

（1）__init__()：当一个实例被创建时调用的初始化方法，即创建对象时自动调用的方法，可以在这里初始化实例属性。

例如，先定义一个汽车的类：

```
class Car:
```

```
    def run(self):
        print('run...')
```

下面分别创建两个汽车类的对象：

```
c1 = Car()
c1.brand = '奔驰'
c1.color = '黑色'
c2 = Car()
c2.brand = '宝马'
c2.color = '白色'
```

上面每个对象创建时，我们给这些对象定义了一些属性，那么能不能让对象创建的时候自动创建属性呢？这时就可以使用 __init__() 方法实现。把该方法放到定义的类中，例如：

```
class Car:
    def __init__(self):
        print('__init__...')
```

上面类中只有一个 __init__() 方法，这个方法是实例被创建的时候自动调用的初始化方法，如果此时创建一个新的对象如下：

```
c1 = Car()
```

执行上面的代码，会自动调用 __init__() 方法，本例中是打印提示信息，结果如下：

```
__init__...
```

下面就在 __init__() 方法中增加自动添加属性的代码：

```
class Car:
    def __init__(self,brand,color):
        print('__init__...')
        self.brand = brand
        self.color = color
```

上面的方法中增加了 brand 和 color 两个参数，并且在方法中分别赋值给 self 对象，下面是创建对象的方法。

```
c1 = Car('奔驰','黑色')
print(c1.brand)
print(c1.color)
```

可以看出，此时创建方法的时候，在类名后面的括号中需要输入参数，例如 Car(' 奔驰 ',' 黑色 ')，这样可以在调用 __init__() 方法的时候自动添加两个属性。

（2）__str__ 对象转字符串时，会自动调用 __init__ 方法，并将方法的字符串返回值作为对象转字符串的结果。例如：

```
class Car:
    def __init__(self,brand,color):
```

```
        self.brand = brand
        self.color = color
    def __str__(self):
        return 'Car brand=%s,color=%s,id=%s'%(self.brand,self.color,
id(self))
```

上面类定义中使用了 __str__() 方法，在该方法中返回的字符串作为对象调用的结果。下面是创建对象并调用方法的结果。

```
c1 = Car(' 奔驰 ',' 黑色 ')
ret = str(c1)
print(ret)
```

运算结果如下：

```
Car brand= 奔驰 ,color= 黑色 ,id=469908339680。
```

（3）__del__ 对象被清除的时候自动调用 __del__() 方法，一般不需要重写。对于无用的对象，会被 Python 的垃圾回收机制自动清除并回收，这样避免了占用内存。例如：

```
class Car:
    def __init__(self):
        print('init...')
    def __del__(self):
        print('del...')
```

上面类定义中调用了 __del__() 方法，说明对象被清除时所执行的操作。

上面范例的综合结果如图 3-2 所示。

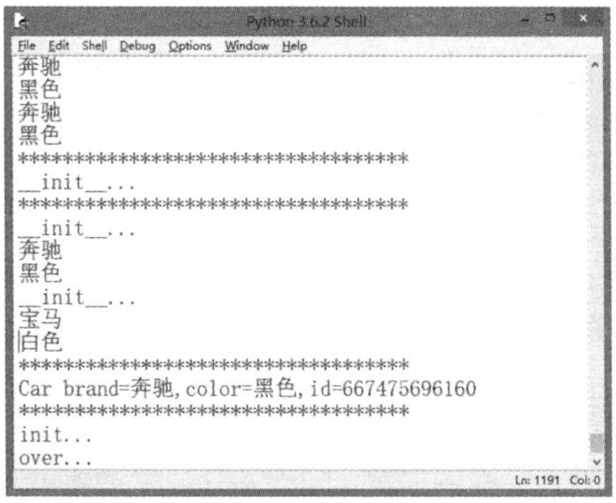

图 3-2 魔法方法

范例 3.3-2 魔法方法 2（03\ 代码 \3.3 魔法方法 \demo02.py）。

（4）__new__() 创建并返回一个实例对象。创建对象的时候先调用 __new__() 方法，再调用 __init__() 方法，将 __new__() 的返回值传递给 __init__() 的第一个参数 self，然后如果还有其他属性，则为 __init__() 方法中的参数赋值。__new__() 是用来创建类并返回这个类的实例，而 __init__() 方法只是将传入的参数用来初始化该实例。例如：

```
class Car:
    def __init__(self):
        print('init...')
    def __new__(cls, *args, **kwargs):
        print('new...cls=%s,args=%s,kwargs=%s'%(cls,args,kwargs))
        # 创建并返回一个 cls 这种类型的对象
        obj = object.__new__(cls)
        # 返回值
        return obj
```

上面代码定义的类中使用 __new__() 创建并返回一个实例对象，在对象中使用 print() 函数显示基本信息，其中 self 表示实例对象，cls() 表示对象，下面是对象创建的代码。

```
c1 = Car()
print(Car)
print(c1)
```

执行结果如下：

```
new...cls=<class '__main__.Car'>,args=(),kwargs={}
init...
<class '__main__.Car'>
<__main__.Car object at 0x000000B0E7413BE0>
```

3.4 公有和私有

　　通过前面的学习我们已经理解了面向对象的基本概念，并且知道了如何定义类，如何创建对象，类有属性和方法两个主要元素。此外，面向对象概念中，类具有三大特征：封装、继承和多态。本节主要介绍封装。

　　封装从字面上理解就是包装的意思，专业点就是信息隐藏，是指隐藏物体的内部实现细节，对外提供可调用的接口。将所使用到的属性私有化，对外提供对应的 get（读）和 set（写）方法，前面介绍过的函数本身就是一种封装，在函数体中封装了一些语句、变量、判断、循环等，类也是一种封装，封装的是自己的属性和方法，不需要依赖其他对象就可以完成自己的操作。对于类中的属性和方法，具有共有和私有两个性质，公有是指在类的内外部可以访问的属性或者方法，私有是指只能在类的内部访问的属性或者方法。

　　举个简单的例子，上面代码中类的定义就类似我们取钱时的 ATM 机器，我们插入银行卡，取出钱，但是内部机器如何运行把钱送出来并不是我们需要关心的，这就是封装的含义，即隐藏内部工作的细节。

　　下面通过代码理解公有和私有的性质。

```
class Person:
    def __init__(self,name,age):
        self.name = name
        self.age = age
    def __str__(self):
        return 'name=%s,age=%d'%(sclf.name,self.age)
```

上面的代码定义了一个 Person 类，该类中有两个魔法方法。

下面的范例介绍对象的创建并访问类内的变量。

范例 3.4 封装的使用（03\ 代码 \3.4 公有和私有 \demo01.py）。

运行以下代码：

```
p1 = Person(' 小明 ',18)
print(p1)
print(p1.name)
p1.age = 20
print(p1.age)
p1.age = -200
print(p1)
```

上面代码的执行结果如下：

```
name= 小明 ,age=18
小明
20
name= 小明 ,age=-200
```

可以看出，对象 p1 创建的时候，将小明和 18 的值赋值给类内方法定义中的变量，并且可以修改其中的变量内容。下面修改上面的类：

```
class Person:
    def __init__(self,name):
        self.name = name
    def setAge(self,age):
        if 0<=age<=120:
            self.__age = age
        else:
            self.__age = 18
            print('LOG ERROR:年龄只能在 0-120 之间 ')
    def getAge(self):
        return self.__age
    def __str__(self):
        return 'name=%s,age=%d'%(self.name,self.__age)
```

上面类中增加了一个方法 setAge()，在方法中根据传入参数 age 的大小进行判断，以确定是否需要修改 age 的值。同时上面变量的定义使用"__age"而不是"age"，表明这是一个私有变量，只能在类内使用，在类外无法直接使用。下面是两种不同的对象创建情况。

```
p1 = Person(' 小明 ')
p1.setAge(20)
print(p1)
print('********************************************')
p2 = Person(' 小亮 ')
p2.setAge(200)
print(p2)
print(p2.getAge())
```

结果如下：

```
name= 小明 ,age=20
********************************************
LOG ERROR: 年龄只能在 0-120 之间
name= 小亮 ,age=18
18
```

上面的对象创建访问时，如果使用下面的代码：

```
p1.setAge(20)
p1.__age = 100
print(p1.__age)
print(p1.getAge())
```

此时运行结果如下：

```
100
20
```

虽然 p1.__age = 100，但是并没有访问类内的属性 __age，也就是说类的属性 __age 被封装，无法直接修改，需要借用方法才可以实现，所以 print(p1.__age) 打印的还是外部增加属性的内容，而 p1.getAge() 此时获取的是内部修改过的属性值。在类的内部，"__ 属性"名只能在类的内部访问，不能在类的外部访问。

同样，方法的定义也可以使用"__ 方法"私有定义，例如，下面代码：

```
class Person:
    def f1(self):
        print('f1...')
    def __f2(self):
        print('__f2...')
    def f3(self):
        print('f3...')
```

```
        self.__f2()
```

上面类定义中使用了"__f2(self)"的私有方法定义,在外部对象创建后,不能直接使用私有方法,例如如果使用 p1.__f2() 就会报错,正确的访问方法如下:

```
p1 = Person()
p1.f1()
p1.f3()
```

此时,运行结果如下:

```
f1...
f3...
__f2...
```

3.5 继承

类的另外一个特征是继承,所谓继承就是子类继承父类的属性和行为,使子类对象具有父类的属性和方法,或子类从父类继承方法,使子类具有父类相同的行为。例如,兔子和羊属于食草动物类,狮子和豹属于食肉动物类。食草动物和食肉动物又都属于动物类。

3.5.1 单继承

范例 3.5-1 单继承和多继承的使用(03\ 代码 \3.5 继承 \demo01.py)。

子类继承父类,相当于扩展子类的功能。一般将公有的功能放在父类中,子类只需要关注自己特有的功能即可。

首先定义下面的类:

```
class Father:
    def f1(self):
        print('Father f1...')
class Son(Father):
    def f2(self):
        print('Son f2...')
```

上面分别定义了两个类:Father 类和 Son 类。其中 Son 类继承 Father 类,使用 Son(Father) 表示继承,下面创建一个 son 对象如下:

```
son = Son()
son.f2()
son.f1()
```

上面的代码创建对象后,调用 Son 类中的方法 f2(),然后通过继承 Father 类,调用父类的方法 f1()，运行结果如下：

```
Son f2...
Father f1...
```

3.5.2 多继承

一个类可以继承多个类。例如：

```
class Father1:
    def fa1(self):
        print('Father1 fa1...')


class Father2:
    def fa2(self):
        print('Father2 fa2...')


class Son(Father1,Father2):
    def f(self):
        print('Son f...')
```

上面代码中定义了两个父类 Father1 和 Father2，然后定义一个子类 Son，分别继承两个父类的方法，下面的代码创建对象并依次调用两个父类的方法。

```
son = Son()
son.f()
son.fa1()
son.fa2()
```

代码运行结果如下：

```
Son f...
Father1 fa1...
Father2 fa2...
```

在多重继承情况下，一个子类可以继承多个父类，同样一个父类也可以有不同的子类。

继承具有传递性，例如，A 类继承 B 类，而 B 类继承 C 类，那么 A 类不仅有 B 类的功能，也具有 C 类的功能。

3.5.3 重写

范例 3.5-2 重写的使用 1（03\ 代码 \3.5 继承 \demo02.py）。

首先看下面的代码：

```
class Father1:
```

```
    def fa(self):
        print('Father1 fa1...')

class Father2:
    def fa(self):
        print('Father2 fa2...')

class Son(Father2,Father1):
    def f(self):
        print('Son f...')
```

上面的代码中定义了两个父类 Father1 和 Father2，然后定义了一个子类 Son，分别继承两个父类的方法，仔细观察，发现两个父类中的方法都有 fa()，那么这时当子类调用 fa() 方法的时候，调用哪个父类的 fa() 方法呢？此时，系统会默认访问第一个继承的父类，例如，本例中子类 Son 继承两个父类 Father1 和 Father2 的顺序是 Son(Father2,Father1)，所以此时就使用父类 Father2 的 fa() 方法，如果更换顺序 Son(Father1,Father2)，那么就使用父类 Father1 的 fa() 方法。上面代码运行的结果如下：

```
Son f...
Father2 fa2...
```

上面代码表述的就是一种方法的重写，下面看一个更为复杂的重写情况。

```
class A:
    def f_a(self):
        print('A f_a...')
    def run(self):
        print('A...run...')

class B(A):
    def f_b(self):
        print('B f_b...')
    # def run(self):
    #     print('B...run...')

class C:
    def f_c(self):
        print('C f_c...')
    def run(self):
        print('C...run...')
```

```
class D(B,C):
    def f_d(self):
        print('D f_d...')
```

上面的代码总共定义了 4 个类，其中 B 继承 A，而 D 继承 B 和 C、A、B 和 C 类中都有方法 run，当使用 D 类创建对象，访问方法 run 的时候，如下所示：

```
d = D()
d.run()
```

此时结果为：

```
A...run...
```

这是因为 D 继承 B，但是 B 又继承 A，所以最终使用的是 A 的方法 run。

范例 3.5-3 重写的使用 2（03\ 代码 \3.5 继承 \demo03.py）。

下面再看一种新的重写情况，代码如下：

```
class Father:
    def f(self):
        print('Father fa2...')


class Son(Father):
    def f(self):
        print('Son f...')
```

上面的代码中有 Father 类和 Son 类两个类，Son 类继承 Father 类，不过此时两个类中都有 f() 方法，下面的代码给出了新建对象使用 f() 方法的情况。

```
son = Son()
son.f()
```

因为子类中也有 f() 方法，所以调用的时候，只执行子类的 f() 方法。

```
Son f...
```

如果既想调用子类的 f() 方法，又想调用父类的 f() 方法，此时可以在子类 f() 方法中间增加下面的代码：

```
super().f()
```

或者：

```
Father.f(self)
```

一般常用 Father.f(self)。

3.6 多态

所谓多态，简单地说指的是一类事物有多种形态，或者说一个抽象类有多个子类，因而多态的概念依赖于继承，下面通过代码来熟悉一下多态的概念。

范例 3.6 多态的使用（03\ 代码 \3.6 多态 \demo01.py）。

首先定义下面的类：

```
class Animal(object):
    def run(self):
        print('Animal run...')


class Dog(Animal):
    def run(self):
        print('Dog run...')
    def d(self):
        print('d...')


class Cat(Animal):
    def run(self):
        print('Cat run...')
    def c(self):
        print('c...')
```

上面的代码中定义了 3 个类，其中 Animal 类为父类，Dog 类和 Cat 类为继承 Animal 类的子类，在 Animal 类中定义一个 run() 方法，在 Dog 类和 Cat 类中也定义了 run() 方法，当创建对象访问子类的 run() 方法时会产生重写。例如，创建对象并执行代码如下：

```
dog = Dog()
dog.run()
cat = Cat()
cat.run()
```

执行结果如下：

```
Dog run...
Cat run...
```

可以看出 Dog 类和 Cat 类两个子类分别创建的对象访问 run() 方法时发生了重写，调用的是子类中的 run() 方法。

Python 中有一个 isinstance() 方法可以查询某个对象是不是某个类创建的，例如：

```
print(isinstance(dog,Dog))
```

```
print(isinstance(cat,Cat))
print(isinstance(dog,Animal))
print(isinstance(dog,object))
```

上面代码的运行结果如下：

```
True
True
True
True
```

可以看出，对象 dog 是由 Dog 类创建的，对象 cat 是由 Cat 类创建的，此外，还可以发现，对象 dog 也可以看成是 Animal 类创建的，也可以看成是一个 Object 类。

继续观察下面的代码：

```
def my_run(animal):
    animal.run()
```

定义一个函数，函数的参数为 animal，然后调用 run() 方法，下面分别调用这个函数看看有什么不同：

```
animal = Animal()
my_run(animal)
```

上面的代码创建了一个 animal 对象，然后访问 Animal 类中的 run() 方法，运行结果如下：

```
Animal run...
```

再看下面的代码：

```
dog = Dog()
my_run(dog)
```

此时，代码运行的结果如下：

```
Dog run...
```

可以发现，创建的是 dog 对象，但是运行的 run 方法却是 Dog 类中的 run() 方法，而不是 Animal 类中的 run() 方法。下面的代码也是同样的效果。

```
cat = Cat()
my_run(cat)
```

代码运行的结果如下：

```
Cat run...
```

上面的代码就说明，所定义的 my_run() 函数根据输入参数的不同，具有不同的运行结果，这就是多态的概念，即一类事物有多种形态，这个代码中参数 animal 可以表示 animal，也可以表示 dog 或者 cat。

上面实例中也说明了多态的一个好处，就是在父类中某个方法定义后，其功能一般不需要修改，如果用户需要自己实现同样方法的某个功能，可以在子类中进行定义。这样可以提高程序代码的扩展性。

Python 是弱类型语言，即 Python 在使用对象的时候，并不判断某个对象是否由某个类生成，例如：

```
class MyClass(object):
    def run(self):
        print('MyClass run...')
```

上面定义一个新的类 MyClass，但是和 Animal 类之间没有继承关系，下面的代码访问前面创建的函数：

```
myclass = MyClass()
my_run(myclass)
```

程序运行结果如下：

```
MyClass run...
```

可以发现，此时调用的是 MyClass 中的 run() 方法。可以通过条件语句对这种情况进行限制，代码如下：

```
def my_run(animal):
    if isinstance(animal,Animal):
        animal.run()
    else:
        print('LOG ERROR:类型错误')
```

上面的代码通过条件语句限制输入参数的类型必须是 Animal 类或者其子类，否则会提示错误，此时调用上面函数的代码如下：

```
animal = Animal()
my_run(animal)
dog = Dog()
my_run(dog)
cat = Cat()
my_run(cat)
```

运行结果如下：

```
Animal run...
Dog run...
Cat run...
```

上面的代码显示，Dog 类和 Cat 类创建的对象，以及父类 Animal 类创建的对象都可以正常访问，然而，如果对上面定义的 MyClass 中创建的对象进行访问，就会提示错误，代码如下：

```
myclass = MyClass()
```

```
my_run(myclass)
```

此时，运行结果如下：

```
LOG ERROR: 类型错误
```

这是因为 MyClass 类并不是 Animal 类的子类。

Python 是弱类型语言，传参数的时候，任何类型的对象都可以传入。这种情况属于鸭子类型（Duck Typing），在程序设计中，鸭子类型是动态类型的一种风格。在这种风格中，一个对象有效的语义，不是继承自特定的类或实现特定的接口，而是由当前方法和属性的集合决定。这个概念的名称来源于由 James Whitcomb Riley 提出的鸭子测试，"鸭子测试"可以这样表述："当看到一只鸟走起来像鸭子、游泳时像鸭子、叫起来也像鸭子，那么这只鸟就可以被称为鸭子。"

在鸭子类型中，关注的不是对象的类型本身，而是它是如何使用的。例如，在不使用鸭子类型的语言中，可以编写一个函数，它接受一个类型为鸭子的对象，并调用它的走和叫的方法。在使用鸭子类型的语言中，这样的一个函数可以接受一个任意类型的对象，并调用它的走和叫的方法。如果这些需要被调用的方法不存在，那么将引发一个运行时错误。任何拥有这样正确的走和叫的方法的对象都可被函数接受的这种行为引出以上表述，这种决定类型的方式因此得名。

3.7 属性和方法

前面已经介绍了类的两个元素：属性和方法，方法也可以称为行为。前面代码中已经使用到了属性和方法，下面对属性和方法再进行更为深入的介绍。

3.7.1 属性

属性就是对象具有什么性质，在面向对象中，有两种属性：类属性和实例属性。

每一个对象都拥有类属性，可以通过类对象调用，也可以使用实例对象调用，如果修改或者增加一个类属性，需要使用类对象。

实例属性只属于某一个实例对象。通过"实例对象.属性名 = 值"添加实例属性，只能通过实例对象调用，如果修改或者增加一个实例属性，需要使用对应的实例对象来完成。

范例 3.7-1 类的属性（03\ 代码 \3.7 属性和方法 \demo01.py）。

下面通过代码理解两种属性的区别，首先看下面这段代码：

```
class Animal(object):
    def __init__(self,name):
```

```
        self.name = name
```

上面的代码定义一个 Animal 类，其中初始化方法 __init__ 中有一个实例属性 name，并且其值必须通过创建对象赋值才能得到。下面的代码创建一个实例对象，并同时赋值给类属性 name 一个值，在打印语句中通过实例对象进行调用。

```
a1 = Animal('a1')
print(a1.name)
```

上面代码的运行结果为 a1，然而如果使用下面的代码：

```
a1.num = 2
print(a1.num)
```

可以发现，num 属性并没有在 Animal 类中出现，它是一个实例属性，只属于创建它的实例对象，因此上面代码的运行结果为 2，但是如果此时使用 print(a2.num) 调用 num 属性，就会出现错误，这是因为 num 属性只属于 a1 实例对象，a2 对象无法访问。可以使用 a2.num = 10 为 a2 增加一个 num 属性，不过 a1 的 num 属性和 a2 的 num 属性互不影响，例如：

```
a1.num-=1
print(a1.num)
print(a2.num)
```

上面的代码修改 a1 的 num 属性，然后分别显示 a1 和 a2 的 num 属性值，结果如下：

```
1
10
```

可以确认，a1.num-=1 只修改了 a1 的 num 属性值，并没有影响 a2 的 num 属性值。

再看下面这段代码：

```
class Animal(object):
    num = 100
    def __init__(self,name):
        self.name = name
```

上面定义类的代码中，定义了一个类属性 num，它的初始值为 100。下面看一下实例对象如何使用类属性。

```
a1 = Animal('a1')
a2 = Animal('a2')
print(a1.num)
print(a2.num)
```

尽管 a1 和 a2 两个实例对象创建的时候没有定义属性 num，但是由于类定义中包含 num 的定义，它是一个类属性，因此创建对象的时候可以拥有，上面代码的运行结果如下：

```
100
100
```

而下面的代码：

```
print(Animal.num)
```

因为类属性 num 存在于类中，因此上面代码给出的是类属性 num 的值 100，如果此时使用 Animal.num = 10 修改类属性的值，则两个实例对象 a1 和 a2 的类属性 num 的值都会修改为 10，如下所示：

```
print(a1.num)
print(a2.num)
```

上面代码的运行结果为：

```
10
10
```

这表明 Animal.num = 10 修改类属性的值直接影响了两个实例对象属性 num 的值。

而下面的代码就不一样了：

```
a1.num = 20
print(a1.num)      #a1 的实例属性 num
print(a2.num)      #Animal 的类属性 num
```

上面的代码 a1.num 此时为实例对象 a1 增加了一个属性 num，它是实例属性，而 a2 并没有增加属性，因此 a2 仍然具有 Animal 的类属性 num，因此上面代码的显示结果为：

```
20
100
```

通过上面的例子可以看出，如果修改或者增加一个类属性，需要使用类对象。如果使用"实例对象.属性名 = 值"只相当于为实例对象增加了一个实例属性，例如上面代码中 a1.num = 20，只为实例对象 a1 增加了属性 num。因此，要想为类增加属性，需要如下使用：

```
Animal.age = 18
```

此时，为 Animal 类增加一个类属性 age 后，所有的实例对象就都可以使用"实例对象.属性名"进行访问了，例如：

```
print(a1.age)
print(a2.age)
```

上面代码的运行结果为：

```
18
18
```

3.7.2 ▶ 方法

方法表示类具有的功能，在面向对象设计中，有 3 种方法：实例方法、类方法和静态方法。实例方法可以通过对象名访问，一般使用 self 自动赋值。至少有一个参数默认设置

self。类方法可以通过对象名和类名访问，一般使用 cls 进行自动赋值。至少有一个参数默认设置 cls。静态方法可以通过对象名和类名来访问，可以有参数，也可以没有参数。

范例 3.7-2 类的方法（03\ 代码 \3.7 属性和方法 \demo02.py）。

下面通过代码来理解这 3 种方法。

```
class Person:
    def f1(self):
        print('f1...self=%s'%(id(self)))
    @classmethod
    def f2(cls):
        print('f2...cls=%s' % (id(cls)))
    @classmethod
    def f3(cls,num):
        print('f3...cls=%s' % (id(cls)))
        cls.num = num
    @staticmethod
    def f4():
        print('f4...')
    @staticmethod
    def f5(a,b):
        print('f5...a=%s,b=%s'%(a,b))
```

上面的代码定义了一个 Person 类，其中 f1() 方法是实例方法，可以通过对象名访问，例如：

```
p1 = Person()
p1.f1()
print(id(p1))
```

上面的代码创建一个实例对象 p1，访问 Person 类中的 f1() 方法通过对象名访问。f1() 方法属于实例方法，如下面的代码：

```
p1.f2()
Person.f2()
print(id(Person))
```

访问 Person 类中的 f 2() 方法通过类名访问。f 2() 方法属于类方法。如下面的代码：

```
Person.f3(110)
print(Person.num)
print(p1.num)
```

此时，上面的代码访问 Person 类中的 f3() 方法通过类名访问。这个 f3() 方法属于类方法，与上面不同的是，f3() 方法中定义的有属性，可以通过类名访问，也可以通过实例名进行访问。

上面 3 个方法中都至少有一个参数，观察前面类定义的代码，可以看到 f4() 方法和 f5()

方法的参数和这 3 个方法不同。这里 f4() 方法和 f5() 方法属于静态方法，可以通过对象名和类名访问。访问这两个方法的代码如下：

```
p1.f4()
Person.f4()
p1.f5(1,2)
Person.f5(10,20)
```

课堂范例

　　本章学习了面向对象的基本知识，下面通过一个综合的课堂范例来加深面向对象知识的使用。

范例3 ▶ 以面向对象的思想实现一个名片管理器（03\ 代码 \3.8 课堂范例 \demo01.py）。要求如下：

　　① 添加名片；

　　② 删除名片；

　　③ 修改名片；

　　④ 查询名片；

　　⑤ 退出系统；

　　⑥ 程序运行后，除非选择退出系统，否则重复执行功能。

根据面向对象的思想，考虑到名片需要具有一些基本属性，因此首先构建名片类，代码如下：

```
class BusinessCard(object):
    ''' 名片类 '''
    def __init__(self,name,qq,weixin,address):
        ''' 初始化属性 '''
        self.name = name
        self.qq = qq
        self.weixin = weixin
        self.address = address
```

上面代码使用初始化方法 __init__ 定义该类的属性，并进行赋值，根据前面的知识，可以知道，这些属性属于对象属性。

接下来，构建一个管理系统类，基本代码如下：

```
class MySystem(object):
    ''' 名片管理系统类 '''
```

```
def __init__(self):
    ''' 初始化属性 '''
    self.card_infors=[]
```

上面的代码使用初始化方法 __init__ 定义该类的初始化属性，所有的信息存放到 card_infors 中。然后根据该类的不同功能创建不同的方法如下：

```
def print_menu(self):
    print("=" * 50)
    print(" 名片管理系统 V0.01")
    print(" 1. 添加一个新的名片 ")
    print(" 2. 删除一个名片 ")
    print(" 3. 修改一个名片 ")
    print(" 4. 查询一个名片 ")
    print(" 5. 显示所有的名片 ")
    print(" 6. 退出系统 ")
    print("=" * 50)
```

上面的代码构建功能菜单显示的方法：

```
def add_new_card_infor(self):
    new_name = input("请输入新的名字:")
    new_qq = input("请输入新的QQ:")
    new_weixin = input("请输入新的微信:")
    new_addr = input("请输入新的住址:")

    # 定义一个新的对象，用来存储一个新的名片
    new_infor = BusinessCard(new_name,new_qq,new_weixin,new_addr)

    # 将一个字典添加到列表中
    self.card_infors.append(new_infor)
    print('添加成功')
```

上面的代码构建添加功能的方法，使用 input() 函数提示用户分别输入姓名、QQ 号码、微信号码及家庭地址，然后使用 BusinessCard 类构建对象，并赋值给其中的各个属性，然后添加到 card_infors 中。

```
def find_card_by_name(self,name):
    # 默认表示没有找到
    find_flag = None
    for temp in self.card_infors:
        if name == temp.name:
            # 表示找到了
```

```
                        find_flag = temp
                        break

                return find_flag
```

上面的代码构建根据姓名查找名片的操作，如果找到，则令 find_flag 标志为对应的位置。

```
        def find_card_infor(self):
            find_name = input("请输入要查找的姓名：")
            find_flag = self.find_card_by_name(find_name)
            # 判断是否找到了
            if find_flag == None:
                print("查无此人 ....")
            else:
                print("%s\t%s\t%s\t%s"%(find_flag.name,find_flag.qq,find_flag.
weixin,find_flag.address))
```

上面的代码用来查询一个名片的信息，调用 find_card_by_name() 方法判断是否可以找到输入的姓名，如果找到就显示信息，否则显示"查无此人 ...."。

```
        def delete_card_infor(self):
            find_name = input("请输入要删除信息的姓名：")
            # 默认表示没有找到
            find_flag = self.find_card_by_name(find_name)

            # 判断是否找到了
            if find_flag == None:
                print("查无此人 ....")
            else:
                self.card_infors.remove(find_flag)
                print('删除成功')
```

上面的代码实现删除名片的查找功能，调用 find_card_by_name() 方法查找是否存在要删除的人。

```
        def update_card_infor(self):
            find_name = input("请输入要更新信息的姓名：")
            # 默认表示没有找到
            find_flag = self.find_card_by_name(find_name)

            # 判断是否找到了
            if find_flag == None:
                print("查无此人 ....")
```

```
        else:
            new_qq = input("请输入新的 QQ:")
            new_weixin = input("请输入新的微信 :")
            new_addr = input("请输入新的住址 :")

            find_flag.qq = new_qq
            find_flag.weixin = new_weixin
            find_flag.address = new_addr
            print(' 修改成功 ')
```

上面的代码实现删除名片的功能，根据查找到的情况进行删除，如果没有找到，就输入联系人的信息。

```
    def show_all_infor(self):
        print(" 姓名 \tQQ\t 微信 \t 住址 ")
        for temp in self.card_infors:
            print("%s\t%s\t%s\t%s"%(temp.name,temp.qq,temp.weixin,temp.address))
```

上面的代码实现显示所有的名片信息。

```
    def begin(self):
        while True:
            # 2. 获取用户的输入
            num = int(input("\n 请输入操作序号:"))
            # 3. 根据用户的数据执行相应的功能
            if num == 1:
                self.add_new_card_infor()
            elif num == 2:
                self.delete_card_infor()
            elif num == 3:
                self.update_card_infor()
            elif num == 4:
                self.find_card_infor()
            elif num == 5:
                self.show_all_infor()
            elif num == 6:
                break
            else:
                print(" 输入有误，请重新输入 ")
```

上面的代码实现根据用户输入的数字判断执行何种操作。

```
def main():
    mySystem = MySystem()
    mySystem.print_menu()
    mySystem.begin()
```

上面的代码构建主函数，而下面的代码调用主函数。

```
main()
```

此时运行结果如图 3-3 所示。

```
============================
名片管理系统 V0.01
  1.  添加一个新的名片
  2.  删除一个名片
  3.  修改一个名片
  4.  查询一个名片
  5.  显示所有的名片
  6.  退出系统
============================
请输入操作序号：
```

图 3-3　主程序运行界面

当输入 1，并按 "Enter" 键，此时会弹出添加新名片的界面，如图 3-4 所示，分别输入信息。

```
请输入操作序号：1
请输入新的名字：张三
请输入新的QQ：789879
请输入新的微信：45677
请输入新的住址：郑州
添加成功
```

图 3-4　子程序界面

分别输入不同的数字，执行不同的功能，当输入 6 时，退出系统。

 **上机实战**

（1）定义一个学生类（03\ 代码 \3.9 上机实战 \demo01.py）。

属性：姓名、年龄、成绩（语文、数学、英语）。

方法：获取学生的姓名、获取学生的年龄、获取 3 门科目中最高的分数。

（2）定义一个字典类：DictClass。完成模拟字典的一些功能（03\ 代码 \3.9 上机实战 \demo02.py）。

① 删除某个 key。

② 判断某个键是否在字典里，如果在返回键对应的值，不存在则返回 "not found"。

③ 返回键组成的列表。

④ 合并字典，并且返回合并后字典的 values 组成的列表。

第 4 章 面向对象高级知识

本章介绍面向对象编程过程中的高级知识，涉及设计模式、元类、动态语言、生成器、迭代器、闭包、装饰器、属性 property、内建、异常等概念，通过对这些概念的理解及使用方法的学习，读者可以更加容易地实现代码的编写和调试。

04

4.1 设计模式

设计模式（Design Pattern）代表了最佳的实践，通常被有经验的面向对象的软件开发人员所采用。设计模式是软件开发人员在软件开发过程中面临的一般问题的解决方案。这些解决方案是众多软件开发人员在经过一段相当长时间的试验和错误中总结出来的。

4.1.1 理解设计模式

设计模式是一套被反复使用的、多数人知晓的、经过分类编目的、代码设计经验的总结。使用设计模式是为了重用代码、让代码更容易被他人理解、保证代码可靠性。设计模式使代码编制真正工程化，是软件工程的基石，如同大厦的一块块砖石一样。在工程项目中，合理地运用设计模式可以完美地解决很多问题，每种模式在现实中都有相应的原理与之对应，每种模式都描述了一个在人们周围不断重复发生的问题，以及该问题的核心解决方案，这也是设计模式能被广泛应用的原因。

4.1.2 单例设计模式

在开发过程中，一个对象在整个周期中一直使用，而且只有一个就可以满足需求，对象创建时需要占用一部分时间和资源，这样的对象就可以设计成单例模式。创建后，一直使用，不再关闭，每次获取都是这个对象，而不会再创建新的对象。

范例 4.1-1 单例设计模式（04\ 代码 \4.1 设计模式 \demo01.py）。

来看下面的代码：

```
class MyObject:
    __instance = None
    def __new__(cls, *args, **kwargs):
        print('new...')
        # 判断
        if cls.__instance==None:
            cls.__instance = object.__new__(cls)
        return cls.__instance
```

这段代码定义了一个类，其中定义 __instance 变量用于存储是否创建对象，None 表示没有创建对象，__new__() 方法中参数 cls 表示是类对象，参数 *args、**kwargs 可以在创建对象的时候接受不同的参数，其中 object.__new__(cls) 创建一个新的对象，在 __new__() 方法中使用条件语句判断对象是否存在，如果不存在，则创建这个对象，如果对象存在，直接返回这个对象即可。下面的代码分别创建两个对象，来验证一下：

```
obj1 = MyObject()
obj2 = MyObject()
print(obj1 is obj2)
```

上面代码的运行结果如下：

```
new...
new...
True
```

可以看出，此时创建的两个实例对象实际上是一个，这是因为当执行 obj2 = MyObject() 的时候，在类中 __new__() 方法判断对象是否存在，因为第一句代码已经创建对象，因此此时仍然返回原先创建的对象。

继续修改类定义的代码如下：

```
class MyObject:
    __instance = None
    #True 表示已经赋值了，False 表示没有赋值
    __flag = False
    def __init__(self,num):
        if MyObject.__flag == False:
            self.num = num
            MyObject.__flag = True
    def __new__(cls, *args, **kwargs):
        if cls.__instance == None:
            cls.__instance = object.__new__(cls)
        return cls.__instance
```

上面的代码增加了一个初始化方法 __init__()，在这个方法中判断对象是否存在，如果不存在，就为其中的属性赋值，否则不修改属性的值。下面是创建对象的代码：

```
obj1 = MyObject(10)
obj2 = MyObject(20)
print(obj1 is obj2)
print(obj1.num)
print(obj2.num)
```

运行结果如下：

```
True
10
10
```

可以看出，此时仍然只创建一个对象，并且实例属性的值是 10，第二个对象创建的时候，因为此前已经创建了对象，所以 MyObject(20) 并没有修改属性的值。

单例设计模式的优点是提供了对唯一实例的受控访问，可以节省资源，提高效率；缺点

是没有抽象层，扩展性比较低，违反了单一职能原则，如果实例对象有一段时间一直没有被引用，系统可能将其误认为垃圾进行回收，导致对象的状态丢失。单例设计模式的适用场景是对象一直被反复使用，而且只需要一个对象就能完成功能，常用于对象的状态保持。

4.1.3 工厂设计模式

正如工厂可以生产很多产品一样，工厂设计模式可以创建很多对象，工厂设计模式是一种简单又实用的模式，工厂设计模式中，工厂的作用是解耦调用者和被调用者的关系。在创建对象的时候，如果对象比较简单而且数量少，则用普通的方式，在主方法中直接进行创建。但有时创建对象需要一些初始化，需要定义一些属性或者复杂的业务逻辑，并且创建的对象的数量也比较多，用普通的方式创建对象比较耗时和占用资源，此时可以使用工厂设计模式。

范例 4.1-2 简单工厂设计模式（04\ 代码 \4.1 设计模式 \demo02.py）。

下面举一个简单的例子来认识一下工厂设计模式。代码如下：

```python
class Car(object):
    def run(self):
        pass
    def stop(self):
        pass


class CarA(Car):
    def a(self):
        print('a...')
    def run(self):
        print('CarA...run...')
    def stop(self):
        print('CarA...stop...')


class CarB(Car):
    def b(self):
        print('b...')
    def run(self):
        print('CarB...run...')
    def stop(self):
        print('CarB...stop...')
```

上面的代码定义一个 Car 类和两个子类 CarA 和 CarB，分别继承 Car 类。此时如果想创建对象，需要一个一个地创建，例如：

```
ca1=CarA()
ca2=CarA()
```

实际上，如果需要创建多个这样的对象，可以使用工厂方法，代码如下：

```
class CarFactory(object):
    @classmethod
    def createCar(cls,name):
        ret = None
        if name=='CarA':
            ret = CarA()
        elif name=='CarB':
            ret = CarB()
        elif name=='CarC':
            ret = CarC()
        return ret
```

上面的代码创建一个 CarFactory 类，其中定义一个类方法 createCar，根据输入的参数判断是否存在实例对象，如果不存在，则进行创建。此时使用这个类进行对象的创建，代码如下：

```
car1 = CarFactory.createCar('CarA')
car1.run()
car1.stop()
car2 = CarFactory.createCar('CarB')
car2.run()
car2.stop()
```

运行结果如下：

```
CarA...run...
CarA...stop...
CarB...run...
CarB...stop...
```

工厂模式又分为工厂方法模式和简单工厂模式。

简单工厂设计模式包含 3 种角色，分别如下。

● 工厂类角色，如这里的 CarFactory，这是模式的核心，含有一定的业务逻辑，用来创建对象。

● 抽象产品角色，如这里的 Car。

● 具体产品角色，如这里的 CarA 和 CarB。

简单工厂设计模式的优点是在简单工厂设计模式中，主函数或者客户端中不再负责对象的创建，而是将这个复杂的任务交给工厂类，主函数或者客户端在使用对象的时候，直接从工厂调用就可以了，从而明确了各个类的职责，符合单一职责的原则：简化开发，扩展功能。

不过，这种模式也存在缺点，由于这个工厂类负责所有对象的创建，那么当子类增加的时候，需要重新修改功能，违反了软件设计的开闭原则（对修改关闭，对扩展开放）。为了弥补这个缺点，可以使用工厂方法模式。

下面的代码就是使用工厂方法模式实现的。

```python
class Car(object):
    def run(self):
        pass
    def stop(self):
        pass


class CarA(Car):
    def a(self):
        print('a...')
    def run(self):
        print('CarA...run...')
    def stop(self):
        print('CarA...stop...')


class CarB(Car):
    def b(self):
        print('b...')
    def run(self):
        print('CarB...run...')
    def stop(self):
        print('CarB...stop...')


class CarC(Car):
    def run(self):
        print('CarC...run...')

    def stop(self):
        print('CarC...stop...')


class CarFactory(object):
    @classmethod
    def createCar(cls):
        pass
class CarAFactory(CarFactory):
```

```
    @classmethod
    def createCar(cls):
        return CarA()

class CarBFactory(CarFactory):
    @classmethod
    def createCar(cls):
        return CarB()

class CarCFactory(CarFactory):
    @classmethod
    def createCar(cls):
        return CarC()
```

上面定义一个 Car 类和 3 个子类 CarA、CarB 和 CarC，分别继承 Car 类。和简单工厂模式不同的是，这里定义了一个工厂父类 CarFactory 和 3 个工厂子类，分别为 CarAFactory、CarBFactory 和 CarCFactory，它们都是继承父类 CarFactory。此时可以使用下面的代码创建对象：

```
car1 = CarAFactory.createCar()
car1.run()
car1.stop()

car2 = CarBFactory.createCar()
car2.run()
car2.stop()

car3 = CarCFactory.createCar()
car3.run()
car3.stop()
```

上面的代码创建 car1 使用 CarAFactory 工厂类的 createCar 方法，创建 car2 使用 CarBFactory 工厂类的 createCar 方法，创建 car3 使用 CarCFactory 工厂类的 createCar 方法。代码的运行结果如下：

```
CarA...run...
CarA...stop...
CarB...run...
CarB...stop...
CarC...run...
CarC...stop...
```

那么如何知道哪种类使用哪个工厂呢，可以建立一个字典配置，其中键表示类型，值表示工厂，代码如下：

```
carConfig={
    'CarA' : CarAFactory,
    'CarB' : CarBFactory,
    'CarC' : CarCFactory,
}
```

这样不同的车型对应不同的工厂，如果需要新的车型，只需要创建新的工厂即可。

例如，下面的代码根据用户输入的车型自动选择对应的工厂。

```
carType = input('>')
if carType in carConfig:
    factory = carConfig[carType]
    car = factory.createCar()
    car.stop()
car.run()
```

上面的代码运行后，等待用户输入车型，当车型属于字典配置中的车型时，调用对应车型的工厂，创建对象。

概括一下，工厂方法设计模式包括 4 个角色。

● 抽象工厂角色：如这里的 CarFactory。

● 具体工厂类角色：如这里的 CarAFactory、CarBFactory 和 CarBFactory，这是模式的核心，含有一定的业务逻辑工厂方法设计模式，用来创建对象。

● 抽象产品角色：如这里的 Car。

● 具体产品角色：如这里的 CarA 和 CarB。

工厂方法设计模式的优点是解决简单工厂模式中违反的开闭原则，但是缺点在于如果增加一个子类，需要增加对应的工厂，这样代码量就会增加。

4.2 元类

前面介绍的类需要事先进行定义，类就是一组用来描述如何生成一个对象的代码段。事实上，类本身也是一个对象，可以在运行时动态地创建它们，就像其他任何对象一样，或者说类都是元类创建的对象，可以把世界中的万物都视为对象。下面介绍这种特殊的类——元类，元类是指在运行中动态地创建类。

范例 4.2-1 元类的使用（04\ 代码 \4.2 元类 \demo01.py）。

下面代码给出了常见的字符串和数字的类型。

```
print(type('abc'))
print(type(1))
```

运行结果如下：

```
<class 'str'>
<class 'int'>
```

从上面的结果可以看出，字符串是 str 类，而数字 1 是 int 类。下面定义一个简单的 Person 类。

```
class Person:
    pass
```

上面的代码中只是定义了类，在类中并没有执行什么操作，下面创建对象，看看这个对象是什么类。

```
p = Person()
print(type(p))
```

结果如下：

```
<class '__main__.Person'>
```

上面的结果说明创建的对象 p 属于 Person 类。那么类本身属于什么呢？下面通过代码来认识一下。

```
print(type(Person))
print(type(int))
```

结果如下：

```
<class 'type'>
<class 'type'>
```

可以看出，Person 类和 int 类属于 type 类，或者可以理解为 type 类创建的对象。

type 类就称为元类，可以使用 type 类来生成子类，下面是代码示例。

```
def show(self):
    print('show...')
Student = type('Student',(Person,),{'num':100,'show':show})
```

上面的代码首先定义一个方法，然后使用 type 类进行子类的创建，其中第一个参数是类的名称，第二个参数是父类，第三个参数是属性，使用字典方法定义。下面的代码使用这个类创建一个对象。

```
stu = Student()
```

此时可以访问类中的属性和方法，代码如下：

```
print(stu.num)
```

```
stu.show()
print(Student.__mro__)
```

运行结果如下：

```
100
show...
(<class '__main__.Student'>, <class '__main__.Person'>, <class
'object'>)
```

可以看出，stu.num 访问到类中的属性，而 stu.show() 访问类中的方法，Student.__mro__ 可以给出父类之间的继承关系。其中 Student 类继承 Person 类，而 Person 类继承 object 类。

当然，元类也可以自定义，可以使用 metaclass 动态改变自定义的类，下面看一下如何进行元类的定义。

范例 4.2-2 自定义元类的使用（04\ 代码 \4.2 元类 \demo02.py）。

例如，前面定义 Student 类的时候，定义代码如下：

```
class Student(object):
    num=100
```

实际上这里默认是使用 type 类作为元类进行类修改的，其完整形式应该为：

```
class Student(object,metaclass=type):
num=100
```

即在括号中表明使用的元类 metaclass= type。

下面就自定义一个元类，代码为：

```
class UpperAttrType(type):
    def __new__(cls, class_name,class_parents,class_attrs):
        info = {}
        for k,v in class_attrs.items():
            if not k.startswith('__'):
                info[k.upper()] = v
            else:
                info[k] = v
        return super().__new__(cls,class_name,class_parents,info)
```

上面这个元类实现把所定义的子类中的属性名称转换为大写，其中定义了方法 def __new__(cls, class_name,class_parents,class_attrs)，方法中的参数 class_name 表示要修改的类的名称，class_parents 表示父类的名称，而 class_attrs 表示类的属性。这个方法中查询类中的属性，如果开头不是 '__' 的属性名称，都修改为大写，否则不进行修改。下面创建一个新的类，其元类使用这个自定义的类 UpperAttrType(type)，代码如下：

```
class Student(object,metaclass=UpperAttrType):
```

```
        num=100
```

下面测试一下，类的属性名称是否被修改为大写：

```
print(hasattr(Student,'num'))
print(hasattr(Student,'NUM'))
```

运行结果如下：

```
False
True
```

这表明创建 Student 类的属性 num 已经修改为大写。

概括起来说就是，元类可以在运行中创建或者修改类的对象，可以实现拦截类的创建、修改类的内容、返回修改之后满足需求的类。

4.3 动态语言

动态语言是指程序在运行状态下，可以动态改变对象的功能，这样使语言更加灵活。Python 是动态语言，此外 JavaScript 等也是动态语言，C 和 C++ 是非动态语言。本节介绍 Python 的动态语言。

4.3.1 给对象添加和删除属性

下面通过代码来认识一下动态语言。

范例 4.3 动态语言的应用（04\ 代码 \4.3 动态语言 \ demo01.py）。

```
class Person:
    def __init__(self,name):
        self.name = name
```

上面的代码定义一个 Person 类，在 __init__() 方法中为属性 name 赋值，而下面的代码就是创建一个对象，并且为属性 name 赋值。

```
p1 = Person('p1')
print(p1.name)
```

上面代码的运行结果为 p1，这是因为创建对象的时候调用了 __init__() 方法为属性 name 赋值。可以使用下面的代码查询对象 p1 是否具有某个 name 属性。

```
print(hasattr(p1,'name'))
```

上面代码的结果为 True，这表明对象 p1 具有 name 属性。下面为对象 p1 动态增加一个 age 属性，并查询是否具有这个属性。

```
p1.age = 20
```

```
print(p1.age)
print(hasattr(p1,'age'))
```

上面代码的运行结果如下：

```
20
True
```

但是如果在上面代码之前查询对象 p1 是否具有 age 属性，则返回的结果为 False。

删除对象的属性很简单，使用下面的代码即可实现。

```
del p1.name
```

4.3.2　给类添加和删除属性

下面介绍如何为类增加或者删除属性，同样先定义类：

```
class Person:
    def __init__(self,name):
        self.name = name
```

然后使用下面的代码验证这个 Person 类是否具有 num 属性。

```
print(hasattr(Person,'num'))
```

结果如下：

```
False
```

这说明 Person 类不具有 num 属性。可以动态地增加类属性，代码如下：

```
Person.num = 110
print(hasattr(Person,'num'))
```

上面代码的运行结果如下：

```
True
```

这说明此时已经为 Person 类增加了 num 属性。下面的代码当创建一个新的对象时，这个新的对象自动具有 num 属性。

```
p1 = Person('p1')
print(p1.num)
```

上面代码的运行结果为 110，也验证了 Person 类创建的对象 p1 具有 num 属性。

4.3.3　动态地给类增加方法

前面是给类增加属性，也可以为类增加方法，继续看下面的代码，此时首先需要导入 types 类：

```
import types
```

仍然使用前面使用的 Person 类，下面定义一个方法 run：

```
def run(self,age):
    print('%s-%s run...'%(age,self.name))
```

下面创建对象并且动态地增加实例方法：

```
p1 = Person('p1')
p1.run = types.MethodType(run,p1)
p1.run(20)
print(hasattr(Person,'run'))
```

上面代码中，types.MethodType 调用 types 类中的 MethodType() 方法，其中有两个参数，参数 1 是方法名称，参数 2 是对象名称，上面代码运行的结果如下：

```
20-p1 run...
False
```

这是因为 types.MethodType 动态地增加实例方法 run()，此时对象 p1 调用方法 run() 的时候给出 "20-p1 run..." 信息，判断 run 方法是否为 Person 类的方法，结果表明不具有，但是如果使用下面的代码：

```
print(hasattr(p1,'run'))
```

那么运行结果是 True，表明对象 p1 具有 run 方法。如果想删除这个方法，可以使用下面代码来实现。

```
del p1.run
```

上面介绍了如何为对象增加方法，那么如何为类增加方法呢？下面的代码实现了这个功能。

```
@classmethod
def stop(cls,num):
    print('%s...run...'%num)
```

上面定义的方法实现了为类增加方法，与给对象添加方法的不同之处在于第一个参数的取值，当为对象添加方法的时候，第一个参数为 self，当为类添加方法的时候，第一个参数为 cls。上面的代码只是定义了方法，还需要使用下面的代码才可以动态地增加类方法。

```
Person.stop = stop
Person.stop(100)
print(hasattr(Person,'run'))
```

上面代码的运行结果如下：

```
100...run...
False
```

上面的代码动态地增加了类方法。

同样也可以增加静态类方法，与增加动态类方法类似，下面只给出代码。

```
@staticmethod
```

```
def play(a,b):
    print('%s-%s...stop...'%(a,b))
Person.play = play
Person.play(1,2)
print(hasattr(Person,'play'))
```

4.3.4 魔法方法 _slots_

__slots__ 方法用于约束实例对象，例如：

```
class Person:
    __slots__ = ('name','age','run')
```

上面的代码定义一个 Person 类，但是里面使用元组定义了该类只能具有哪些属性，这里定义只能具有 name、age 和 run 3 个属性，例如：

```
p1 = Person()
p1.age = 10
print(p1.age)
```

上面的代码创建对象并且动态地增加对象属性，然而如果代码如下面这样就会出现问题：

```
p1.num = 10
```

这是因为前面类的定义中已经约束实例对象的属性只能是 3 种中的一种。

同样，下面代码定义的方法也是约束对象之一。

```
def run(self):
    print('%s-%s run...'%(self.age,self.name))
```

下面的代码动态地增加方法。

```
p1.name = 'p1'
p1.run = types.MethodType(run,p1)
p1.run()
```

上面代码的运行结果如下：

```
10-p1 run...
```

这也说明了 __slots__ 方法的作用。

4.4 生成器

在介绍生成器的概念之前，先看下面的代码：

```
ls = [i for i in range(10)]
print(ls)
```

上面生成一个列表，通过循环语法实现，列表中的内容为 [0, 1, 2, 3, 4, 5, 6, 7, 8, 9]，如果生成的列表元素很多，例如上面代码中将 range(10) 改为 range(10000000)，此时生成这个列表将非常占用内存，而且实际上这些数据并不会完全使用，甚至只使用其中一部分，那么有没有解决方法呢？

1 理解生成器

如果能将列表的元素按照某种算法推算出来，而且可以进行循环获取每一个元素，这样不必创建完整的列表，从而节省了空间，提高效率。这种一边循环一边计算的机制称为生成器，其主要特点是一直往下计算，计算到最后，如果再往下访问，则报错。

2 创建生成器方法一

上面已经说明，当生成的列表元素很多的时候，此时需要等待很长时间，并且很占用内存，可以使用下面的方式。

范例 4.4 ▶ 生成器的使用（04\ 代码 \4.4 生成器 \demo01.py）。

```
gel = (i for i in range(10000000))
print(type(ge1))
```

与上面使用列表不同，上面的代码运行时间非常短，此时可以查看类型，结果如下：

```
<class 'generator'>
```

这表明生成的 gel 是生成器类型。上面这个生成器并不是一次全部生成所有的元素，而是在需要的时候给出值，例如：

```
gel = (i for i in range(10))
for item in ge1:
    print(item)
```

上面的代码依次从 gel 中取出值并打印，即一边循环一边计算，将分别打印 0,1,2,3,4,5,6,7,8,9，当打印到最后一个值时，如果此时再次打印 print(item) 将会出现错误。如果不使用循环，可以使用 next(ge1) 访问下一个值。

3 创建生成器方法二

上面也介绍过，生成器模拟某种算法对数据进行推算，下面以斐波那契数列（Fibonacci Sequence）为例定义一个函数如下：

```
def fib(num):
    n=0
    a,b=0,1
    while n<num:
        print(b)
        a,b=b,a+b
```

```
        n+=1
```

上面的 fib() 函数，当给定一个数值的时候，就会打印出所有的斐波那契数列，当数值很大的时候，就会出现前面介绍的情况，即生成的时间长并且占用内存。下面就使用生成器的方法进行处理，可以使用关键词 yield 进行处理，调用函数的时候，返回一个生成器对象。此时，fib() 函数可以修改成下面的形式。

```
def fib(num):
    n=0
    a,b=0,1
    while n<num:
        yield b
        a,b=b,a+b
        n+=1
```

可以使用下面的方法调用。

```
ge2 = fib(10)
for i in ge2:
    print(i)
```

上面的代码执行后，首先使用 fib(10) 生成一个生成器对象，然后使用算法在循环过程中每次计算一个数值并显示。

使用生成器方法的时候需要注意，生成器保存的算法函数中如果有运行到 return 表示停止迭代 StopIteration。

4 send 的使用

生成器可以使用 send 传入参数，动态地改变算法，或者可以为算法提供一些材料参数。来看下面的代码：

```
def f(num):
    for i in range(num):
        param = yield i
        if param=='a':
            print('执行a计划...')
        elif param=='b':
            print('执行b计划...')
        else:
            continue
```

上面的代码正常运行，和前面一样，可以使用循环，也可以使用 next 访问生成器对象，在使用过程中，还可以使用 send 进行参数的传递，例如：

```
ge4 = f(10)
```

```
print(next(ge4))
```

上面的代码首先启动生成器对象，然后可以使用下面的代码进行参数传递。

```
print(ge4.send('a'))
print(ge4.send('b'))
```

上面的代码执行后，运行结果如下：

```
0
执行 a 计划 ...
1
执行 b 计划 ...
2
```

4.5 迭代器

迭代器（Iterator）有时又称游标（Cursor），是程序设计的软件设计模式，是访问集合元素的一种方式。迭代器可以记住每次迭代的位置，从第一个到最后一个只能往后迭代，并且只能迭代一轮。

1 理解迭代器

注意，并不是能迭代的就是迭代器。判断一个对象是否为迭代器一般分两个步骤。

（1）判断一个对象是否可以迭代。

（2）判断是否为迭代器 next 来获取下一个值。

下面通过一些实例介绍什么是迭代器。

范例 4.5 迭代器的使用（04\ 代码 \4.5 迭代器 \demo01.py）。

2 判断一个对象是否可以迭代

要判断一个对象是否可以迭代，需要使用库函数 collections，因此首先把这个库函数导入：

```
import collections
```

下面测试一下列表是否可以迭代：

```
ls = [1,2,3]
print(isinstance(ls,collections.Iterable))
```

结果是 True，这说明列表对象是可以进行迭代的，上面判断使用的是库函数 collections 的 Iterable 方法。

同样，可以测试一个字符串是否可以进行迭代，代码如下：

```
info = '123'
```

```
print(isinstance(info,collections.Iterable))
```

上面代码的结果也是 True，这说明字符串对象也是可以进行迭代的。

只要一个对象可以进行迭代，那么就可以使用 for 循环进行访问。例如，上面列表对象就可以使用循环访问，代码如下：

```
for i in ls:
print(i)
```

上一节介绍的生成器也可以使用 for 循环进行访问，那么生成器是否可以迭代呢，下面通过代码验证一下。

```
ge = (i for i in range(100))
print(isinstance(ge,collections.Iterable))
```

上面代码的结果依然是 True，这说明生成器对象也是可以进行迭代的。

3 判断是否为迭代器

然而，并不是说可以进行迭代的对象就是迭代器，for 循环是把一个对象的所有内容进行遍历，而迭代器只有使用 next 才获取元素的内容。

例如，如果使用 print(next(ls)) 获取下一个元素时就会出现错误，这说明它不是一个迭代器。可以使用库函数 collections 的 Iterator 方法判断一个对象是否为迭代器。例如，验证列表是否为迭代器：

```
print(isinstance(ls,collections.Iterator))
print(isinstance(info,collections.Iterator))
```

上面代码的运行结果都是 False，这说明列表、字符串都不是迭代器，那么生成器是否为迭代器，下面代码给出了结果：

```
print(isinstance(ge,collections.Iterator))
```

上面代码的结果是 True，这说明生成器是一个迭代器，同样，上节也使用过 next 访问其中的元素，这也说明它是一个迭代器。

4 可迭代对象转换成迭代器

刚才通过例子已经看到并不是可以迭代的就是迭代器，例如，列表、字符串等都不是迭代器，但是它们可以进行迭代，那么如果给定一个可以迭代的对象，是否可以转换为迭代器呢？在 Python 中，可以使用 iter() 函数将一个可以迭代的对象转换为迭代器，例如：

```
ls = [1,2,3]
it = iter(ls)
print(isinstance(it,collections.Iterator))
```

上面给出了转换方式，转化后的验证结果为 True，这说明已经将对象转换为迭代器，那么就可以使用 next() 访问其中的元素了，例如：

```
print(next(it))
print(next(it))
```

上面的代码就可以依次访问迭代器中的元素了。

引入迭代器的目的在于使用大量数据集合时减少占用的内存。例如,当使用列表的元素很多时,可以将其转化为迭代器以减少内存的占用率。

4.6 闭包

闭包可以理解成"定义在一个函数内部的函数"。本质上闭包是将函数内部和函数外部连接起来的桥梁,通过在函数内部定义一个新的函数,并且这个内部函数引用了外部函数的局部变量,外部函数将内部函数返回。闭包优化了局部变量,原来需要类完成的一些工作,闭包也能完成。

1 理解闭包

下面通过例子来加深对闭包概念的理解。

范例 4.6 ▶ 闭包的使用(04\ 代码 \4.6 闭包 \demo01.py)。

2 闭包的定义和使用

首先看下面的代码:

```
def outer(num1):
print('1...')
def inner(num2):
print('2...')
return num1+num2
return inner
```

上面的代码定义了一个函数 outer(),其中又包含了一个内部函数 inner(),这个函数就是闭包,那么上面这个函数在实际访问的时候是如何进行操作的呢?来看下面的代码:

```
ret = outer(10)
print(ret(100))
```

上面的代码中 ret = outer(10) 调用函数 outer(),此时在内存区开辟一个空间,并且 ret 指向内部函数 inner(),其中 num1 是外部函数的局部变量,此时 num1 被赋值为 10,当使用 ret(100) 调用的时候,将 num2 赋值为 100,并执行内部函数 inner() 中的语句,返回结果 num1+num2,然后退出内部函数,并继续返回 inner 的值,然后退出外部函数 outer()。因此,上面代码运行的结果如下:

```
def liner_outer(a,b):
    def line_inner(x):
        return a*x+b
    return line_inner
```

由于闭包引用了外部函数的局部变量，使用这些变量的时候没有及时释放内存，这样在一定程度上消耗了内存。例如，上面代码调用内部函数 inner() 的时候，使用了局部变量 num1，因此并不能释放这个变量所占用的内存。

下面再看一个实例：

```
defliner_outer(a,b):
defline_inner(x):
return a*x+b
returnline_inner
```

上面函数实现计算直线方程的坐标，即使用 $y=a*x+b$，外部函数为 liner_outer()，内部函数为 line_inner()，外部函数中包含局部变量 a 和 b，内部函数包含变量 x，在内部函数中计算 $a*x+b$，并返回最终结果。

```
line1 = liner_outer(1,2)
```

上面的代码访问外部函数，提供局部变量 a 和 b 的值，并使用 line1 指向这个内部函数，因此使用 line1 再次调用的时候，只需提供 x 的值，下面是继续调用这个内部函数的方式。

```
print(line1(1))
print(line1(2))
```

上面的代码分别计算 1*1+2 和 2*1+2 的直线纵坐标。下面是另外一条直线坐标的计算。

```
line2 = liner_outer(3,-2)
print(line1(10))
print(line1(20))
```

上面的代码分别计算 3*10 − 2 和 3*20 − 2 的直线纵坐标。

4.7 装饰器

提到装饰，大家经常会联想到房屋装饰、汽车装饰等，通过装饰，使得房间更加美观，功能更多。在面向对象程序设计中，装饰器是指在不修改源代码的情况下，增加一些功能，如权限的验证、日志的记录等。

1 理解装饰器

装饰器主要通过借用前面所介绍的闭包来实现。下面通过代码理解如何定义和使用装饰器。

2 装饰器的定义和使用

范例 4.7-1 装饰器的定义 1（04\ 代码 \4.7 装饰器 \demo01.py）。

下面的代码已经编制好一些函数，分别实现增、删、查、改等功能。

```
def select():
    print(' 查询 ...')

def insert():
    print(' 新增 ...')

def update():
    print(' 修改 ...')

def delete():
    print(' 删除 ...')
```

当用户登录系统后，可以使用 select()、insert()、update() 或者 delete() 这些函数对数据库进行修改。假设现在需要对这些函数的使用增加权限验证，那么如何实现呢？难道需要修改每个函数的源代码吗？如果要修改每一个函数的源代码，不仅会很麻烦，而且违背了程序的开闭原则，那么能否不修改源代码而实现权限验证呢？这时可以借助装饰器实现这个功能。首先使用闭包实现，代码如下：

```
def login(func):
    def inner():
        name = input(' 用户名: ')
        pwd = input(' 密码: ')
        if name=='admin' and pwd=='123456':
            func()
        else:
            print(' 登录失败, 无法执行功能 ')
    return inner
```

上面的代码定义了一个闭包，外部函数的参数是输入的函数名，内部函数实现判断用户输入的用户名和密码是否正确，如果正确，则执行传入的参数，否则提示登录失败，下面是执行删除函数的方式。

```
ret = login(delete)
ret()
```

类似前一节闭包的知识，ret = login(delete) 调用外部函数的时候，ret() 指向内部函数，判断用户输入的信息，并根据信息正确与否执行对应操作，上面的代码由于传入的参数是 delete，因此执行内部函数的时候，调用 delete() 函数。

范例 **4.7-2** 装饰器的定义 2（04\ 代码 \4.7 装饰器 \demo02.py）。

上面是一种调用方式，此外还可以使用下面的方式进行定义和调用，例如，对于删除功能，代码如下：

```
@login
def delete():
    print(' 删除 ...')
```

然后直接执行 delete() 函数即可实现登录验证，如果上面的代码没有 @login 这一行，则不会进行登录验证。

3 多个装饰器的情形

上面的实例中只有一个装饰器，如果有多个装饰器，需注意先装饰下面的，然后装饰上面的。

范例 **4.7-3** 多个装饰器（04\ 代码 \4.7 装饰器 \demo03.py）。

来看下面的代码：

```
def my_func1():
    return 'hello1'
```

上面的代码定义一个函数，此时调用这个函数，代码如下：

```
print(my_func1())
```

上面代码的运行结果为：

```
hello1
```

这是没有任何装饰器的效果。下面是存在多个装饰器的情况：

```
def make_bold(fn):
    def inner():
        return '<b>'+fn()+'</b>'
    return inner


def make_italic(fn):
    def inner():
        return '<i>'+fn()+'</i>'
    return inner
```

上面定义了两个函数，每个函数都以闭包实现，下面就使用装饰器调用，不过此时两个装饰器都使用，如下所示：

```
@make_bold
@make_italic
def my_func2():
```

```
    return 'hello2'
```

此时，执行下面的代码：

```
print(my_func2())
```

上面代码的运行结果如下：

```
<b><i>hello2</i></b>
```

可以看出，先执行 make_italic 装饰器，然后执行 make_bold 装饰器，如果改变上面代码装饰器的顺序如下：

```
@make_italic
@make_bold
def my_func3():
    return 'hello3'
```

此时，执行下面的代码：

```
print(my_func3())
```

上面代码的运行结果如下：

```
<i><b>hello3</b></i>
```

可以看出，先执行 make_bold 装饰器，然后执行 make_italic 装饰器。

4 带参数的装饰器的使用

前面的两个实例参数都是函数名，并没有使用其他参数，下面再看一个复杂的实例。

范例 4.7-4 带参数的装饰器（04\ 代码 \4.7 装饰器 \demo04.py）。

首先定义 4 个函数：

```
def func1():
    print('func1...')
```

上面这个函数没有输入参数，也没有返回值。

```
def func2():
    print('func2...')
    return '222'
```

上面这个函数没有输入参数，但是有返回值。

```
@outer
def func3(a,b):
    print('func3...')
```

上面这个函数有输入参数，但没有返回值。

```
@outer
def func4(a,b):
    print('func4...')
    return '444'
```

上面这个函数既有输入参数，又有返回值。

由于上面 4 种函数定义的情形不同，因此如果使用装饰器必须考虑这些情况。此时可以使用动态参数，下面就使用动态参数定义一个闭包函数。

```
def outer(func):
    def inner(*args,**kwargs):
        return func(*args,**kwargs)
    return inner
```

如上所示，内部函数中 *args 和 **kwargs 就是动态参数，可以根据实际情况灵活调用，例如：

```
@outer
def func4(a,b):
    print('func4...')
    return '444'
```

调用的时候使用如下代码：

```
print(func4(1,2))
```

以上就是装饰器的定义和基本用法，通过装饰器，简化了修改代码的操作，更为方便。

4.8 属性 property

类本身具有属性和方法，属性表示该类所具有的某种特性。例如人类有男女之分、有年龄等基本属性。下面就通过范例介绍类的基本属性。

范例 4.8 属性的使用（04\ 代码 \4.8 属性 \demo01.py）。

范例 4.8 中包含了下面 4.8.1~4.8.3 小节三部分的代码。

4.8.1 私有属性添加 getter 和 setter 方法

前面已经使用到类的属性，为了加深对属性的理解，先看下面的代码：

```
class Person:
    def __init__(self,name):
        self.name = name
        self.__age = 18

    def getAge(self):
        return self.__age
```

```
        def setAge(self,age):
            if 0<=age<=100:
                self.__age = age
            else:
                print('年龄不符合要求')
                self.__age = 18
```

上面定义了一个 Person 类，其中包含 3 个方法，一个是使用魔法方法中的 __init__() 初始化方法，为类的属性 name 进行赋值，同时为属性 __age 赋值；另一个是 getAge() 方法，返回 __age 的值；还有一个是 setAge() 方法，根据输入的数值，修改 __age 的值。下面的代码是创建对象，访问这两个属性的方式。

```
p1 = Person('小明')
print(p1.name)
p1.setAge(22)
print(p1.getAge())
```

上面代码的运行结果如下：

```
小明
22
```

4.8.2　使用 property 升级 getter 和 setter 方法

实际上，调用者并不需要知道 getAge 和 setAge 方法，例如，可以在上面类定义体最后增加下面的代码：

```
age = property(getAge,setAge)
```

此时调用方式可以修改如下：

```
p1 = Person('小明')
print(p1.name)
p1.age = 22
print(p1.age)
```

上面代码的执行结果如下：

```
小明
22
```

上面代码调用的时候，自动获取类中的 getAge 和 setAge 方法。

4.8.3　使用 @property 代替 getter 和 setter 方法

此外，还有一种方法，也可以实现这种效果，代码如下：

```
class Person:
```

```
        def __init__(self,name):
            self.name = name
            self.__age = 18

        @property
        def age(self):
            print('getAge...')
            return self.__age

        @age.setter
        def age(self,age):
            print('setAge...')
            if 0<=age<=100:
                self.__age = age
            else:
                print(' 年龄不符合要求 ')
                self.__age = 18
```

可以看出，上面的代码使用了上一节介绍的装饰器的方法实现修改和调用属性，调用代码不变。

以上两种方式都是对第一种方式的简写。对于调用者来说，其实就是对属性的读和写，但是其实代码中已经加入了一部分业务逻辑，扩展了类的功能。

4.9 内建

Python 提供了丰富的内建属性、内建函数和内建类，这些内建的内容不需要用户再编写代码，用户可以直接使用。下面就分别介绍这些内容。

4.9.1 内建属性

下面通过范例分别介绍两种 Python 基本的内建属性。

范例 4.9-1 ▶内建属性的使用（04\ 代码 \4.9 内建 \demo01.py）。

（1）__name__ 这种属性表示如果当前类运行则返回 '__main__'，如果被其他类导入，则显示文件的模块名。

例如，在解释器环境中如果执行代码：

```
print(__name__)
```

则结果显示 __main__。

如果创建一个文件 demo.py，其中定义下面的代码：

```
def add(a,b):
    return a+b


if __name__=='__main__':
    # 测试代码
    print(__name__)
    print(add(1,2))
```

在解释器环境中使用下面的语句导入：

```
Import demo
```

则显示：

```
demo
```

但是如果在编辑环境下直接运行 demo 代码，则结果为：

```
__main__
3
```

（2）__doc__ 显示文档的解释。例如：

```
def add(a,b):
    '''
    加法运算
    :param a:
    :param b:
    :return:
    '''
    return a+b
```

上面定义了一个函数，其中注释信息放到 ''' 中，此时如果使用下面的代码：

```
print(add.__doc__)
```

则会显示以下内容：

```
加法运算
    :param a:
    :param b:
    :return:
```

即显示了函数中的注释信息。

4.9.2 内建函数

下面介绍两个常见的内建函数。

范例 4.9-2 内建函数的使用（04\ 代码 \4.9 内建 \demo02.py）。

（1）eval() 函数用来执行一个字符串表达式，并返回表达式的值。基本语法如下：

```
eval(expression[, globals[, locals]])
```

其中，expression 为字符串表达式，globals 为变量作用域，全局命名空间，如果被提供，则必须是一个字典对象；locals 为变量作用域，局部命名空间，如果被提供，可以是任何映射对象。例如：

```
info = '1+2'
print(info)
```

上面的代码显示字符串 info 的内容 1+2，而下面的代码：

```
ret = eval(info)
print(ret)
```

使用 eval() 函数执行字符串表达式，结果为 3。

再来看下面这种特殊的情形，例如：

```
infos = "{'sid':1,'sname':' 小明 ','sage':20}"
ret = eval(infos)
```

上面的代码将字符串转换为字典的形式，此时就可以使用字典的访问方式访问其中的内容，例如：

```
print(ret['sname'])
```

上面代码给出的结果为小明。

（2）round() 函数实现四舍五入的功能。基本语法如下：

```
round( x [, n]  )
```

其中，x 为数值，n 为精度，默认为 0，即不保留小数点。

例如：

```
num = 3.567
ret = round(num)
print(ret)
```

上面代码的运行结果为 4，这是因为没有提供精度，所以不保留小数点，因此结果为 4。

而下面的代码，精度为 2。

```
num = 3.567
ret = round(num,2)
print(ret)
```

上面代码的运行结果为 3.57。

4.9.3 内建类

Python 的内建类也有很多，例如，前面介绍的字典、列表都是类，这里介绍另外两种内建类。

范例 4.9-3 内建类的使用（04\ 代码 \4.9 内建 \demo03.py）。

（1）Enumerate 主要用于将一个可遍历的数据对象（如列表、元组或字符串）组合为一个索引序列，同时列出数据和数据下标，一般用在 for 循环当中。

例如：

```
ls = ['a','b','c']
en1 = enumerate(ls)
for k,v in en1:
    print(k,v)
```

上面代码中，enumerate(ls) 可以创建一个对象 en1，它是一个索引序列，包括数据和数据下标，运行结果如下：

```
0 a
1 b
2 c
```

而如果在 enumerate(ls) 中增加参数如下：

```
en2 = enumerate(ls,2)
for k,v in en2:
    print(k,v)
```

上面代码的运行结果为：

```
2 a
3 b
4 c
```

这表明下面开始的值可以人为进行设置。

（2）Bytes 可以将字符串转换成不同的编码格式。例如：

```
info = ' 中国 '
ret = info.encode('gbk')
print(ret)
```

上面的代码运行后即为 bytes 类型，结果如下：

```
b'\xd6\xd0\xb9\xfa'
```

上面的代码可以使用下面格式实现。

```
ret = bytes(' 中国 ','utf-8')
print(ret)
```

同样可以对这个 bytes 类型进行解码，代码如下：

```
info = ret.decode('gbk')
print(info)
```

上面代码的运行结果即为字符"中国"。

4.10 异常

所谓异常就是指程序中存在错误导致程序运行异常，主要有两种情况：一种是代码在运行过程中报错，停止程序的运行；另一种是代码没有报错，但是存在逻辑异常。本节就来了解异常的概念及如何处理异常。

4.10.1 理解异常

下面通过一些实际的范例理解什么是异常。

范例 4.10-1 异常基本例子（04\ 代码 \4.10 异常 \demo01.py）。

看下面一段代码：

```
def f1(a,b):
    return a/b
```

上面这个函数是计算两个数值的除法，当分母不为 0，如 print(f1(1,2)) 则不会出现错误；如果调用的时候分母为 0，如 print(f1(1,0)) 就会出现错误。当程序中出现错误代码时，程序将不会再向下执行代码，而是给出错误的信息提示，例如，上面除数为 0 的时候，会指出错误代码所在的行数，并给出系统的错误提示信息。

```
ZeroDivisionError: division by zero
```

再看下面的代码：

```
ls = [1,2,3]
print(ls[10])
```

上面的代码定义了一个列表，然后访问列表中索引为 10 的元素，这显然是错误的，因为列表中只有 3 个元素，因此也会给出错误信息。

```
IndexError: list index out of range
```

上面的提示信息表示下标越界。

同样，如果打印一个不存在的变量，例如：

```
print(num)
```

也会出现错误，因为变量 num 并不存在，会出现下面的提示信息：

```
NameError: name 'num' is not defined
```

上面这些错误的提示信息都是系统自动给出的，调用的是一些内建类。

上面给出的是一些代码在运行过程中报错的例子，还有一种代码运行时没有报错，但是存在逻辑异常。

范例 4.10-2 逻辑异常（04\ 代码 \4.10 异常 \demo02.py）。

来看下面的代码：

```
class Person:
    def __init__(self,name,sex):
        self.name = name
        self.sex = sex
    def __str__(self):
        return 'Person %s-%s'%(self.name,self.sex)
```

上面的代码定义一个 Person 类，其中有两个方法：__init__() 初始化方法和 __str__() 方法。下面创建对象，显示对象的内容：

```
p1 = Person(' 小明 ',' 男 ')
print(p1)
```

上面的代码没有任何错误，但是如果将性别输入错误，如下所示：

```
p2 = Person(' 小王 ',' 囡 ')
print(p2)
```

上面的代码仍然会执行，但性别是"囡"是不正确的，因为性别只能是男或女。这就是一种逻辑错误。

下面这种逻辑错误更为隐蔽。

```
def add(a,b):
    return a+b-1
```

上面代码返回的是两个数的和，但是写成了两个数的和然后减 1，这样结果就不对了，例如，print(add(1,2)) 返回的结果是 2，并不是正确的 3。但程序是不会报错的，这种逻辑错误在实际编程中更难发现。

在实际编码过程中，不能让用户直接看到代码报错，如果程序出现错误，需要给用户一个友好提示，而不是让用户看到错误的信息，这样可以提高用户的体验度。

一般编程的时候，异常无法完全避免，因此要尽量考虑得更周全一些，以避免出现异常，提高代码的健壮性。

4.10.2 捕获异常

当代码出现异常时，应当捕获异常以进行后续处理，使用的语句为 try…except…else…finally…。try…except 语句主要是用于处理程序正常执行过程中出现的一些异常情况，如语法错误（Python 作为脚本语言，没有编译的环节，在执行过程中对语法进行检测，出错后发出异常消息）、数据除 0 错误、从未定义的变量中取值等；而 try…finally 语句则主要用于在无论是否发生异常情况，都需要执行一些清理工作的场合，如在通信过程中，无论通信是否发生错误，都需要在通信完成或者发生错误时关闭网络连接。

默认情况下，在程序段的执行过程中，如果没有提供 try…except 的处理，脚本文件执行过程中所产生的异常消息会自动发送给程序调用端，如 python shell，而 python shell 对异常消息的默认处理则是终止程序的执行并打印具体的出错信息。这也是在 python shell 中执行程序错误后所出现的出错打印信息的由来。

Python 中 try…except…else…finally…语句的完整格式如下：

```
try:
    Normal execution block
except A:
    Exception A handle
except B:
    Exception B handle
except:
    Other exception handle
else:
    if no exception,get here
finally:
    print("finally")
```

这个语法格式中，正常的程序代码放到 Normal execution block 中，如果出现异常 A，则执行 Exception A handle；如果出现异常 B，则执行 Exception B handle；except 块是可选项，如果没有提供，该 Exception 将会被提交给 Python 进行默认处理，处理方式则是终止应用程序并打印提示信息；如果没有异常，则执行 if no exception,get here，无论是否发生了异常，只要提供了 finally 语句， try…except…else…finally…代码块执行的最后一步总是执行 finally 所对应的代码块。

下面就通过范例看一下异常处理的使用。

范例 4.10-3 处理异常 1（04\ 代码 \4.10 异常 \demo03.py）。

前面介绍的除数如果为 0 程序就会终止，下面来看一下代码中如何进行异常处理，并提示错误信息。

```
print('begin...')
try:
    #num = 1/0
    num = 10/2
except:
```

```
    print(' 你的代码有问题，不能除以 0')
print('end...')


print('over...')
```

上面的代码中在 try…except 之间是正常的程序代码，如果是 num=10/2 的时候，程序没有错误，但如果是 num = 1/0 的情况，就会出现提示"你的代码有问题，不能除以 0"，此时程序仍然会继续执行，打印"over..."。这一点和没有异常处理的情况不一样，当没有异常处理时，出现异常的时候会中断程序的运行，并给出系统的错误提示。

可以修改上面的代码，指定出现什么异常的情况会进行不同的处理。

```
print('begin...')
try:
    print(num)
    num = 1/0
except (ZeroDivisionError,NameError):
    print(' 你的代码有问题 ')
print('end...')


print('over...')
```

例如，上面代码可以捕捉 ZeroDivisionError 错误和 NameError 错误。在上面这个代码中，如果出现其他的错误，仍然会中断程序的运行，给出系统的错误提示信息。同样，上面的异常处理可以显示具体的错误信息，修改代码如下：

```
except (ZeroDivisionError,NameError) as ex:
    print(' 你的代码有问题 :%s'%(ex))
```

这段代码把异常错误赋给 ex 变量，然后进行对应操作。

上面的代码是把两个异常放到一起进行处理，当然也可以把每个异常作为单独的一种情况进行处理，代码如下：

```
print('begin...')
ls = [1,2,3]
try:
    print(ls[10])
    print(num)
    num = 1/0
except ZeroDivisionError as ex:
    print('ERROR: 被除数不能是 0--%s'%(ex))
except NameError as ex:
    print(' 变量在使用的时候未定义 --%s'%(ex))
except Exception as ex:
```

```
        print(' 代码有异常 --%s'%(ex))
    print('end...')


    print('over...')
```

上面的代码分别设定了两种异常处理情况：ZeroDivisionError 错误和 NameError 错误。当异常不属于这两种时，执行一个统一的异常处理代码 print(' 代码有异常 --%s'%(ex))。

上面的代码没有使用 else，下面通过范例看一下代码中存在 else 的情况。

范例 4.10-4 处理异常 2（04\ 代码 \4.10 异常 \demo04.py）。

继续看下面这段代码：

```
print('begin...')
try:
    #num = 1/0
    num = 1/1
except:
    print(' 你的代码有问题，不能除以 0')
else:
    print('end...')


print('over...')
```

当上面的代码运行时，如果不存在错误，就会执行 else 中的代码。同样可以增加 finally 代码，如下所示：

```
print('begin...')
try:
    num = 1/0
    #num = 1/1
except:
    print(' 你的代码有问题，不能除以 0')
else:
    print(' 你的代码没有问题 ...')
finally:
    print('end')


print('over...')
```

上面的代码无论是否存在错误，都会执行 finally 中的代码。

异常处理的代码可以概括如下：

```
try
    可能出现异常的代码
except:
```

```
        出现异常了，执行的代码
else:
        没有出现异常，执行的代码
finally:
        无论是否有异常，执行的代码
```

4.10.3 自定义异常

前面所使用的异常都是系统所能捕捉的异常，也可以根据实际情况自己定义异常。例如，前面介绍异常的时候使用的性别代码，即使性别输错了也不会出现错误，这种情况属于逻辑错误，在编码的时候应尽可能避免，下面就介绍如何自定义异常。

自定义异常也是一个类，语法格式如下：

```
class 异常类 (Exception):
        代码
```

上面的语法从 Exception 类继承，符合面向对象的特性。下面通过范例介绍如何自定义异常。

范例 4.10-5 自定义异常（04\ 代码 \4.10 异常 \demo05.py）。

首先定义一个类如下：

```
class Person:
    def __init__(self,name):
        self.name = name

    def setSex(self,sex):
        if sex in ['男','女']:
            self.sex = sex
        else:
            raise MySexException('性别只能是男或者女')

    def __str__(self):
        return 'Person %s-%s'%(self.name,self.sex)
```

上面的代码定义了一个 Person 类，其中在 setSex() 方法中判断性别是男或者女，如果不是则使用 raise 抛出异常 MySexException 类，MySexException 类定义如下：

```
class MySexException(Exception):
    def __init__(self,msg):
        self.msg = msg
```

那么创建对象，为对象赋值时代码如下：

```
if __name__ == '__main__':
    p1 = Person('p1')
```

```
try:
    p1.setSex('男')
except MySexException as ex:
    print('ERROR...%s'%(ex))
else:
    print(p1)
```

上面的代码使用 try…except 捕捉异常，因为输入的性别符合要求，所以没有报错，如果按照下面的代码执行：

```
p1 = Person('p1')
try:
    p1.setSex('娚')
except MySexException as ex:
    print('ERROR...%s'%(ex))
else:
    print(p1)

print('over...')
```

上面的代码当输入的性别是"娚"时，就会触发异常处理，提示输入性别有误。

异常处理中抛出异常：上面代码中当出现异常的时候，使用 raise 方法将异常错误抛出，对于没有使用异常处理的情况，实际上系统也是调用抛出异常的方法，例如 num = 1/0 执行的时候相当于系统使用 raise ZeroDivisionError() 进行处理。

在一个大型项目中，异常要统一处理。前面异常处理中的打印只是在调试的时候使用，项目上线之后，要统一对异常进行处理，记录异常，并进行分析以达到改进代码的目的。此时可以将异常信息以一定的格式（如时间、错误的行、错误的进程编号等）记录到文件中或数据库中保存起来，以便以后分析使用。

 课堂范例

现在大家已经熟悉了面向对象的基本思路，下面以面向对象的思路模拟一个计算器。

范例4▶课堂案例（04\ 代码 \4.11 课堂范例 \demo.py）。

可以首先创建一个类，里面包含两个操作数和一个操作符，并且在其中定义加法、减法、乘法和除法，代码如下：

```
class Calculator:
    def __init__(self,num1,num2,oper):
        self.num1 = num1
        self.num2 = num2
```

```
            self.oper = oper

    def add(self):
        return self.num1+self.num2

    def sub(self):
        return self.num1-self.num2

    def mul(self):
        return self.num1*self.num2

    def div(self):
        return self.num2/self.num2

    def calc(self):
        if oper=='1':
            self.ret = self.add()
        elif oper=='2':
            self.ret = self.sub()
        elif oper=='3':
            self.ret = self.mul()
        else:
            self.ret = self.div()

    def begin(self):
        pass
```

上面的代码中，在 __init__() 方法中为两个变量赋值，为操作符进行赋值，然后定义 4 个方法 add()、sub()、mul() 和 div()，分别实现加、减、乘、除运算。然后在 calc() 方法中根据操作符的类型执行不同的运算。

下面的代码给出的操作界面如下：

```
print("选择运算: ")
    print("1、相加 ")
    print("2、相减 ")
    print("3、相乘 ")
    print("4、相除 ")
    oper = input("输入你的选择 (1 2 3 4):")
```

上面的代码运行后，等待用户输入不同的选项，然后提示输入运算的数值，代码如下：

```
try:
        num1 = int(input("输入第一个数字: "))
        num2 = int(input("输入第二个数字: "))
        # 创建对象
        calculator = Calculator(num1,num2,oper)

        if oper in ['1','2','3','4']:
            calculator.calc()
            print('结果是: %s'%calculator.ret)
        else:
            print("非法输入")
    except Exception as ex:
        print('ERROR...请检查...%s'%ex)
```

上面的代码中使用了异常处理，当出现异常情况时，打印异常的错误信息。

图 4-1 所示为检测两个数值减法运算的运行结果。

```
选择运算:
1. 相加
2. 相减
3. 相乘
4. 相除
输入你的选择(1 2 3 4):2
输入第一个数字: 12
输入第二个数字: 3
结果是: 9
```

图 4-1　程序主界面

可以看出当选择 2 以后，输入参与运算的两个数，即可实现减法操作。

上机实战

使用类完成装饰器的功能，并计算方法运行的时间（04\ 代码 \4.12 上机实战 \demo1.py）。

运行结果如图 4-2 所示。

```
*********************************
call...args=(),kwargs={}
call...args=(1, 2),kwargs={'num': 3}
*********************************
True
f1...begin...
f1...end...
f1运行时间是2.87秒
f2...begin...
f2...end...
f2运行时间是1.86秒
```

图 4-2　装饰器实战

第 5 章 读写文件

05

在日常程序编写中，经常会对计算机中某个目录中的文件进行读写，此外还可以在程序中模拟系统的基本功能，如创建文件和目录、删除文件和目录、重命名等，由于文件中存储内容大小不同，对于大的文件全部读入内存并不可行，因此可以使用内存缓冲区进行数据的读写，同时本章还将介绍如何使用序列化的方法把变量从内存中变成可存储内容的过程。

5.1 文件的打开和关闭

人们在日常操作计算机的过程中，经常和文件打交道，文件的作用就是存储信息和读取信息。文件在使用之前需要打开，即从硬盘读入内存中，才能进行正常的读写操作，同样，文件使用完毕，应当关闭该文件，以释放其所占用的内存空间。

5.1.1 打开文件

Python 内置的函数 open() 用于打开文件，打开文件后，会创建一个 file 对象，相关的方法才可以调用它进行读写。

标准的 Python 打开文件的语法如下：

```
open(name[,mode[,buffering[,encoding]]])
```

其中，name 是要打开的文件路径和名称，是必需的，而模式 mode、编码格式 encoding 和缓冲参数 buffering 都是可选的。

读写模式有很多参数，如表 5-1 所示为这些参数的说明。

表 5-1 文件打开的读写参数

	参数	说明
字符 读写	r	读，默认从文件的开始处进行读
	w	写，默认从文件的开始处进行写
	a	续写，默认从文件的末尾处进行写
字节 读写	rb	读，默认从文件的开始处进行读
	wb	写，默认从文件的开始处进行写
	ab	续写，默认从文件的末尾处进行写
特殊 表示	r+	等价于"r+w"，可读可写
	w+	等价于"w+r"，可读可写
	a+	等价于"a+r"，可追加可写

范例 5.1-1 文件的打开 1（05\ 代码 \5.1 文件的打开和关闭 \demo01.py）。

下面的代码打开一个文件并读出内容：

```
# 读取文件，获取文件流对象。
file = open(file='/home/yong/info.txt',mode='r',encoding='utf-8')
```

上面的代码读出当前硬盘 /home/yong 目录下的 info.txt 文件，读写模式为 r，即只读，编码格式为 utf-8。上面打开的方式是 UNIX 系统下的格式，如果是 Windows 系统，可以使用 'c:\text\a.txt' 格式，表示 C 盘 text 文件夹中的 a.txt 文件。

下面代码实现读取文件中的所有内容。

```
content = file.read()
print(content)
```

5.1.2 ▶ 关闭文件

使用完文件后需要关闭这个文件，代码如下：

```
file.close()
```

上面的代码当指定文件不存在时会出现错误，系统给出错误信息，可以使用上一章介绍的异常处理来解决这个问题。

范例 5.1-2 文件打开 2（05\ 代码 \5.1 文件的打开和关闭 \demo02.py）。

代码如下：

```
try:
    file = open(file='/home/yong/info.txt',mode='r',encoding='utf-8')
except FileNotFoundError as ex:
    print(' 文件路径错误：%s'%ex)
else:
    content = file.read()
    print(content)
file.close()
```

上面的代码捕获 FileNotFoundError，并给出提示信息。

上面的代码是按照字符进行读取的，如果按照字节读取，只需修改 open() 函数中的内容即可，代码如下：

```
file = open(file='/home/yong/info.txt',mode='rb')
```

此时，不再需要编码格式。不过此时显示的是字节信息，不易理解所显示的内容，可以使用 decode 进行解码显示，代码如下：

```
print(content.decode('utf-8'))
```

上面的代码也可以使用 with open() as 语句进行操作，代码如下：

```
with open(file='/home/yong/info.txt',mode='r',encoding='utf-8') as file:
    content = file.read()
print(content)
```

上面的代码会自动将打开的文件进行关闭，无须用户再执行关闭文件的命令。

5.2 文件的读写

上一节在介绍文件打开时，已经使用过读写命令，下面再通过一些实例加深对文件读写的认识。

5.2.1 读文件

文件又可以进一步分为纯文本数据和非纯文本数据。纯文本文件是指文件中的内容是字符串等一些文字内容，如保存 Python 程序的文件、常见的文本文件等，这些文件可以按照字符读（指定编码格式），也可以按照字节读；而非纯文本是指其他的文件形式，如 Word 文件、图片文件和视频文件等，这些文件只能按照字节的方式读取。

例如，上一节的代码读取的就是纯文本数据，不过上面的代码是一次读取文件的全部内容，然后显示，也可以一次读一行。

范例 5.2-1 读文件（05\ 代码 \5.2 文件的读写 \demo01.py）。

代码如下：

```
with open(file='/home/yong/info.txt',mode='r',encoding='utf-8') as file:
    line = file.readline()
    print(line)
    line = file.readline()
    print(line)
    line = file.readline()
    print(line)
```

上面的代码使用 readline() 方法一次读取一行内容并显示，如果文件所有行已经读完，则返回空字符串。此外也可以使用 readlines() 方法读取文件，代码如下：

```
with open(file='/home/yong/info.txt',mode='r',encoding='utf-8') as file:
    lines = file.readlines()
    print(lines)
```

上面的代码将文件的每行内容合并成一个列表。假设 info.txt 文件中的内容如下：

```
Python 基础
欢迎学习
```

使用 readlines() 方法读取文件的显示结果为：

```
['Python 基础 \n',' 欢迎学习 \n']
```

其中 '\n' 表示回车换行符。

上面介绍的是以字符形式进行读写，如果想以字节的形式进行读写，修改读入文件为如下代码即可。

```
file = open(file='/home/yong/info.txt',mode='rb')
```

上面介绍的是纯文本文件的读，非纯文本文件如果也使用上面的方式读取，例如：

```
with open(file='/home/yong/sea.jpg',mode='r',encoding='utf-8') as file:
    content = file.read()
    print(content)
```

上面的代码读写目录 /home/yong 中的 sea.jpg 图形文件，但代码是错误的，因为代码中视图

使用了 'utf-8' 编码方式进行解码，并且是按照字符读取的，这是不允许的，必须按照字节方式才能读取。

范例 5.2-2 图像文件读（05\ 代码 \5.2 文件的读写 \demo02.py）。

代码为：

```
with open(file='/home/yong/sea.jpg',mode='rb') as file:
    content = file.read()
    print(content)
```

这时就可以读出非纯文本文件的内容，不过由于这时是字节数据，显示的结果不容易理解。

5.2.2 写文件

上面介绍的是读取文件，下面继续介绍如何写文件。写文件与读文件类似，只需执行 mode 参数即可。注意，当 mode 参数是 w 时，如果指定文件不存在，系统会自动创建该文件，如果文件存在，会清空原来文件的内容，再进行写操作，而使用参数 a 表示在源文件中进行续写。

范例 5.2-3 写文件（05\ 代码 \5.2 文件的读写 \demo03.py）。

例如：

```
file = open(file='/home/yong/a.txt',mode='w',encoding='utf-8')
file.write(' 今天 ')
file.write(' 明天 ')
file.close()
```

上面的代码打开目录 /home/yong 中的 a.txt 文件，如果这个文件不存在，则创建该文件，执行编码模式为 a.txt，然后使用 write() 方法分别向该文件中写入内容，使用完毕后，应关闭该文件。

上面是按照字符形式写文件，如果需要按照字节方式写文件，代码如下：

```
file = open(file='/home/yong/a.txt',mode='wb')
file.write(' 今天 '.encode('utf-8'))
file.write(' 明天 '.encode('utf-8'))
file.close()
```

此时仍然需要标记编码方法，只不过写在 write() 方法中。

下面的代码给出了文件续写的功能。

```
file = open(file='/home/yong/b.txt',mode='a')
file.write('\n 昨天 ')
file.close()
```

范例 5.2-4 文件位置读取（05\ 代码 \5.2 文件的读写 \demo04.py）。

上面代码可以实现在打开的文件中进行续写的功能。在实际操作中可以使用 print(file.

tell()) 获取文件读写的位置，它返回的位置是文件中的字符数，如果该文件不存在，会创建新的文件，此时 file.tell() 给出的读写位置为 0。

同样，可以使用 read() 读写一个字符，代码如下：

```
file = open(file='/home/yong/yong.txt',mode='r')
print(file.read(1))
print(file.tell())
print(file.read(1))
print(file.tell())
file.close()
```

上面的代码每次使用 read(1) 读取一个字符，也可以使用 seek() 改变读取的位置，例如：

```
file.seek(0)
print(file.read())
file.close()
```

上面代码中，file.seek(0) 改变了文件的读取位置，为文件的开始处。

5.3 操作文件和目录

本节主要学习 Python 中两个重要的模块：os 模块和 shutil 模块。在日常编程过程中，经常需要用到查找某些文件或者目录、创建文件、删除文件等操作，这些操作是操作系统本身都具有的功能，Python 的 os 模块可以调用操作系统功能。shutil 的名称来源于 shell utilities，学习或了解 Linux 的人应该都对 shell 不陌生，可以借此来记忆模块的名称。该模块拥有许多文件（夹）操作的功能，包括复制、移动、重命名、删除等。shutil 被定义为 Python 中的一个高级的文件操作模块，拥有比 os 模块中更强大的函数。

范例 5.3-1 操作文件和目录（05\ 代码 \5.3 操作文件和目录 \demo01.py）。

要使用 os 模块，首先需要导入 os 模块，代码如下：

```
import os
```

（1）创建文件夹。下面的代码实现创建文件夹的功能。

```
os.mkdir('/home/yong/Python')
```

上面的代码在 /home/yong 目录下创建一个文件夹 Python。这是在 UNIX 系统下的操作，如果是在 Windows 操作系统下，代码如下：

```
os.mkdir('c:\sadf')
```

上面的代码表示在 C 盘创建一个文件夹 sadf，其中的 "\" 一定不要写成 "/"。此外还需注意，如果要创建的文件夹已经存在，此时会报错，可以采用前面介绍的异常处理进行操作。

另外，如果某个文件夹不存在，那么想要在不存在的文件夹下创建一个文件夹也会报错，例如：

```
os.makedir('/home/yong/a/b/c/d')
```

上面的代码执行时会出现错误，这是因为计算机中只有 /home/yong 文件夹，不存在 *a*、*b* 和 *c* 文件夹，所以 *d* 文件夹无法创建，此时可以一步一步地创建，先创建 *a* 文件夹，接着创建 *b* 文件夹，然后是 *c* 文件夹，最后是 *d* 文件夹。

也可以使用 makedirs 将这些级联的文件夹一次性创建好，代码如下：

```
os.makedirs('/home/yong/a/b/c/d')
```

（2）获取当前的目录。要想获取当前的工作目录，可以使用 os 模块的 getcwd() 方法，代码如下：

```
print(os.getcwd())
```

上面的代码会显示当前所在的文件夹。

（3）改变默认目录。如果需要改变当前的目录，可以使用下面的代码。

```
os.chdir('/home')
```

上面的代码将当前的工作目录修改为 /home。

（4）删除文件夹。如果需要删除一个存在的文件夹，可以使用下面的代码。

```
os.rmdir('/home/yong/Python')
```

上面的代码把目录 /home/yong 下面的文件夹 Python 删除，注意，如果一个文件夹下面还存在其他的文件或者文件夹，这时如果执行删除命令就会报错。如果想直接删除多个文件夹，可以借助于 shutil 模块，代码如下：

```
import shutil
shutil.rmtree('/home/yong/a')
```

尽管 *a* 文件夹下还有 *b*、*c* 和 *d* 级联文件夹，通过上面的代码仍然可以把 *a* 文件夹删除，但同时也删除了 *a* 文件夹下的所有文件夹。

（5）重命名操作。如果需要给一个存在的文件夹或者文件重新命名，可以使用 os 模块的 rename 方法，代码如下：

```
os.rename('/home/yong/Python','/home/yong/Python2')
```

上面的代码将 /home/yong/Python 文件夹修改为 /home/yong/Python2。

```
os.rename('/home/yong/hi.py','/home/yong/hihi.py')
```

上面的代码将 /home/yong 文件夹下面的文件 hi.py 更改为 hihi.py。

os 模块还有很多方法，可以使用 dir(os) 查看所有的方法，如果想知道某个方法如何使用，可以使用 help 命令，例如，help(os.rename) 可以查询 rename() 方法的用法。

范例 5.3-2 拼接、分隔和判断（05\ 代码 \5.3 操作文件和目录 \demo02.py）。

（6）拼接路径。os 模块中有一个 path() 方法，其中还包含更多的子方法，例如，join() 方法可以把两个含有路径的字符串进行拼接。例如：

```
print(os.path.join('/home/yong','mytest.py'))
```

上面的代码拼接的结果如下：

```
/home/yong/mytest.py
```

上面的代码使用时需要注意，前面路径字符串最后是否有"/"对结果没有影响，如果没有"/"，系统会自动添加，例如，上面的代码也可以写成下面的形式。

```
print(os.path.join('/home/yong/','mytest.py'))
```

而下面的代码可以实现多个字符串的拼接。

```
print(os.path.join('/home/yong','a','mytest.py'))
```

上面代码的运行结果如下：

```
/home/yong/a/mytest.py
```

（7）分隔。使用 splitext 方法可以快速分隔某个路径。例如：

```
file_path = '/home/yong/hihi.py'
print(os.path.splitext(file_path))
```

上面代码的运行结果如下：

```
('/home/yong/hihi', '.py')
```

可以看出，结果是一个元组，元组的第一个元素是文件夹和文件名，第二个元素是扩展名。

而下面的代码将文件的路径和文件的名称分隔开。

```
print(os.path.split(file_path))
```

上面代码的运行结果如下：

```
('/home/yong', ' hihi.py')
```

（8）判断。如果需要判断一个文件是否存在，可以使用 exists()、isfile() 或 isdir() 方法。例如：

```
file_path = '/home/yong/hihi.py'
print(os.path.exists(file_path))
```

上面代码的结果为 True，表明 /home/yong/hihi.py 是真实存在的。

可以用同样的方法来判断给定的字符串是文件还是文件夹。例如：

```
print(os.path.isfile(file_path))
```

上面的代码使用 isfile() 判断给定的字符串是否是文件，结果是 True，表明给定的字符串是一个文件。同理，下面的代码使用 isdir() 判断给的定字符串是否是一个路径，显然，结果是 False。

```
print(os.path.isdir(file_path))
```

5.4 内存中的读写

前面介绍了使用文件进行读写的方法，在很多时候，数据读写并不一定必须使用文件，也可以在内存中读写。在 Python 中，主要使用 io 模块中的 StringIO 类，StringIO 类的行为与 file 对象非常像，但它不是磁盘中的文件，而是一个内存中的"文件"，可以像操作磁盘文件那样来操作 StringIO。

1 理解内存中的读写

下面就介绍 StringIO 类，它主要用于在内存缓冲区中读写数据，这个类中的大部分函数都与文件的操作方法类似。

2 StringIO 类

范例 5.4-1 StringIO 类的使用（05\ 代码 \5.4 内存中的读写 \demo01.py）。

要想使用 StringIO，首先需要导入这个类，代码如下：

```
from io import StringIO
```

然后需要创建一个对象，使用 StringIO 类中的 write() 方法进行字符的写入，代码如下：

```
f = StringIO()
f.write('hello')
f.write('-')
f.write('Python')
```

上面的代码向内存中分别写入如下信息：

```
hello-Python
```

如果需要获取内存中的已有值，可以使用 getvalue() 方法，代码如下：

```
content = f.getvalue()
print(content)
```

当然，和文件读写一样，使用完毕后必须关闭创建的对象，代码如下：

```
f.close()
```

上面是通过创建一个对象进行内存访问，也可以直接在 StringIO 中直接输入参数，代码如下：

```
f = StringIO('hello\nPython')
print(f.read())
```

上面的代码创建一个还有内容的对象后，使用 read() 一次性读出全部内容，结果如下：

```
hello
Python
```

同样，也可以使用 read(1) 读出一行字符，使用 readline() 读出一行字符：

```
f = StringIO('hello\nPython')
```

```
#print(f.read(1))
#print(f.readline())
print(f.readlines())
f.close()
```

上面代码中 readlines() 会生成下面的列表。

```
['hello\n', 'Python']
```

列表中的内容分别是每一行的内容。

3 **BytesIO**

范例 5.4-2 ► BytesIO 类的使用（05\ 代码 \5.4 内存中的读写 \demo02.py）。

上面介绍了字符的内存读写，对于字节的内存读写，需要使用 io 模块中的 BytesIO 类，导入这个类的代码如下：

```
from io import BytesIO
```

在导入 BytesIO 类后，可以创建对象，使用 write() 方法进行写入，代码如下：

```
f = BytesIO()
f.write(' 中文 '.encode('utf-8'))
f.write(' 英文 '.encode('utf-8'))
```

注意，此时必须使用 encode() 指定编码方法。写入内容的指定，可以使用 getvalue() 从内存中读取数据，代码如下：

```
content = f.getvalue()
print(content)
f.close()
```

上面代码的输出结果如下：

```
b'\xe4\xb8\xad\xe6\x96\x87\xe8\x8b\xb1\xe6\x96\x87'
```

当然，类似于前面使用 StringIO 类创建对象的方法来访问内存，如果本身知道字节信息，也可以直接使用下面方法进行读写。

```
f = BytesIO(b'\xe4\xb8\xad\xe6\x96\x87\xe8\x8b\xb1\xe6\x96\x87')
print(f.read())
f.close()
```

5.5 序列化

把变量从内存中变成可存储或传输的过程称为序列化，在 Python 中称为 pickling，序列化之后，就可以把序列化后的内容写入磁盘，或者通过网络传输到其他机器上。反过来，把变量内容从序列化的对象重新读到内存中称为反序列化，即 unpickling。下面介绍序列化的基本概念和使用。

1 理解序列化

在程序运行的过程中，所有的变量都是在内存中，例如，定义一个 dict：

```
d = dict(name=' Tom ', age=20)
```

在使用过程中，可以随时修改变量，如把 name 改成 John，但是一旦程序结束，变量所占用的内存就被操作系统全部回收。如果没有把修改后的变量内容存储到磁盘上，下次重新运行程序，变量又被初始化为 Tom。以日常玩游戏的例子来讲，玩游戏时玩家经常会保存游戏进度，以备下次玩游戏时继续进行，这就是序列化的概念。

在 Python 中提供了两个模块可进行序列化，分别是 pickle 和 json。

2 pickle 模块

pickle 模块是 Python 中独有的序列化模块，所谓独有，就是指不能和其他编程语言的序列化进行交互，因为 pickle 将数据对象转换为 bytes。pickle 模块提供了 4 个功能：dumps、dump、loads 和 load。dumps 和 dump 都是进行序列化，而 loads 和 load 则是反序列化。

dumps 将所传入的变量值序列化为一个 bytes，然后就可以将这个 bytes 写入磁盘或者进行传输。而 dump 则更加一步到位，在 dump 中可以传入两个参数，一个为需要序列化的变量，另一个为需要写入的文件。

当要把对象从磁盘读到内存时，可以先把内容读到一个 bytes 上，然后用 loads 方法反序列化出对象，也可以直接用 load 方法反序列化一个文件。

下面通过几个实例代码来熟悉一下序列化的概念。

范例 5.5-1 序列化的基本概念 (05\ 代码 \5.5 序列化 \demo01.py)。

代码如下：

```
import pickle

infos={
    'sid':110,
    'sname':' 小明 ',
    'sage':20
}
```

上面的代码创建一个字典。

```
ret1 = pickle.dumps(infos)
print(ret1)
```

上面的代码使用 dumps 将对象转换成字节信息，结果如下：

```
b'\x80\x03}q\x00(X\x03\x00\x00\x00sidq\x01KnX\x05\x00\x00\x00snameq\
x02X\x06\x00\x00\x00\xe5\xb0\x8f\xe6\x98\x8eq\x03X\x04\x00\x00\
```

```
x00sageq\x04K\x14u.'
```

可以看出得到的都是字节信息，当然，我们不需要理解这些字节的含义，可以使用 loads 把字节信息转换成对象信息，代码如下：

```
ret2 = pickle.loads(ret1)
print(ret2)
```

结果如下：

```
{'sid': 110, 'sname': '小明', 'sage': 20}
```

可以看出就是原先的字典对象。

范例 5.5-2 使用序列化保存文件 (05\ 代码 \5.5 序列化 \demo02.py)。

刚才通过实例讲解了对象转换成字节以及反变换的方法，不过这些转换后的内容仍然在内存中，可以把它们保存在文件中，来看下面的代码：

```
import pickle

infos={
    'sid':110,
    'sname':'小明',
    'sage':20
}
ret1 = pickle.dumps(infos)
```

上面的代码和前面的实例代码一样，此时把对象转换成字节，下面需要首先打开文件，然后进行读写。

```
file = open('./msg.txt','wb')
```

上面的代码打开一个文件，并且指定以字节方式进行读写。然后使用下面的 write() 方法写入该文件。

```
file.write(ret1)
file.close()
```

当需要读入的时候，代码如下：

```
file = open('./msg.txt','rb')
content = file.read()
```

下面的代码将文件中的字节信息再转换成对象，即进行反序列化过程。

```
ret2 = pickle.loads(content)
print(ret2)
```

上面实现序列化的代码有些复杂，下面简化这些代码，使用 dump() 方法将对象转换成字节，并写到文件中，使用 load() 方法从文件中读取字节，并将字节转换成对象。

范例 5.5-3 使用序列化保存文件简化方法 (05\ 代码 \5.5 序列化 \demo03.py)。

主要代码如下：

```
with open('./msg.txt','wb') as file:
    pickle.dump(infos,file)
```

上面的代码实现将对象转换成字节，并写到文件 msg.txt 中。注意和上面代码不同的是，此处是 dump() 方法而不是 dumps() 方法。

```
with open('./msg.txt','rb') as file:
    ret = pickle.load(file)
print(ret)
```

上面的代码实现从文件 msg.txt 中读取字节，并将字节转换成对象。注意和上面代码不同的是，此处是 load 方法而不是 loads 方法。

上面代码使用的是 pickle 模块，下面介绍如何使用 json 模块。

3 json 模块

如果要在不同的编程语言之间传递对象，就必须把对象序列化为标准格式，如 XML，但更好的方法是序列化为 JSON 格式，因为 JSON 格式表示的是一个字符串，类似于 Python 的字典，其格式可以被所有语言读取，也可以方便地存储到磁盘上或者通过网络传输。JSON 格式不仅是标准格式，并且比 XML 格式更快，可以直接在 Web 页面中读取，非常方便。json 模块中的方法和 pickle 模块中的方法差不多，也是 dumps、dump、loads 和 load。使用上也基本相同，区别是 json 模块中的对象序列化后的格式为字符。

范例 5.5-4 使用 json 模块 (05\ 代码 \5.5 序列化 \demo04.py)。

这里还用前面的实例，但是使用 json 模块，来看下面的代码：

```
import json

infos={
    'sid':110,
    'sname':' 小明 ',
    'sage':20
}

ret1 = json.dumps(infos)
print(ret1)
print(type(ret1))
```

从上面的代码可以看出，使用方法和 pickle 模块几乎一样，上面实现把信息序列化，对象转换成字节并读出信息后打印，上面代码的运行结果如下：

```
{"sid": 110, "sname": "\u5c0f\u660e", "sage": 20}
<class 'str'>
```

不过和 pickle 模块转换的不同之处在于，此处是只把中文信息转换成字节信息，其他的内容没有变化，使用 type(ret1) 可以发现此时从内存读出的信息是字符型。

```
ret2 = json.loads(ret1)
print(ret2)
print(type(ret2))
```

上面的代码实现反序列化，和 pickle 模块的反序列化使用方法类似，运行结果如下：

```
{'sid': 110, 'sname': ' 小明 ', 'sage': 20}
<class 'dict'>
```

范例 5.5-5 使用类进行序列化 (05\ 代码 \5.5 序列化 \demo05.py)。

上面这个实例使用的是将一个字典进行转换，下面看一下类是否可以。

首先定义类如下：

```
class Person:
    def __init__(self,name,age):
        self.name = name
        self.age = age
```

如果此时直接创建对象，然后将其进行序列化将会提示错误，例如：

```
infos = Person(' 小明 ',20)
ret1 = json.dumps(infos)
```

上面的代码运行时将出现错误，这是因为不能直接对创建的对象进行序列化，考虑前面的实例使用的是字典类的对象，因此这里可以定义一个函数进行转换，使对象类似字典的格式，即 "键 - 值" 对的格式，代码如下：

```
def person_dict(person):
    return {
        'name':person.name,
        'age':person.age
    }
```

此时，再使用下面的代码就可以实现序列化。

```
infos = Person(' 小明 ',20)
ret1 = json.dumps(infos,default=person_dict)
print(ret1)
```

上面的代码在 dumps() 方法中指定参数使用哪个函数进行对象的转换，运行结果如下：

```
{"name": "\u5c0f\u660e", "age": 20}
```

此时，还可以使用反序列化把上面的 ret1 再转换回去，代码如下：

```
ret2 = json.loads(ret1)
print(ret2)
```

然而，尽管上面的代码可以转换回去，但是可以发现此时转换回去的依然是一个字典对象，但原先的对象是一个 Person 对象，并不是字典对象，只不过在序列化之前把 Person 对象转换为字典对象了，此时仍然需要定义一个函数实现字典转换成类对象。

范例 5.5-6 使用类和 json 进行序列化 (05\ 代码 \5.5 序列化 \demo06.py)。

代码如下:

```
def dict_person(d):
    return Person(d['name'],d['age'])
```

定义完上面的函数后，就可以使用下面的代码实现反序列化。

```
ret2 = json.loads(ret1,object_hook=dict_person)
print(ret2)
```

上面的代码在 loads() 方法中指定参数，实现将字典转换为类对象。

上面的代码也可以进行简化，直接使用前面章节所介绍的魔法属性"__dict__"，代码如下:

```
infos = Person(' 小明 ',20)
print(infos.__dict__)
```

上面的代码实现显示类对象的字典属性，下面的代码直接使用这个字典属性进行序列化操作。

```
ret1 = json.dumps(infos.__dict__)
print(ret1)
```

课堂范例

本章的课堂范例实现文件的复制粘贴，通过这个范例，熟悉本章所介绍的内容。

范例 5 实现文件的复制粘贴（05\ 代码 \5.6 课堂范例 \demo01.py）。

分析：这个课堂案例代码在运行的时候，会提示用户输入文件名称，当用户输入后，程序会检测所输入的文件是否存在，如果不存在，则提示错误，如果存在就打开该文件，复制其中的内容，然后创建一个新的文件，再把复制的内容粘贴到新的文件中，并保存该文件。

本章中介绍的读写方式有按照字符读写和按照字节读写，由于要复制的文件格式事先并不知道，因此只能按照字节格式进行读写。

下面看一下代码，代码运行的时候，首先需要让用户输入路径。

```
file_path = input(' 输入文件的路径 :')
```

用户输入文件路径后，使用条件语句判断文件是否存在:

```
if os.path.exists(file_path):
    ...
else:
    print(' 文件不存在 ')
```

下面重点说明条件语句实现的过程:

```
ret = os.path.splitext(file_path)
```

```
file_path2 = ret[0] + '(复件)' + ret[1]
```

上面的代码使用 splitext() 方法对文件名称进行分隔，这个方法前面已经使用过，它把文件名称和扩展名进行分隔，然后进行组合，形成新的文件名。

下面是打开文件并读入文件内容的过程：

```
file_read = open(file_path,'rb')
file_write = open(file_path2, 'wb')
content = file_read.read(1024)
```

由于文件内容可能很大，因此一次读写 1024 个字节，然后循环进行读写，直到内容读写完，遇到结尾符"b"。

```
while content != b'':
    #写
    file_write.write(content)
    file_write.flush()
    content = file_read.read(1024)
```

由于刚刚写入的文件内容还存在于内存中，因此需要使用 flush() 方法将这些内容刷新到硬盘中，保存文件，并且清除占用的内存。

下面测试这段程序，运行效果如图 5-1 所示。

输入文件的路径:d:\123.txt
begin...
end...

图 5-1　文件复制

当程序运行的时候，输入文件名和路径，系统将自动执行，执行完成后，将在原路径发现一个新的文件，例如，此时输入的是"d:\123.txt"，程序运行完毕后，将在 D 盘发现一个文件"123（复件）.txt"。

 上机实战

输入路径，打印出此路径及子路径下所有 py 文件的绝对路径（05\ 代码 \5.7 上机实战 \demo01.py）。

第 6 章 自带电池模块

06

自带电池模块是指 Python 的模块，模块就是具有一定功能的 Python 文件，本章将介绍 Python 模块的定义及使用，以及系统内置的模块和常见的第三方模块。

6.1 谈谈模块

模块（Module）在 Python 中可理解为一个文件，以 .py 结尾，在创建了一个脚本文件后，其中定义了某些函数和变量，实现某些特殊的功能。在其他需要这些功能的文件中导入这个模块，就可重用这些函数和变量。下面介绍模块的基本使用方法。

6.1.1 模块的介绍和使用

模块让程序员能够有逻辑地组织 Python 代码段。把相关的代码分配到一个模块中能让代码更好用，更易懂。模块中可以定义函数、类和变量，模块中也能包含可执行的代码。模块定义好后，可以使用 import 语句来引入模块。

下面看一个简单的创建模块和使用模块的方法。

范例 6.1-1 模块的基本使用 1（06\ 代码 \6.1 谈谈模块 \01\demo01.py）。

创建一个文本文件，扩展名命名为 .py，在其中输入一些简单的函数定义，例如：

```
def func1():
    print('func1...')


def func2():
    print('func2...')
```

上面这个模块中定义了两个函数，每个函数中的功能很简单，就是打印一些提示信息。

上面给出了模块的定义，就是将要定义的函数保存在一个扩展名为 .py 的文件中，假设这个文件为 demo01.py，下面看看如何使用这个模块，实验模块可以直接在解释窗口中调用，也可以在其他文件中调用，例如，在 ipython3 中调用，只需输入以下代码：

```
Import demo1
```

运行上面的代码，要确保模块文件的路径是当前的工作目录。

此时就可以使用这个模块中的函数，调用的语法为：

```
模块名 . 函数名
```

例如，下面的代码：

```
demo01.func1()
```

就可以调用模块 demo01 中的函数 func1()，执行其中内容，结果如下：

```
func1...
```

同样，也可以在这个模块中定义变量和类等对象，例如，下面就是这些对象的完整定义，扩充了模块 demo01 的功能。

```
num = 10

def func1():
    print('func1...')

def func2():
    print('func2...')

class Person:
    pass

def myfunction():
    print('myfunction...')
```

上面这段代码中定义了一个变量、3 个函数和一个类，使用这个模块前还需要使用 impot demo01，然后使用模块名 . 对象名的方式访问模块中的变量、函数和类。

例如，如果访问其中的变量，代码如下：

```
demo01.num
```

如果访问其中的类，代码如下：

```
demo01.Person()
```

前面介绍的使用模块的过程是先导入模块，然后用模块名作为前缀来使用其中的对象。下面这种方法也可以使用模块中的对象，语法格式如下：

```
from 模块名 import 对象名
```

使用上面的方法可以分别导入模块中的对象，不需要再使用前缀，例如：

```
from demo01 import num
```

上面的代码从 demo01 模块中导入其中的 num 变量，此后直接使用 num 就可以访问，不需要使用 demo01.num。

如果再使用 demo01 模块中的其他函数就无法访问了，必须分别使用"from 模块名 import 对象名"导入其他对象，也可以使用下面的方法：

```
from 模块名 import *
```

导入模块中所有的对象，例如：

```
from demo01 import *
```

就可以把 demo01 模块中的所有对象导入了，此后只需要使用其中的名称进行访问就行了。

在使用"from 模块名 import 对象名"导入的时候，也可以为对象另外命名，以便于使用，假设 demo01 模块中还有一个函数，如下所示：

```
def myfunction():
```

```
        print('myfunction...')
```

此时可以使用下面的代码导入并给予别名：

```
from demo01 import myfunction as f
```

导入模块中的函数 myfunction 后，此时只能使用别名进行访问，不能直接使用函数名访问。如果导入模块后某个函数已经存在，那么就会覆盖原来的函数。例如，假设本来就存在 myfunction 这个函数，如果执行 from demo01 import myfunction，那么将覆盖原来的 myfunction 函数，此时如果不想覆盖原来函数的功能，就可以使用别名导入新的函数，这样就不会与原来同名的函数功能冲突了。

同样，上面导入模块的方法"import 模块名"也可以使用别名的方法，格式如下：

```
import 模块名 as 别名
```

使用上面的方法导入模块后，就不能再使用 "模块名.函数名"的方法访问模块中的函数了，只能使用"别名.函数名"的方法访问模块中的函数。

实际上，上面介绍的导入模块的方法是使用了 Python 自身提供的一个 sys 模块来实现的，在导入某个模块的时候，根据 sys 模块的路径设置寻找所提供模块的文件是否存在，可以使用下面的代码查看路径的设置。

```
import sys
sys.path
```

图 6-1 所示为运行的结果。

```
'/usr/bin',
'/usr/lib/python35.zip',
'/usr/lib/python3.5',
'/usr/lib/python3.5/plat-x86_64-linux-gnu',
'/usr/lib/python3.5/lib-dynload',
'/home/yong/.local/lib/python3.5/site-packages',
'/usr/local/lib/python3.5/dist-packages',
'/usr/lib/python3/dist-packages',
'/usr/lib/python3/dist-packages/IPython/extensions',
'/home/yong/.ipython']
```

图 6-1　sys 模块查询路径

图 6-1 所示为 Ubuntu 系统环境下的结果，如果是 Windows 系统下，结果如下：

```
['', 'C:\\Python36\\Lib\\idlelib', 'C:\\Python36\\python36.zip', 'C:\\
Python36\\DLLs', 'C:\\Python36\\lib', 'C:\\Python36', 'C:\\Python36\\lib\\
site-packages']
```

如果在这些路径下面都没有找到模块文件，则系统将给出错误提示。因此，对于一些第三方的模块文件，应放到上面给出的系统目录下，这样导入这些模块的时候才能正常操作。

范例 6.1-2 模块的基本使用 2（06\ 代码 \6.1 谈谈模块 \01\demo02.py）。

前面导入模块的时候使用"from 模块名 import *"可以把模块中所有的函数导入，那么能否进行限制，使用这种方法不将模块中的一些特定函数导入呢？答案是肯定的，可以在模块中增加一些限制来实现这些功能，即使用前面介绍过的魔法属性的方法，使用 __all__ 限定 from...import * 时导入的信息，例如：

```
__all__=['num','func1','func2']
```

上面的代码在 demo02.py 中开始给出，这样就限制了使用 from demo02 import * 的时候可以导入的属性和函数是 num、func1 和 func2，此时即使模块 demo02.py 中还有其他函数也不能被同时导入，因此使用这些没有被导入的函数时会给出错误信息。如果想访问这些没有被导入的函数，只能使用"from 模块名 import 函数名"的方法导入，或者使用"import 模块名"导入，然后使用"模块名 . 函数名"前缀方法进行调用。

如果模块中本身有调用属性或者函数的语句，例如：

```
print(num)
myfunc()
```

demo02.py 模块中除了具有前面所介绍的属性和模块定义外，在模块中再加入以上两行代码后，导入模块：

```
import demo02
```

则模块导入的时候会同时执行这些调用属性或者函数的语句，例如，上面模块导入后输出结果如下：

```
10
myfunc...
```

实际上模块中这些调用属性或者函数的语句，一般是模块编写者测试中使用的，对于调用模块的用户来说，这些语句功能并不需要，那么此时可以使用魔法属性对这些语句进行处理，将这些语句放到一个条件语句中，使用的时候根据 __name__ 的结果不同，进行不同的操作。如果脚本文件是作为主程序调用，其值就设为 __main__，如果是作为模块被其他文件导入，它的值就是其文件名，代码如下：

```
if __name__=='__main__':
    print(num)
    myfunc()
```

这样当直接使用这个模块时，命令如下：

```
python3 demo02.py
```

上面的代码执行的时候，会使用魔法属性判断调用这个模块的仍然是 demo02 这个模块名，因此执行其中的调用属性或者函数的语句。如果按照前面介绍的导入模块方法：

```
Import demo02
```

此时模块中调用属性或者函数的语句就不会执行。

6.1.2 ▶ 包的介绍和使用

当有很多模块彼此之间具有关联，可以把这些模块组织到一起，将某些功能相近的文件组织在同一文件夹下，这里就需要运用包的概念了，通过包可以方便管理这些具有相似功能的模块文件。

包的基本使用（06\ 代码 \6.1 谈谈模块 \02）。

下面通过实例来认识一下包的使用，这个范例涉及的文件较多，假设有一个目录 msg，其中有两个 .py 文件 sendmsg.py 和 recvmsg.py，内容分别如下：

```
def send():
    print('send...')
```

上面是 sendmsg.py 的内容，其中定义了一个函数 send()，输出一些信息。

```
def recv():
    print('recv...')
```

上面是 recvmsg.py 的内容，其中定义了一个函数 recv()，输出一些信息。

现在文件夹中有两个 .py 文件，那么如何使用包呢？

包对应文件夹，使用包的方式跟模块也类似，唯一需要注意的是，当把文件夹当作包使用时，文件夹需要包含 __init__.py 文件，主要是为了避免将文件夹名当作普通的字符串。__init__. py 的内容可以为空，一般用来进行包的某些初始化工作或者设置 __all__ 值，__all__ 是在 from package-name import * 语句中使用的，表示全部导出定义过的模块。

此时这个 msg 文件夹中有 3 个文件，如图 6-2 所示。

图 6-2　msg 文件夹中的文件

此时可以使用前面介绍的方法分别导入每个模块，如图 6-3 所示。

图 6-3　导入模块的方法

下面来介绍包的使用，此时可以打开 __init__.py 文件，在其中输入下面的代码：

```
__all__ = ['sendmsg', 'recvmsg']
```

然后执行下面的代码：

```
from msg import *
```

这时就可以分别使用下面的代码调用其模块中的函数：

```
sendmsg.send()
recvmsg.recv()
```

但是如果在 _init_.py 文件中输入以下代码：

```
__all__ = ['sendmsg']
```

此时再次执行 from msg import *，那么就不能使用 recvmsg.recv() 访问其中的模块函数了，这是因为 _init_.py 文件规定了导入的时候只能导入某些模块。

同样，也可以在 __init__.py 文件中输入以下代码：

```
from msg import sendmsg
```

此时导入包的时候可以自动执行这句代码，例如：

```
import msg
```

上面的代码执行后，将自动执行 __init__.py 文件中的代码将 sendmsg 模块导入，此时并没有导入 recvmsg 模块。

上面介绍了包的管理和使用，然而上面这个实例较为简单，在实际程序开发过程中，有可能有多个模块文件在多级文件夹中，下面看一个复杂的例子。

假设有一个目录 p，其中包含一个模块文件 a.py 和一个 __init__.py 文件，这个目录中还有两个子目录 p1 和 p2，子目录 p1 中有一个模块文件 b.py 和一个 __init__.py 文件，子目录 p2 中有一个模块文件 c.py 和一个 __init__.py 文件，其中每个模块文件中都有一些简单的演示函数代码。在 Ubuntu 系统中可以使用 tree 命令查看 p 目录结构，如图 6-4 所示。

图 6-4　使用 tree 命令查看 p 目录结构

可以看出，这里 p 是一个包，p1 和 p2 也是一个包。下面看这个复杂的包如何导入。

如果输入下面的代码：

```
from p import a
```

则可以访问 a 模块中的函数。而如果想访问 p1 子文件夹中的 b 模块中的内容，可以使用下面的代码：

```
from p.p1 import b
```

此时再访问 b 中的函数可以使用前缀访问，如以下代码：

```
b.f_b()
```

同理，访问 p2 子文件夹中 c 模块中的内容，可以使用以下代码：

```
from p.p2 import c
```

此时再访问 c 中的函数可以使用前缀访问，如以下代码：

```
c.f_c()
```

如果使用下面的代码：

```
from p import *
```

此时就会执行 p 文件夹中的 __init__.py 文件，打开这个文件，输入下面的代码：

```
__all__ = ['a']

from p.p1 import b
```

然后再次导入这个包，代码如下：

```
from p import *
```

这时就可以使用 a.f_a() 访问这个模块中的函数功能了，同样还可以使用 p1 包中 b 模块中的函数功能。

6.1.3　发布和安装

模块制作完成后，下面就可以发布，供其他人使用。当然，也可以从网上下载他人制作好的模块，进行安装使用。

1 模块的发布

下面介绍模块的发布和安装内容。

范例 6.1-4 包的发布与安装（06\ 代码 \6.1 谈谈模块 \03）。

前面介绍导入模块时，必须知道模块的路径才可以正确导入，如果没有正确的路径将无法导入成功，而系统自带的很多模块，如 random、sys 等模块在使用的时候可以在任何路径下导入成功，前面也说过可以使用 sys.path 查看系统的路径，当然这个路径也可以增加或者删除。不过，一般都是把这些模块文件放到系统的默认库文件夹中，在 Ubuntu 系统中，这个文件夹是 'user/lib/python3.5'，在 Windows 系统中，一般在 Python 安装路径下 Cib 目录的子目录中。下面介绍如何将模块发布并且自动安装到这个目录中。

假设有一个文件夹 mymodule，模块中有 3 个子包，分别是 suba、subb 和 subc，其中分别有若干个模块文件及对应的 _init_.py 文件，此时在 mymodule 文件夹中建立一个 setup.py 文件，在这个文件中指明哪些模块或者包要导入。因为其中有些模块是编制时的一些测试模块，在发布时不需要安装。打开这个文件，输入下面的代码：

```
from distutils.core import setup

setup(
    name = 'yong_mymodule',
```

```
        version='1.0',
        description='this is mymodule',
        author='yong',
        py_modules=['suba.a1','subb.b1']
    )
```

上面的代码中使用系统的模块 distutils.core 功能，其中分别定义了模块的名称、版本、模块的基本描述、作者，以及导入哪些模块。在这个例子中，只导入 suba 文件夹中的 a1.py 模块文件和 subb 文件夹中的 b1.py 文件。

然后使用下面的代码进行构建。

```
python3 setup.py build
```

构建完成后，可以使用 tree 命令查询一下目录结构，如图 6-5 所示。

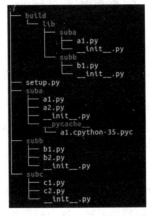

图 6-5　使用 tree 命令查询的目录结构

可以看出，根据前面定义的 setup.py 文件，生成了一个目录 build，其中包含了所定义的文件夹和模块文件。下面需要把构建的信息压缩成一个数据包供其他人使用，代码如下：

```
python3 setup.py sdist
```

上面的代码执行完成后，在当前目录中会生成一个 dist 文件夹，其中含有一个压缩文件 yong_mymodule-1.0.tar.gz，文件名根据前面 setup.py 文件中的 name 和 version 组合而成。后期就可以把这个压缩文件发送给需要的人或者发送到网络中。

2 模块的安装

如果获得了某个发布的模块文件，如上面的 yong_mymodule-1.0.tar.gz 文件，首先需要把这个文件解压缩，例如，在 Ubuntu 中可以使用下面的代码解压这个文件。

```
tar -zxvf ./ yong_mymodule-1.0.tar.gz
```

解压后，可以生成文件夹 yong_mymodule-1.0，此时可以使用 tree 命令查看这个文件夹的结构，如图 6-6 中给出了这个文件夹的结构。

图 6-6　文件夹的结构

可以看出，图中包含了发布时的所有文件信息。其中多了一个 PKG-INFO 文件，打开这个文件，可以看到关于这个模块文件的一些基本信息，如图 6-7 所示。

```
Metadata-Version: 1.0
Name: yong_mymodule
Version: 1.0
Summary: this is mymodule
Home-page: UNKNOWN
Author: yong
Author-email: UNKNOWN
License: UNKNOWN
Description: UNKNOWN
Platform: UNKNOWN
```

图 6-7　模块的基本信息

下面介绍如何安装这个模块中的文件到系统的指定文件夹中。当然可以手动使用复制、粘贴的方法将这个文件夹中的模块文件复制到系统文件夹中。这里使用系统提供的方法进行安装，代码如下：

```
python3 setup.py install
```

如果直接执行上面的代码会因为权限不足而无法执行，此时可以使用超级管理员的身份登录进行安装。

安装完成后可以看到提示信息，并且给出安装的路径为 "user/lib/python3.5/dist-packages"，安装完成后，可以在任何路径下导入这个模块的内容，导入方法和前面类似，例如：

```
from subb.b1 import *
```

可以导入 subb 文件夹下 b1 模块文件中的内容。

6.2　再次探究模块

下面再深入理解模块的基本概念，模块中有什么。对应单个模块，一般里面有变量的定义、函数的定义、类的定义；而多个模块组成一个包。

在实际使用过程中可以使用 help 获取模块的帮助信息。例如，使用下面的代码可以查看 random 模块的基本信息和使用方法。

```
import random
help(random)
```

所看到的提示信息都是写到模块文件头部的注释信息。使用 help(random) 可以查看该模块的所有提示信息，当然也可以查看其中某个方法的解释，例如，下面的代码查询 random

模块中 randin 方法的帮助信息。

```
help(random.randin)
```

任何模块文件由于是文本文档，因此都可以使用编辑器打开查看其源代码。例如，random 模块中开始部分有以下内容。

```
__all__ = ["Random","seed","random","uniform","randint","choice","sample",
           "randrange","shuffle","normalvariate","lognormvariate",
           "expovariate","vonmisesvariate","gammavariate","triangular",
           "gauss","betavariate","paretovariate","weibullvariate",
           "getstate","setstate", "getrandbits", "choices",
           "SystemRandom"]
```

前面已经介绍过 __all__ 的作用，其中给出了导入模块的时候都导入哪些方法。

6.3 受人喜爱的内建模块

Python 安装之后，有很多内置的模块，这些模块在使用的时候，只需要使用 import 导入即可使用。下面介绍一些常见的内置模块的基本使用方法。

6.3.1 random 模块

random 模块用于生成随机数，模块中定义了很多函数，下面通过范例介绍一下 random 模块中最常用的几个函数。

范例 6.3-1 ▶ random 模块的使用（06\ 代码 \6.3 受人喜爱的内建模块 \01_random.py）。

（1）random.random() 函数。

用于生成一个 0 到 1 的随机浮点数：$0 = < n < 1.0$。

下面的代码生成 10 个随机浮点数。

```
for i in range(10):
    print(random.random())
```

（2）random.randint() 函数。

random.randint(a, b) 用于生成一个指定范围内的整数。其中参数 a 是下限，参数 b 是上限，生成的随机数 n：$a = < n = < b$。

下面的代码生成 10 个随机整数，大于等于 10，并且小于等于 20。

```
for i in range(10):
    print(random.randint(10,20))
```

（3）random.choice() 方法。

random.choice() 方法从可迭代的集合中获取一个随机元素。

下面的代码从集合 [1,2,3,4,5] 每次随机取一个数。

```
for i in range(10):
    print(random.choice([1,2,3,4,5]))
```

（4）random.shuffle() 方法。

random.shuffle() 方法用于将一个列表中的元素打乱。

下面的代码每次将列表 [1,2,3,4,5] 中元素的顺序打乱并显示。

```
for i in range(10):
    ls = [1,2,3,4,5]
    random.shuffle(ls)
    print(ls)
```

（5）random.sample() 方法。

random.sample() 方法从指定序列中随机获取指定长度的片段。

例如，下面的代码每次循环从列表 [1,2,3,4,5] 中获取长度为 3 的片段并显示。

```
for i in range(10):
    print(random.sample([1,2,3,4,5],3))
```

部分程序运行结果如图 6-8 所示。

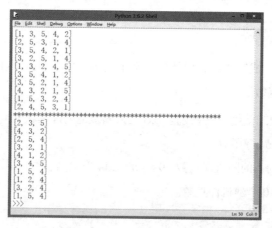

图 6-8 random 模块的使用

6.3.2 datetime 模块

datetime 模块提供日期、时间的操作，其中包含很多方法，下面通过范例介绍常用的几种操作。

范例 6.3-2 datetime 模块的使用（06\ 代码 \6.3 受人喜爱的内建模块 \02_datetime.py）。

（1）datetime.date() 方法。

datetime.date() 方法用于创建指定年月日的 date 对象。

例如，下面的代码创建一个 date 对象。

```
dt = datetime.date(2000,10,20)
print(dt)
```

上面代码的运行结果如下：

```
2000-10-20
```

（2）datetime.time() 方法。

datetime.time() 方法创建指定时分秒的 time 对象。

例如，下面的代码创建一个 time 对象。

```
dt = datetime.time(14,10,50)
print(dt)
```

上面代码的运行结果如下：

```
14:10:50
```

（3）datetime.datetime() 方法。

datetime.datetime() 方法创建指定年月日时分秒的 datetime 对象。

例如，下面的代码创建一个 datetime 对象。

```
dt = datetime.datetime(2000,10,20,14,10,50)
print(dt)
```

上面代码的运行结果如下：

```
2000-10-20 14:10:50
```

（4）datetime.datetime.strftime() 方法。

datetime.datetime.strftime() 方法实现将日期对象转换成字符串对象。

例如，下面的代码先创建一个 datetime 对象，然后将其转换成字符串对象。

```
dt = datetime.datetime(2000,10,20,14,10,50)
ret = dt.strftime('%Y-%m-%d %H:%M:%S')
print(ret)
print(type(ret))
```

上面代码的运行结果如下：

```
2000-10-20 14:10:50
<class 'str'>
```

（5）datetime.datetime.strptime() 方法。

datetime.datetime.strptime() 方法实现将字符串对象转换成日期对象。

例如，下面的代码将一个字符串按照规定的格式转换为日期对象。

```
ret = datetime.datetime.strptime('2000-10-20 14:10:50','%Y-%m-%d
%H:%M:%S')
print(ret)
```

```
print(type(ret))
```

上面代码的运行结果如下：

```
2000-10-20 14:10:50
<class 'datetime.datetime'>
```

6.3.3 collections 模块

collections 是 Python 内建的一个集合模块，提供了许多有用的集合类。下面通过范例介绍其中常见的一些集合类。

范例6.3-3 collections 模块的使用（06\ 代码 \6.3 受人喜爱的内建模块 \03_collections.py）。

（1）namedtuple 可命名元组。

namedtuple 主要用来产生可以使用名称来访问元素的数据对象，通常用来增强代码的可读性，在访问一些 tuple 类型的数据时尤其好用。来看下面的代码：

```
mytuple = collections.namedtuple('mytuple',['x','y','z'])
ret = mytuple(3,5,7)
print(ret)
print(ret.x)
```

上面的代码使用 namedtuple() 方法命名元组，这个方法中元组的名称需要提供，代码中的名称为 mytuple，同时还需要提供键的名称，代码中为 ['x','y','z']，然后在下面的代码中为每个键进行赋值，运行结果如下：

```
mytuple(x=3, y=5, z=7)
3
```

（2）deque 双端队列。

deque 其实是 double-ended queue 的缩写，意思是双端队列，它最大的好处就是实现了从队列头部快速增加和取出对象，其中 .popleft() 方法实现队列元素头的弹出，.appendleft() 实现队列元素尾部元素的添加。来看下面的代码：

```
q = collections.deque(['a', 'b', 'c'])
q.append('x')
q.appendleft('y')
print(q)

print(q.pop())
print(q.popleft())
```

上面的代码中使用 deque 创建队列，然后使用 append('x') 在队列尾部增加一个元素，使用 appendleft('y') 在队列头部增加一个元素，然后使用 pop() 弹出队列尾部的元素，使用 popleft() 弹出队列头部的元素，代码运行结果如下：

```
deque(['y', 'a', 'b', 'c', 'x'])
x
y
```

（3）Counter 计数器。

计数器是一个常用的功能需求，collections 也提供了这个功能。counter(dict) 是对字典的一个补充，counter(list) 则是对列表的补充，初步测试对字典的值进行排序。来看下面的代码：

```
ret = collections.Counter('1abaabc1a2bb12')
print(ret)
print(ret.most_common(3))
```

上面代码的运行结果如下：

```
Counter({'a': 4, 'b': 4, '1': 3, '2': 2, 'c': 1})
[('a', 4), ('b', 4), ('1', 3)]
```

可以看出 Counter 方法给出了字符串 '1abaabc1a2bb12' 中每个字符出现的次数，并且使用 most_common(3) 列出了出现次数最多的 3 个字符。

（4）OrderedDict：有序字典。

在 Python 中，dict 这个数据结构由于 Hash 的特性，是无序的，这在有的时候会给程序员带来一些麻烦。幸运的是，collections 模块提供了 OrderedDict，当要获得一个有序的字典对象时，可以使用 OrderedDict。下面的代码给出了其使用方法。

```
d1 = dict()
d1['c'] = 1
d1['a'] = 2
d1['b'] = 3
print(d1)
```

上面的代码运行后有多种结果，随机生成，下面是几种结果。

```
{'c': 1, 'a': 2, 'b': 3}
{'c': 1, 'b': 3 ,'a': 2 }
```

可以看出上面给出的是无序结果，而下面的代码：

```
d2 = collections.OrderedDict()
d2['c'] = 1
d2['a'] = 2
d2['b'] = 3
print(d2)
```

运行结果如下：

```
OrderedDict([('c', 1), ('a', 2), ('b', 3)])
```

上面的结果是固定的，按照添加元素的顺序进行显示。

（5）defaultdict。

defaultdict 为字典中的 values 设置一个默认类型，除了在 key 不存在时返回默认值，defaultdict 的其他行为跟 dict 是完全一样的。例如：

```
d = collections.defaultdict(lambda :'无')
d['a'] = 1
d['b'] = 2
d['c'] = 3
print(d['a'])
print(d['d'])
```

上面的代码中没有给出 d['d']) 的定义，此时会默认为"无"。

下面介绍一些用于加密的模块。

6.3.4 hashlib 模块

Python 的 hashlib 模块中有很多加密算法，下面给出两种常见的加密算法 MD5 和 SHA1。

范例 6.3-4 hashlib 模块的使用（06\ 代码 \6.3 受人喜爱的内建模块 \04_hashlib.py）。

（1）MD5 是最常见的加密摘要算法，速度很快，生成结果是固定的 128 bit 字节，通常用一个 32 位的十六进制字符串表示。来看下面的代码：

```
md5 = hashlib.md5()
md5.update('Python'.encode('utf-8'))
ret = md5.hexdigest()
print(ret)
print(len(ret))
```

上面的代码中 hashlib.md5() 指定使用 MD5 算法构建对象，然后使用 update('Python'.encode('utf-8')) 设置需要加密的内容为 'Python'，字符格式为 'utf-8'，hexdigest() 生成一个 32 位的十六进制字符串，运行结果如下：

```
a7f5f35426b927411fc9231b56382173
32
```

通过上面的代码可以看出，'Python' 被加密成字符串 'a7f5f35426b927411fc9231b56382173'。

（2）SHA1 方法的结果是 160 bit 字节，通常用一个 40 位的十六进制字符串表示。比 SHA1 更安全的算法是 SHA256 和 SHA512 等，但它们的运算速度不仅较慢，而且摘要长度更长。下面代码的执行过程和上面 MD5 的过程类似。

```
md5 = hashlib.sha1()
md5.update('Python'.encode('utf-8'))
```

```
ret = md5.hexdigest()
print(ret)
print(len(ret))
```

上面代码的运行结果如下：

```
6e3604888c4b4ec08e2837913d012fe2834ffa83
40
```

6.3.5　hmac 模块

Python 内置的 hmac 模块实现了标准的 HMAC 算法，它利用一个 key 对 message 计算"杂凑"后的 Hash，使用 HMAC 算法比标准 Hash 算法更安全，因为针对相同的 message，不同的 key 会产生不同的 Hash。

范例 6.3-5 hmac 模块的使用（06\ 代码 \6.3 受人喜爱的内建模块 \ 05_hmac.py）。

来看下面这段代码：

```
message = b'Python'
```

上面的代码给出需要加密的内容。

```
key1 = b'key1'
h1 = hmac.new(key1, message, digestmod='MD5')
ret1 = h1.hexdigest()
print(ret1)
print(len(ret1))
```

上面的代码中首先给出 key 值，然后使用 hmac 的 new() 方法创建对象，并使用 hexdigest() 生成加密的结果，运行结果如下：

```
af765d5c6b70c6e8f6009f0a85306830
32
```

下面的代码和上面代码几乎相同，唯一不同的是加密的 key 值。

```
key2 = b'key2'
h2 = hmac.new(key2, message, digestmod='MD5')
ret2 = h2.hexdigest()
print(ret2)
print(len(ret2))
```

上面代码的运行结果如下：

```
23709bcf77b91872287d16f8bbf3dd7c
32
```

可以看出，使用不同的 key 值可以得到不同的加密结果。在实际应用中，加密、解密双方只有知道 key 值，才能实现加密和解密。

6.3.6 base64 模块

base64 是一种用 64 个字符来表示任意二进制数据的方法，常用于在 URL、Cookie、网页中传输少量二进制数据。

范例 6.3-6 base64 模块的使用（06\ 代码 \6.3 受人喜爱的内建模块 \ 06_base64.py）。

先看以下代码：

```
ret1 = base64.b64encode('Python/ 雍 '.encode('utf-8'))
print(ret1)
```

上面的代码使用 base64 模块的 b64encode 方法对字符串 'Python/ 雍 ' 进行处理，生成加密的字符串，结果如下：

```
b'UHl0aG9uL+mbjQ=='
```

下面的代码将刚刚加密的字符串使用 b64decode 解密，恢复原来的值。

```
ret2 = base64.b64decode(ret1)
print(ret2.decode('utf-8'))
```

上面代码的结果如下，可以看出实现了正常的加密和解密。

```
Python/ 雍
```

上面的效果也可以使用 urlsafe_b64encode() 方法和 urlsafe_b64decode() 方法来实现。

```
ret1 = base64.urlsafe_b64encode('Python/ 雍 '.encode('utf-8'))
print(ret1)


ret2 = base64.urlsafe_b64decode(ret1)
print(ret2.decode('utf-8'))
```

6.3.7 struct 模块

struct 模块来解决 bytes 和其他二进制数据类型的转换。相对于其他的编程语言，Python 中的数据类型只有 6 种：字符串、整数、浮点数、元组、列表和字典。但是当 Python 需要与其他平台的数据进行交互时，只是这些原始的数据类型是不够的，这时就涉及字符串的转换。Python 中的 struct 模块就是来解决这个问题的，下面通过范例介绍 struct 模块的一些常用方法。

范例 6.3-7 struct 模块的使用（06\ 代码 \6.3 受人喜爱的内建模块 \07_struct.py）。

（1）pack(fmt, v1, v2, ...) 方法。

按照给定的格式（fmt），把数据封装成字符串（实际上是类似于 C 结构体的字节流），这个方法中第一个参数是处理指令，>I 的意思是："＞"表示字节顺序是 big-endian，也就是网络序，I 表示 4 字节无符号整数。后面的参数个数要和处理指令一致。来看下面的代码：

```
ret = struct.pack('>I', 1234567)
print(ret)
```

上面代码的运行结果如下：

```
b'\x00\x12\xd6\x87'
```

（2）unpack(fmt, string) 方法。

按照给定的格式（fmt）解析字节流 string，返回解析出来的 tuple，根据 >IH 的说明，后面的 bytes 依次变为 I（4 字节无符号整数）和 H（2 字节无符号整数）。来看下面的代码：

```
ret = struct.unpack('>IH', b'\xf1\xf1\xf1\xf1\x70\x60')
print(ret)
```

上面代码的运行结果如下：

```
(4059165169, 28768)
```

6.3.8　itertools 模块

Python 的内建模块 itertools 提供了非常有用的用于操作迭代对象的功能。下面通过范例介绍其中一些常用的方法。

范例 6.3-8　itertools 模块的使用（06\ 代码 \6.3 受人喜爱的内建模块 \08_itertools.py）。

（1）itertools.count(start, step) 方法。

itertools.count() 方法用于产生迭代数，它的起始参数 (start) 默认值为 0 ，步长 (step) 默认值为 1。来看下面的代码：

```
for item in itertools.count(1,5):
    if item>20:
        break
    print(item)
```

这段代码使用循环语句，每次取一个迭代数据，数据以 1 开始，中间间隔 5，在循环语句中，当数值大于 20 的时候，退出循环，运行结果如下：

```
1
6
11
16
```

（2）itertools.cycle(iterable) 方法。

itertools.cycle 方法的作用是保存迭代对象的每个元素的副本，无限地重复返回每个元素的副本，其中 iterable 为可迭代对象。例如，下面代码中 itertools.cycle(its) 无限循环 ['a','b','c','d']，因此下面这段代码将一直运行不会停止。

```
its=['a','b','c','d']
```

```
for item in itertools.cycle(its):
    print(item)
```

（3）itertools.repeat(object[, times]) 方法。

itertools.repeat() 方法用来重复生成某个对象，其参数中 object 为可迭代对象，times 为迭代次数，默认为无限次。例如，下面代码产生迭代 3 次，生成一个新的迭代对象。

```
its=['a','b','c','d']
for item in itertools.repeat(its,3):
    print(item)
```

上面代码运行结果如下：

```
['a', 'b', 'c', 'd']
['a', 'b', 'c', 'd']
['a', 'b', 'c', 'd']
```

（4）itertools.chain(*iterables) 方法。

itertools.chain 方法生成一个迭代的数据对象，其中参数 *iterables 为一个或多个可迭代序列，来看下面的代码：

```
its=['a','b','c','d']
hers=['A','B','C','D']
others=['1','2','3','4']
for item in itertools.chain(its,hers,others):
    print(item)
```

上面代码中将 its、hers、others 3 个列表使用 itertools.chain 生成一个迭代对象，然后依次打印出其中的元素。

6.3.9 contextlib 模块

前面介绍 Python 读写文件时，当打开文本时，通常会用 with 语句，with 语句允许我们非常方便地使用资源，而不必担心资源是否关闭。然而，并不是只有 open() 函数返回 fp 对象才能使用 with 语句。实际上，任何对象，只要正确实现上下文管理，就可以使用 with 语句。实现上下文管理是通过 __enter__() 和 __exit__() 这两个魔法方法实现的。

下面通过代码来介绍这两方法的使用。

范例6.3-9 contextlib 模块的使用（06\ 代码 \6.3 受人喜爱的内建模块 \ 09_contextlib.py）。

首先编辑类，代码如下：

```
class Select(object):

    def __init__(self, name):
        self.name = name
```

```
    def __enter__(self):
        print('begin...')
        return self

    def __exit__(self, exc_type, exc_value, traceback):
        if exc_type:
            print('Error...exc_type=%s,exc_value=%s,traceback=%s'%(exc_
type,exc_value,traceback))
        else:
            print('End...')

    def select(self):
        print('Select infos about %s...' % self.name)

if __name__ == '__main__':
    with Select('Tom') as s:
        s.select()
```

上面代码的运行结果如下：

```
begin...
Select infos about Tom...
End...
```

可以看出，使用 with 语句"with Select('Tom') as s"在开始时通过 __enter__()调用类中的魔法方法执行其中的语句打印"begin..."，在结束的时候调用 __exit__()魔法方法打印"End..."。

6.3.10　xml 模块

XML 是一种数据格式，称为可扩展标记语言，是标准通用标记语言的子集，是一种用于标记电子文件使其具有结构性的标记语言，主要用于网络中数据的处理。操作 XML 常用的有两种方法：DOM 和 SAX。其中 DOM 会把整个 XML 读入内存，解析为树，因此占用内存大，解析慢，优点是可以任意遍历树的节点；SAX 是流模式，边读边解析，占用内存小，解析快，缺点是需要自己处理事件。正常情况下，优先考虑 SAX，因为 DOM 占用内存大。

范例 6.3-10 xml 模块的使用（06\ 代码 \6.3 受人喜爱的内建模块 \ 10_xml.py）。

下面的代码是 XML 的初始代码，其中定义了一个 DefaultSaxHandler 类，包含几个处理 XML 数据的方法 start_element()、end_element() 和 char_data()。

```
from xml.parsers.expat import ParserCreate
```

```
class DefaultSaxHandler(object):
    def start_element(self, name, attrs):
        print('sax:start_element: %s, attrs: %s' % (name, str(attrs)))

    def end_element(self, name):
        print('sax:end_element: %s' % name)

    def char_data(self, text):
        print('sax:char_data: %s,len=%s' % (text,len(text)))
```

举个例子，当 SAX 解析器读到一个节点的 XML 数据时，如下所示：

```
<a href="/Python">Python</a>
```

这时会产生 3 个事件，应用于上面类的 3 个方法，读取 XML 数据中不同的信息。

- start_element 事件，在读取 <a href="/Python"> 时执行。
- char_data 事件，在读取 Python 时执行。
- end_element 事件，在读取 </a> 时执行。

下面的代码给出一段 XML 的数据，并进行数据解析。

```
xml_info = r'''<?xml version="1.0"?>
<ol>
    <li><a href="/Python">Python</a></li>
    <li><a href="/Java">Java</a></li>
</ol>
'''
if __name__ == '__main__':
    handler = DefaultSaxHandler()
    parser = ParserCreate()
    parser.StartElementHandler = handler.start_element
    parser.EndElementHandler = handler.end_element
    parser.CharacterDataHandler = handler.char_data
    parser.Parse(xml_info)
```

图 6-9 所示为解析结果。

```
sax:start_element: ol, attrs: {}
sax:char_data:
,len=1
sax:char_data:        ,len=4
sax:start_element: li, attrs: {}
sax:start_element: a, attrs: {'href': '/Python'}
sax:char_data: Python,len=6
sax:end_element: a
sax:end_element: li
sax:char_data:
,len=1
sax:char_data:        ,len=4
sax:start_element: li, attrs: {}
sax:start_element: a, attrs: {'href': '/Java'}
sax:char_data: Java,len=4
sax:end_element: a
sax:end_element: li
sax:char_data:
,len=1
sax:end_element: ol
```

图 6-9 xml 模块的使用

6.3.11 ▶ html 模块

下面继续了解一下 html 模块解析数据的方式。HtmlParser 是解析 html 模块的一个工具，是一个纯的 Java 写的 HTML 解析库，主要用于改造或提取 HTML，常用来分析抓取到的网页信息。例如，一个 HTML 字符串 "<html><head><title>Test</title></head>"，当输入这个字符串时，HtmlParser 将从中提取不同的信息。它的常用方法如下。

● handle_starttag(tag, attrs)：处理开始标签，如 <div>；这里的 attrs 参数获取到的是属性列表，属性以元组的方式展示。

● handle_endtag(tag)：处理结束标签，如 </div>。

● handle_startendtag(tag, attrs)：处理自己结束的标签，如 <img />。

● handle_data(data)：处理数据，标签之间的文本。

● handle_comment(data)：处理注释，<!-- --> 之间的文本。

下面通过代码来介绍 html 模块的使用方法。

范例6.3-11 html 模块的使用（06\ 代码 \6.3 受人喜爱的内建模块 \ 11_htmlparser.py）。

运行下面的代码：

```python
from html.parser import HTMLParser


class MyHTMLParser(HTMLParser):

    def handle_starttag(self, tag, attrs):
      print("Encountered a start tag:", tag)


    def handle_endtag(self, tag):
        print("Encountered an end tag :", tag)
```

```
        def handle_data(self, data):
            print("Encountered some data  :", data)


        def handle_startendtag(self, tag, attrs):
            print("Encountered startendtag :", tag)


        def handle_comment(self,data):
            print("Encountered comment :", data)


parser = MyHTMLParser()
parser.feed('<html><head><title>Test</title></head>'
           '<body><h1>Parse me!</h1><img src = "./xx.jpg" />'
           '<!-- comment --></body></html>')
```

上面的代码经过解析之后，结果如图 6-10 所示。

```
Encountered a start tag: html
Encountered a start tag: head
Encountered a start tag: title
Encountered some data  : Test
Encountered an end tag : title
Encountered an end tag : head
Encountered a start tag: body
Encountered a start tag: h1
Encountered some data  : Parse me!
Encountered an end tag : h1
Encountered startendtag : img
Encountered comment :  comment
Encountered an end tag : body
Encountered an end tag : html
```

图 6-10　html 模块的使用

6.3.12　urllib 模块

urllib 模块提供了一系列用于操作 URL 的功能。如果要想模拟浏览器发送 get 请求，就需要使用 urllib.Request 对象，通过向 Request 对象添加 HTTP 头，就可以把请求伪装成浏览器。

范例 6.3-12　urllib 模块的使用（06\ 代码 \6.3 受人喜爱的内建模块 \12_urllib.py）。

例如，下面的代码模拟 Chrome 浏览器去请求访问豆瓣首页。

```
from urllib import request,parse
import ssl
# 请求对象
req = request.Request('http://www.douban.com/')
# 添加请求头
req.add_header('User-Agent', 'Mozilla/5.0 (Windows NT 6.1; Win64; x64)
AppleWebKit/537.36 (KHTML, like Gecko) Chrome/62.0.3202.94 Safari/537.36')
ssl_cxt = ssl._create_unverified_context()
# 发送 get 请求获取响应
```

```
res = request.urlopen(req,context = ssl_cxt)
print('Status:', res.status, res.reason)
for k, v in res.getheaders():
    print('%s: %s' % (k, v))
print('Data:', res.read().decode('utf-8'))
```

上面的代码执行后会从豆瓣网抓取主页信息，执行结果很长，图 6-11 给出了其中一部分结果。

```
Status: 200 OK
Date: Thu, 12 Jul 2018 12:30:45 GMT
Content-Type: text/html; charset=utf-8
Transfer-Encoding: chunked
Connection: close
Vary: Accept-Encoding
X-Xss-Protection: 1; mode=block
X-Douban-Mobileapp: 0
Expires: Sun, 1 Jan 2006 01:00:00 GMT
Pragma: no-cache
Cache-Control: must-revalidate, no-cache, private
Set-Cookie: ll="118237"; path=/; domain=.douban.com; expires=Fri, 1
2-Jul-2019 12:30:45 GMT
Set-Cookie: bid=hec_juAmE3w; Expires=Fri, 12-Jul-19 12:30:45 GMT; D
omain=.douban.com; Path=/
X-DOUBAN-NEWBID: hec_juAmE3w
X-DAE-Node: anson34
X-DAE-App: sns
Server: dae
Strict-Transport-Security: max-age=15552000;
Data: <!DOCTYPE HTML>
```

图 6-11　urllib 模块的使用

上面是执行结果的统计信息，如图 6-12 所示为抓取的网页代码。

```
<body>

    <div id="anony-nav">
      <div class="anony-nav-links">
      <ul>
        <li><a target="_blank" class="lnk-book" href="https://book.douban.com">豆瓣读书</a></li>
        <li><a target="_blank" class="lnk-movie" href="https://movie.douban.com">豆瓣电影</a></li>
        <li><a target="_blank" class="lnk-music" href="https://music.douban.com">豆瓣音乐</a></li>
        <li><a target="_blank" class="lnk-group" href="https://www.douban.com/group/">豆瓣小组</a></li>
        <li><a target="_blank" class="lnk-events" href="https://www.douban.com/location/">豆瓣同城</a></li>
        <li><a target="_blank" class="lnk-fm" href="https://douban.fm">豆瓣FM</a></li>
        <li><a target="_blank" class="lnk-shijian" href="https://time.douban.com/?dt_time_source=douban-web
_anonymous_index_top_nav">豆瓣时间</a></li>
        <li><a target="_blank" class="lnk-market" href="https://market.douban.com?utm_campaign=anonymous_to
p_nav&utm_source=douban&utm_medium=pc_web">豆瓣市集</a></li>
      </ul>
      </div>
```

图 6-12　抓取的网页代码

上面是使用 get 方式获取信息，如果要以 post 方式发送一个请求，只需要把参数 data 以 bytes 形式传入即可。

例如，下面的代码向豆瓣网发送一个信息。

```
# 请求对象
req = request.Request('http://www.douban.com/')
# 添加请求头
req.add_header('User-Agent', 'Mozilla/5.0 (Windows NT 6.1; Win64; x64)
AppleWebKit/537.36 (KHTML, like Gecko) Chrome/62.0.3202.94 Safari/537.36')
#post 发送的参数
data = parse.urlencode({
    'p1': 'x',
    'p2': 'y'
```

```
})
# 发送 post 请求获取响应
res = request.urlopen(req,data=data.encode('utf-8'),context=ssl_cxt)
```

对比上面 post 和 get 请求的代码，其中的语句：

```
res = request.urlopen(req,data=data.encode('utf-8'),context=ssl_cxt)
```

如果参数中还有 data=data.encode('utf-8') 就是 post 语句，否则是 get 语句。

注意，使用 urllib 模块从网络上抓取信息的时候，应保证网络畅通。

6.3.13 enum 模块

enum 模块实现枚举功能，将少量的内容一一列举，阅读性高，调用方便。通常将一组常用的常数定义在一个 class 中，每个常量就是 class 的一个实例，可以通过名称访问值，也可以通过值访问名称。

范例 6.3-13 ▶ enum 模块的使用（06\ 代码 \6.3 受人喜爱的内建模块 \13_enum.py）。

下面的代码给出了使用方法。

```
from enum import Enum

class Color(Enum):
    RED = 1
    YELLOW = 2
    GREEN = 3

if __name__ == '__main__':
    print(Color.RED.name)
    print(Color.RED.value)

    print(Color(2).name)
    print(Color(2).value)
```

类中每个常量的名称可以看作键值，后面所跟的数值是对应的值，上面代码执行的结果如下：

```
RED
1
YELLOW
2
```

6.3.14 logging 模块

logging 模块用于记录日志信息，它以一定的格式记录信息，方便以后调试代码和进行信息筛选。记录的信息不仅可以输出到屏幕上，也可以保存到文件中。

范例 6.3-14 logging 模块的使用（06\ 代码 \6.3 受人喜爱的内建模块 \14_logging.py）。

下面的代码给出了使用方法。

```
import logging

logger = logging.getLogger("simple_example")
logger.setLevel(logging.DEBUG)
```

上面的代码设定了输出信息的级别。下面的代码将结果输出到屏幕上。

```
ch = logging.StreamHandler()
ch.setLevel(logging.WARNING)
ch.setLevel(logging.INFO)
```

下面的代码将结果输出到文件。

```
fh = logging.FileHandler("my_log.log")
```

下面的代码设置最低的显示级别。

```
fh.setLevel(logging.DEBUG)
```

下面的代码设置日志格式。

```
fomatter = logging.Formatter('%(asctime)s -%(name)s-%(levelname)
s-%(module)s:%(message)s')
ch.setFormatter(fomatter)
fh.setFormatter(fomatter)
logger.addHandler(ch)
logger.addHandler(fh)
```

下面的代码给出了日志的不同级别情况。

```
logger.debug("debug message")
logger.info("info message")
logger.warning("warning message")
logger.error("error message")
logger.critical("critical message")
```

上面代码的运行结果如下：

```
2018-07-12 20:45:23,749 -simple_example-INFO-14_logging:info message
2018-07-12 20:45:23,797 -simple_example-WARNING-14_logging:warning
message
2018-07-12 20:45:23,818 -simple_example-ERROR-14_logging:error message
2018-07-12 20:45:23,835 -simple_example-CRITICAL-14_logging:critical
message
```

同时结果保存在 my_log.log 文件中。

6.3.15　re 模块

正则表达式使用单个字符串来描述一系列匹配某个句法规则的字符串。在很多文本编辑器中，正则表达通常被用来检索、替换那些匹配某个模式的文本。re 模块就实现了这个功能，下面通过范例介绍该模块中一些常用的方法。

范例 6.3-15 re 模块的使用（06\ 代码 \6.3 受人喜爱的内建模块 \ 15_re.py）。

（1）compile () 函数用于编译正则表达式，生成一个 Pattern 对象。下面的代码用于匹配至少一个数字，+ 表示一个到多个。

```
pattern = re.compile(r'\d+')
```

下面的代码用于查找匹配的字符串，返回一个列表。

```
ret = pattern.findall('38fjh383je98vf')
print(ret)
```

上面的代码从字符串 '38fjh383je98vf' 中分别查找以数字开头的数字字符，运行结果如下：

```
['38', '383', '98']
```

（2）match() 方法用于查找字符串的头部（也可以指定起始位置），它是一次匹配，只要找到了一个匹配的结果就返回，而不是查找所有匹配的结果。它的一般使用形式如下：

```
match(string[, pos[, endpos]])
```

其中，string 是待匹配的字符串，pos 和 endpos 是可选参数，指定字符串的起始和终点位置，默认值分别是 0 和 len (表示字符串长度)。因此，当不指定 pos 和 endpos 时，match() 方法默认匹配字符串的头部。当匹配成功时，返回一个 Match 对象，如果没有匹配上，则返回 None。

下面的代码用于匹配至少一个数字。

```
pattern = re.compile(r'\d+')
```

下面的代码因为没有提供可选参数，默认用于查找头部，所以没有匹配，结果返回 None。

```
m = pattern.match('one12twothree34four')
print(m)
```

下面的代码用于从第二个字符，即 'e' 的位置开始匹配，如果没有匹配上，结果返回 None。

```
m = pattern.match('one12twothree34four', 2, 10)
print(m)
```

下面的代码用于从第三个字符，即 '1' 的位置开始匹配，如果正好匹配上，结果返回 12。

```
m = pattern.match('one12twothree34four', 3, 10)
```

```
print(m.group())
print(m.span())
```

（3）search() 方法用于查找字符串的任何位置，它也是一次匹配，只要找到了一个匹配的结果就返回，而不是查找所有匹配的结果，它的一般使用形式如下：

```
search(string[, pos[, endpos]])
```

其中，string 是待匹配的字符串，pos 和 endpos 是可选参数，指定字符串的起始和终点位置，默认值分别是 0 和 len（字符串长度）。当匹配成功时，返回一个 Match 对象，如果没有匹配上，则返回 None。

例如，下面的代码将正则表达式编译成 Pattern 对象。

```
pattern = re.compile(r'\d+')
```

下面的代码使用 search() 查找匹配的子串，不存在匹配的子串时将返回 None，这里使用 match() 匹配的结果是 123456，span 的下标范围是 (6, 12)。

```
m = pattern.search('hello 123456 789')
if m:
    print('matching string:',m.group())
    print('position:',m.span())
```

（4）findall 搜索整个字符串，获得所有匹配的结果。这个方法的使用形式如下：

```
findall(string[, pos[, endpos]])
```

其中，string 是待匹配的字符串，pos 和 endpos 是可选参数，用于指定字符串的起始和终点位置，默认值分别是 0 和 len（字符串长度）。findall 以列表形式返回全部能匹配的子串，如果没有匹配上，则返回一个空列表。

来看下面的代码：

```
pattern = re.compile(r'\d+')     # 查找数字
result1 = pattern.findall('hello 123456 789')
result2 = pattern.findall('one1two2three3four4', 0, 10)


print(result1)
print(result2)
```

执行结果如下：

```
['123456', '789']
['1', '2']
```

（5）finditer() 方法的行为跟 findall 的行为类似，也是搜索整个字符串，获得所有匹配的结果。但它返回一个顺序访问每一个匹配结果（Match 对象）的迭代器。

下面的代码给出了使用方法。

```
pattern = re.compile(r'\d+')

result_iter1 = pattern.finditer('hello 123456 789')
result_iter2 = pattern.finditer('one1two2three3four4', 0, 10)

print(type(result_iter1))
print(type(result_iter2))

print('result1...')
for m1 in result_iter1:
    print('matching string: {}, position: {}'.format(m1.group(),
m1.span()))

print('result2...')
for m2 in result_iter2:
    print('matching string: {}, position: {}'.format(m2.group(),
m2.span()))
```

运行结果如下:

```
<class 'callable_iterator'>
<class 'callable_iterator'>
result1...
matching string: 123456, position: (6, 12)
matching string: 789, position: (13, 16)
result2...
matching string: 1, position: (3, 4)
matching string: 2, position: (7, 8)
```

（6）sub() 方法用于替换。它的使用形式如下:

```
sub(repl, string[, count])
```

其中，repl 可以是字符串也可以是一个函数，如果 repl 是字符串，则会使用 repl 去替换字符串中每一个匹配的子串，并返回替换后的字符串，另外，repl 还可以使用 id 的形式来引用分组，但不能使用编号 0；如果 repl 是函数，这个方法应当只接受一个参数（Match 对象），并返回一个字符串用于替换（返回的字符串中不能再引用分组）。count 用于指定最多替换次数，不指定时全部替换。

下面的代码给出了该方法的使用示例。

```
p = re.compile(r'(\w+) (\w+)')
s = 'hello 123, hello 456'

print(p.sub('hello world', s))
```

```
print(p.sub(r'\2 \1', s) )

def func(m):
    return 'hi' + ' ' + m.group(2)

print(p.sub(func, s))
print(p.sub(func, s, 1))
```

代码执行结果如下：

```
hello world, hello world
123 hello, 456 hello
hi 123, hi 456
hi 123, hello 456
```

（7）split() 方法按照能够匹配的子串将字符串分隔后返回列表，它的使用形式如下：

```
split(string[, maxsplit])
```

其中，maxsplit 用于指定最大分隔次数，不指定时将全部分隔。

下面的代码给出了该方法的使用。

```
p = re.compile(r'[\s\,\;]+')
print(p.split('a,b;; c   d'))

ret = re.split(r":| +","info:xiaoZhang 33shandong")
print(ret)
```

代码执行结果如下：

```
['a', 'b', 'c', 'd']
['info', 'xiaoZhang', '33', 'shandong']
```

（8）Python 中数量词默认是贪婪的（在少数语言中也可能是默认非贪婪），总是尝试匹配尽可能多的字符；非贪婪则相反，总是尝试匹配尽可能少的字符。在"*""?""+""{m,n}"后面加上"？"，使贪婪变成非贪婪。

下面的代码给出了该方法的使用示例。

```
s="This is a number 234-235-22-423"
ret = re.match("(.+)(\d+-\d+-\d+-\d+)",s)
print(ret.group(1))
print(ret.group(2))

ret = re.match("(.+?)(\d+-\d+-\d+-\d+?)",s)
print(ret.group(1))
print(ret.group(2))
```

```
print(re.match(r"aa(\d+)","aa2343ddd").group(1))
print(re.match(r"aa(\d+?)","aa2343ddd").group(1))
```

代码执行结果如下：

```
This is a number 23
4-235-22-423
This is a number
234-235-22-4
2343
2
```

6.4 有趣的第三方模块

Python 是开源的程序，因此有许多实现特殊功能的第三方模块供大家使用，下面介绍一些非常有用的第三方模块，如 PIL、PyMysql 和 pygame。

6.4.1 PIL 模块

PIL 是 Python Imaging Library 的简称，已经是 Python 平台事实上的图像处理标准库了。PIL 模块的功能非常强大，而且简单易用。可以对图像进行基础功能的操作，如缩放、模糊、旋转、滤镜、输出文字等，下面就介绍该模块的一些功能实现。

范例 6.4-1 PIL 模块的使用（06\ 代码 \6.4 有趣的第三方模块 \01_PIL.py）。

前面介绍过，第三方模块需要从网上下载并安装才能使用，安装的命令如下：

```
pip3 install pillow
```

安装完成后，就可以使用简单的代码实现对图像的操作了。

1 图像缩放

下面的代码给出了实现图像缩放的功能。

```
from PIL import Image
```

下面的代码打开一个 jpg 图像文件，注意是当前路径。

```
im = Image.open('./images/cat.jpg')
```

然后获得图像尺寸：

```
w, h = im.size
```

下面的代码实现将图像缩小到原始图像尺寸的 25%。

```
im.thumbnail((w//4, h//4))
```

下面的代码实现把缩小后的图像用 jpeg 格式保存。

```
im.save('./images/cat1.jpg', 'jpeg')
```

程序执行完毕后,可以在对应目录中对比图像缩小前后的效果。图 6-13 为原始图像,图 6-14 为缩小之后的图像。

图 6-13 原始图像

图 6-14 缩放之后的图像

2 模糊效果

下面的代码实现将图形进行模糊处理的功能。

```
from PIL import Image, ImageFilter
```

首先打开一个 jpg 图像文件,注意是当前路径。

```
im = Image.open('./images/cat.jpg')
```

下面的代码应用模糊滤镜对打开的图像进行处理并保存结果。

```
im2 = im.filter(ImageFilter.BLUR)
im2.save('./images/cat2.jpg', 'jpeg')
```

模糊之后的图像如图 6-15 所示。

图 6-15 模糊之后的图像

对比原始图像,可以看出此时图像已经被模糊化了。

6.4.2 PyMysql 模块

PyMysql 模块是 Python 操作 MySQL 的模块,用于连接 MySQL 服务器的一个库,在使用 PyMysql 之前,需要确保 PyMysql 已安装,该数据库中有一个数据表 emp,其结构如表 6-1 所示。

表 6-1   emp 数据表结构

字段名称	字段类型	是否为空	主键	默认值
EMPNO	int(11)	No	PRI	NULL
ENAME	varchar(14)	Yes		NULL
JOB	varchar(9)	Yes		NULL
MGR	int(11)	Yes		NULL
HIREDATE	date	Yes		NULL
SAL	decimal(7,2)	Yes		NULL
COMM	decimal(7,2)	Yes		NULL
DEPTNO	int(11)	Yes		NULL

范例 6.4-2 PyMysql 模块的使用（06\ 代码 \6.4 有趣的第三方模块 \02_PyMysql.py）。

安装命令如下：

```
pip3 install PyMysql
```

下面的代码实现连接数据库并对数据表进行操作的过程。

```
from PyMysql import *
```

下面的代码实现连接数据库，获取连接对象。

```
conn = connect(host='localhost',port=3306,db='mydb',user='root',passwd
='root',charset='utf8')
```

下面的代码获取 Cursor 对象。

```
cur = conn.cursor()
```

下面的代码执行 SQL 语句，执行增、删、改操作，返回的是受影响的行数，执行查询，返回的是查询的数据个数。

```
cur.execute('select ename,hiredate from EMP')
```

下面的代码进行数据的处理。

```
ret = cur.fetchall()

for temp in ret:
    print('姓名:%s, 日期:%s' % (temp[0], temp[1]))
```

使用完毕后要关闭数据库连接：

```
conn.close()
```

要保证 MySQL 数据库的正确安装，才能执行上面代码。

运行程序，部分结果如图 6-16 所示。

```
姓名:WARD,日期:1981-02-22
姓名:JONES,日期:1981-04-02
姓名:MARTIN,日期:1981-09-28
姓名:BLAKE,日期:1981-05-01
姓名:CLARK,日期:1981-06-09
姓名:SCOTT,日期:1987-07-13
姓名:KING,日期:1981-11-17
姓名:TURNER,日期:1981-09-08
姓名:ADAMS,日期:1987-07-13
```

图 6-16   数据库查询结果

6.4.3 ▶ pygame 模块

范例 6.4-3▶ pygame 模块的使用（06\ 代码 \6.4 有趣的第三方模块 \ 03_pygame.py）。

pygame 是跨平台 Python 模块，专为电子游戏设计，包含图像、声音。使用该模块之前，同样需要安装，安装命令如下：

```
pip3 install pygame
```

下面的代码给出了这个模块的基本使用方法。

```
import pygame
from pygame.locals import *
import time
```

上面的代码导入需要的各种模块，下面的代码定义游戏的窗口、游戏中使用的飞机图片的来源及导入的坐标，同时定义不同的事件和操作。

```
def main():
    #1. 创建窗口
    screen = pygame.display.set_mode((480,852),0,32)
    #2. 创建一个背景图片
    background = pygame.image.load("./images/background.png")
    #3. 创建一个飞机图片
    hero = pygame.image.load("./images/hero.png")

    x = 210
    y = 500

    while True:
        screen.blit(background, (0,0))
        screen.blit(hero, (x, y))
        pygame.display.update()

        # 获取事件, 如按键等
        for event in pygame.event.get():
            # 判断是否单击了 " 退出 " 按钮
            if event.type == QUIT:
                print("exit")
                exit()
            # 判断是否按下了键
            elif event.type == KEYDOWN:
                # 检测按键是否是 a 或者 left
                if event.key == K_a or event.key == K_LEFT:
```

```
                    print('left')
                    x-=5
              # 检测按键是否是 d 或者 right
              elif event.key == K_d or event.key == K_RIGHT:
                    print('right')
                    x+=5
              # 检测按键是否是 "Space" 键
              elif event.key == K_SPACE:
                    print('space)
        time.sleep(0.01)
if __name__ == "__main__":
    main()
```

程序执行后，会出现图形游戏界面，如图 6-17 所示。

图 6-17　图形游戏界面

此时可以通过键盘上的左、右键或者"Space"键控制飞机的运动。

课堂范例

下面通过一个综合案例加深对模块功能的认识。

范例6 ▶ 完成登录注册，要求对密码进行加密（06\ 代码 \6.5 课堂范例）。

分析：这个课堂范例涉及的知识点很多，登录注册需要对应数据库的信息，因此需要用到前面介绍的第三方模块 PyMysql，用来对数据库数据进行操作，此外由于需要对密码进行加密，因此需要应用到系统的内置模块 hashlib 来对密码进行处理。

首先需要打开数据 MySQL，在其中创建数据库 MyDB，然后在这个数据库下创建数据表 t_user，其中包含 id、name 和 pwd，分别用来记录用户名和口令，其中 id 列自动增长，并设置为主键，代码如下：

```
create database mydb default charset=utf8;
use mydb;
create table t_user(
    id int auto_increment primary key,
    name varchar(100) not null,
    pwd varchar(40) not null
);
```

在对数据库日常操作过程中，经常涉及增、删、查等操作，因此可以把这些操作放到一个类中，代码如下：

```
from PyMysql import *
from datetime import *

class MysqlHelper():
    """ 封装操作mysql的功能 """
    def __init__(self,host,port,db,user,passwd,charset='utf8'):
        """ 初始化参数 """
        self.host=host
        self.port=port
        self.db=db
        self.user=user
        self.passwd=passwd
        self.charset=charset
    def connect(self):
        """ 获取连接对象和工具对象 """
        self.conn = connect(host=self.host, port=self.port, db=self.
db, user=self.user, passwd=self.passwd,charset=self.charset)
        self.cursor - self.conn.cursor()
    def close(self):
        """ 关闭 """
        self.cursor.close()
        self.conn.close()
```

```python
    def __edit(self,sql,params=None):
        """ 增删改 """
        self.cursor.execute(sql,params)
        self.conn.commit()

    def insert(self,sql,params=None):
        self.__edit(sql,params)
    def delete(self,sql,params=None):
        self.__edit(sql,params)
    def update(self,sql,params=None):
        self.__edit(sql,params)

    def select_one(self,sql,params=None):
        """ 查询单个 """
        self.cursor.execute(sql, params)
        return self.cursor.fetchone()

    def select_all(self, sql, params=None):
        """ 查询多个 """
        self.cursor.execute(sql, params)
        return self.cursor.fetchall()
```

上面的代码中包含多种方法，其中 __init__() 方法是对数据库进行初始化参数的设置，connect() 方法连接数据库，close() 方法关闭数据库， insert() 方法、delete() 方法和 update() 方法完成对数据库的增、删、改操作，通过调用 __edit 方法来实现，select_one() 方法和 select_all() 方法实现对数据库查找的功能。

由于需要引入一些内置模块和第三方模块，因此程序的开始需要导入这些模块，如下所示：

```python
from PyMysql import*
from datetime import*
from hashlib import*
from mysqlutil import MysqlHelper
```

下面的函数实现对密码进行加密的功能，前面章节中已经通过实例介绍了如何使用。

```python
def encryption_md5(value):
    my_md5 = md5()
    my_md5.update(value.encode('utf-8'))
return my_md5.hexdigest()
```

下面的代码是注册的过程，提示用户输入用户名和密码，然后调用 encryption_ md5() 函数对密码进行加密，加密后使用 MysqlHelper 进行数据库的连接，然后使用插入语句 'insert into t_user(name,pwd) values(%s,%s)' 将数据插入数据表 t_user 中，并提示"注册成功 ..."。

```
def register():
    name = input('输入用户名：')
    pwd = input('输入密码：')
    pwd2 = encryption_md5(pwd)
    helper = MysqlHelper('localhost', 3306, 'mydb', 'root', 'root')
    helper.connect()
    sql = 'insert into t_user(name,pwd) values(%s,%s)'
    params = [name,pwd2]
    helper.insert(sql,params)
    helper.close()
    print('注册成功 ...')
```

运行上面的代码进行注册，结果如图 6-18 所示。

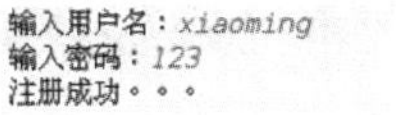

```
输入用户名：xiaoming
输入密码：123
注册成功···
```

图 6-18 注册界面

此时可以查询数据表，如图 6-19 所示。

图 6-19 查询数据表

可以发现，一条记录已经插入数据表 t_user 中。

下面的代码就是登录的过程，先提示用户输入用户名和密码，然后调用 encryption_md5() 函数对密码进行加密，加密后使用 MysqlHelper 进行数据库的连接及查询，当查找到数据库中存在符合条件的记录时，提示"登录成功 ..."，如果没有查到符合条件的记录，则提示"登录失败 ..."。

```
def login():
    name = input('输入用户名：')
    pwd = input('输入密码：')
    pwd2 = encryption_md5(pwd)
    helper = MysqlHelper('localhost', 3306, 'mydb', 'root', 'root')
    helper.connect()
    sql = 'select * from t_user where name=%s and pwd=%s'
    params = [name,pwd2]
    ret = helper.select_one(sql,params)
    helper.close()
```

```
if ret:
    print('登录成功...')
else:
    print('登录失败...')
```

运行上面的代码，如果用户名和密码输入正确，则登录成功，如图 6-20 所示。

输入用户名：*xiaoming*
输入密码：*123*
登录成功···

图 6-20 登录成功界面

否则，当用户名或者密码输入错误，就登录失败，如图 6-21 所示。

输入用户名：*xiaoming*
输入密码：*111*
登录失败···

图 6-21 登录失败界面

 上机实战

（1）制作验证码（06_ 自带电池模块 \ 代码 \6.6 上机实战 \demo01.py）。例如，其中一个验证码结果如图 6-22 所示。

图 6-22 验证码

（2）验证邮箱格式（06_ 自带电池模块 \ 代码 \6.6 上机实战 \demo02.py）。当输入正确邮箱格式的时候，验证正确，如图 6-23 所示。

输入邮箱：*xiaoming@qq.com*
邮箱验证通过

图 6-23 邮箱验证通过

（3）如果输入的格式不符合要求，则验证错误，如图 6-24 所示。

输入邮箱：*xiao@qq.com*
邮箱验证未通过

图 6-24 邮箱验证错误

第 7 章 系统编程

07

大家都知道 CPU 的根本任务就是执行指令，但对计算机来说最终都是一串由"0"和"1"组成的序列。为了使控制指令更高效率地执行，CPU 通过流水线方式或以几乎并行工作执行指令的方法来提高指令的执行速度。本章介绍提高计算机执行效率的两个重要的概念：进程和线程。

7.1 进程

在 Windows 中，每一个打开的应用程序或后台程序，如运行中的 QQ、百度浏览器、网易云音乐、资源管理器等都是一个进程。人们感觉这些程序是"同时"运行的，但实际上，一个处理器同一时刻只能运行一个进程，"同时"运行只是 CPU 在高速轮换执行这些程序时让人产生的错觉，从而感受不到中断的原因，因为 CPU 的执行速度相对于人们的感觉实在是太快了。

7.1.1 理解多任务和进程

下面通过一个范例理解单任务和多任务的概念。

范例 7.1-1 单任务和多任务（07\ 代码 \7.1 进程 \demo01.py）。

首先看下面代码：

```
from time import sleep

def sing():
    for i in range(3):
        print(" 正在唱歌 ...%d"%i)
        sleep(0.5)

def dance():
    for i in range(3):
        print(" 正在跳舞 ...%d"%i)
        sleep(0.5)

if __name__ == '__main__':
    sing()              # 唱歌
    dance()             # 跳舞
```

这段程序运行后，首先调用 sing() 函数，然后调用 dance() 函数，程序执行结果为：

```
正在唱歌 ...0
正在唱歌 ...1
正在唱歌 ...2
正在跳舞 ...0
正在跳舞 ...1
正在跳舞 ...2
```

　　上面这两个函数的调用按照时间顺序来执行，一个任务完成之后才能执行另一个任务，它们不能同时执行，就相当于单任务。多任务就是多个任务可以同时进行，比如上面这个实例中，如果执行 sing() 函数的同时还执行 dance() 函数，即两个函数并发地同时执行，这就是多任务，就像前面所说的 Windows 系统同时运行多个程序。

　　尽管多任务是并发执行多个任务，但是有一点必须明白：从宏观上讲，这些任务是同时执行的；从微观上讲，在某一时刻只能完成一种任务。

　　一个程序是静态的，通常是存放在外存中的。而当程序被调入内存中运行后，就成了进程。顾名思义，进程就是进行中的程序，它是个动态的概念，是系统进行资源分配与调度的基本单位。

　　进程主要包含以下 3 个部分。

- 程序代码：用于描述进程要完成的功能。

- 数据集合：是指程序执行所需要的数据与工作区域。

- PCB 程序控制块：包含进程的描述信息与控制信息，是进程的唯一标志，也正是因为有了 PCB，进程就成了一个动态的概念。

　　进程一般有以下 3 个特点。

- 独立性：每个进程拥有自己独立的资源和私有的地址空间，其大小与处理机位数有关。

- 动态性：运行中的程序就是进程。每个进程有时间、状态、生命周期等动态的概念。

- 并发性：多个进程在单个处理器上并发执行。

7.1.2　使用 fork

　　当程序被调入内存中运行后，就成了进程，这个过程是系统进行调度的。那么能不能在程序中自己创建进程并进行管理呢？ fork 就可以创建进程，而且用的是 Python 内置 os 模块中的方法，不过该方法只能在 Linux 系统上使用，不能够跨平台地在 Wndows 系统上使用。

范例 7.1-2 fork 的使用（07\ 代码 \7.1 进程 \demo02.py）。

```
下面通过这段代码演示 fork 的作用：
ret = os.fork()

if ret==0:
    print(' 哈哈 , 子进程 pid=%s, 它的父进程 pid=%s'%(os.getpid(),os.
getppid()))
    else:
    print('hehe, 父进程 pid=%s'%(os.getpid()))
print('over...')
```

上面代码中 os.fork() 创建了一个新的进程，并且复制父进程的所有资源到子进程中。然后父进程和子进程都会从 fork() 中获取返回值。其中，子进程获取的返回值是 0；父进程获取的返回值是子进程的编号（每一个进程都有一个唯一的编号 pid）。无论哪个进程执行了这行代码，os.getpid() 都返回这个进程的编号，即获取当前进程的编号；而 os.getppid() 获取当前进程的父进程编号。因此，上面代码执行的结果如图 7-1 所示。

```
hehe,父进程pid=38063
over...
哈哈,子进程pid=38064,它的父进程pid=38063
over...
```

图 7-1　fork 的使用

如果没有使用 fork 创建进程，那么上面代码运行的结果只会执行条件语句中的一个分支。

7.1.3　多进程修改全局变量

下面把 7.1.2 小节的实例修改一下，实现多进程修改全局变量。

范例 7.1-3 全局变量的修改（07\ 代码 \7.1 进程 \demo03.py）。

```
代码为：
import os


num = 100
ret = os.fork()
if ret==0:
    num+=1
    print('if...num=%d'%num)
else:
    num+=1
    print('else...num=%d'%num)
```

代码运行结果如图 7-2 所示。

```
else...num=101
if...num=101
```

图 7-2　全局变量的修改

上面代码中定义了一个全局变量 num 等于 100，在主进程和子进程中分别进行修改之后，两个进程开始运行，不过主进程和子进程的顺序无法控制，由操作系统分配 CPU 的使用权，进程只有获取 CPU 的使用权才可以运行。在多进程中，每个进程对于全局变量，各执一份、互不影响，即主进程和子进程具有各自的数据与工作区域。

7.1.4 ▶ Multiprocessing 模块

前面介绍的 fork 方法只能在 Linux 系统下使用，下面介绍一种可以跨平台使用的处理进程的模块 Multiprocessing，通过这个模块中的进程类，可以创建进程对象，并对进程进行管理和操作。

使用 Multiprocessing 模块创建进程对象有两种方式：直接实例化 Process 和通过继承实现进程。

下面介绍如何使用这个模块对进程进行管理。

1 直接实例化 Process

（1）实例化的基本使用。

范例 7.1-4 ▶ 直接实例化 Process（07\ 代码 \7.1 进程 \demo04.py）。

首先导入需要的包：

```
from multiprocessing import Process
import os
import time
```
下面定义一个功能函数，在函数中打印子进程的进程号：
```
def work():
    print(' 子进程 (pid=%s) work...'%os.getpid())
```

下面是使用类创建进程，并进行实例化的一个操作过程。

```
if __name__ == '__main__':
    print('begin...')


    my_process = Process(target=work)


    print(my_process.name)
    my_process.start()


    time.sleep(1)


    print('end...')
```

上面代码执行结果如图 7-3 所示。

```
begin...
子进程(pid=39334) work...
end...
```

图 7-3 实例化 Process1

代码中 my_process = Process(target=work) 创建一个进程对象，将进程实例化，指定进程在运行时需要完成的任务，使用 target 参数指定要执行的 work() 函数；不过这时进程只是创建了，并没有执行；而 my_process.start() 表示进程就绪，此时等待获取 CPU 的使用权；因为其后具有 time.sleep(1) 语句，暂停主进程的执行，因此先执行子进程，如果这条语句去掉，则结果可能如图 7-4 所示。

```
begin...
end...
子进程(pid=39028) work...
```

图 7-4　实例化 Process2

可见，结果取决于 CPU 分配进程的先后顺序。

（2）进程实例中的参数传递。

在使用 Process 进程创建对象时，不仅可以执行函数，也可以同时传递参数。

范例 7.1-5 进程实例中的参数传递 1（07\ 代码 \7.1 进程 \demo05.py）。

代码如下：

```python
import multiprocessing
import os


def func(a,b):
    print(a,b)
    print('子进程 (pid=%s) func...' % os.getpid())


if __name__ == '__main__':
    p1 = multiprocessing.Process(target=func,args=(1,2))
    p1.start()
```

上面代码在调用时，使用 args 将参数传入函数中，参数可以使用元组，也可以使用列表。代码执行结果如图 7-5 所示。

```
1 2
子进程(pid=39414) func...
```

图 7-5　参数传递 1

（3）守护进程的使用。

守护进程也称后台进程。主进程是非守护进程的，进程创建默认为非守护进程。如果一个程序中所有非守护进程都停止了，只有守护进程，那么程序就会停止。守护进程是可以通过实例对象调用 daemon 属性进行设置的，如果设置为 True，就是守护进程。

范例 7.1-6 进程实例中的参数传递 2（07\ 代码 \7.1 进程 \demo06.py）。

运行下面代码：

```
import multiprocessing
import os
import time


def func(a,b):
    print(a,b)
    time.sleep(5)
    print('子进程(pid=%s) func...' % os.getpid())


if __name__ == '__main__':
    p1 = multiprocessing.Process(target=func,args=(1,2))
    #p1是守护进程
    p1.daemon = True
    p1.start()


    time.sleep(1)
    print('主进程结束')
```

当代码中 p1.daemon = True 不存在时，运行结果如图 7-6 所示。

```
主进程结束
1 2
子进程(pid=39508) func...
```

图 7-6 参数传递 2

而如果把 p1 修改为守护进程，则运行结果只是"主进程结束"。这个实例正好说明了守护进程的作用。

范例 7.1-7 进程名称的修改（07\ 代码 \7.1 进程 \demo07.py）。

进程在创建时，可以修改名称，并且是通过 name 参数进行设置的。例如，上面代码中可以对 name 参数进行如下设置，就可以达到修改进程名称的目的。

```
p1 = multiprocessing.Process(target=func,name='myprocess1')
```

（4）进程的生命周期和常用功能。

进程在使用过程中，可以使用 is_alive() 判断进程是否正在运行，也可以使用 terminate() 强行终止进程的运行，对于主进程，可以使用 join() 等待子进程结束后再执行主进程。同样，前面的实例中也可以使用这些方法控制进程的运行。

范例 7.1-8 进程的生命周期（07\ 代码 \7.1 进程 \demo08.py）。

代码如下：

```
def func():
    print('子进程(pid=%s)，它的父进程的pid=%s func...' % (os.getpid(),os.
```

```
getppid()))
        for i in range(3):
            print(i)
            time.sleep(0.5)
```

上面代码用于定义函数显示进程的名称及 ID。

```
if __name__ == '__main__':
    print('主进程(pid=%s) begin...'% os.getpid())

    # 创建进程，初始化状态
    p1 = multiprocessing.Process(target=func)
    # 开始进程，就绪状态
    p1.start()

    time.sleep(0.5)

    # 强制停止
    p1.terminate()
    #time.sleep(3)
    # 判断是否还休眠
    print(p1.is_alive())
    # 主进程等待 p1 执行完后再运行
    p1.join()

    print(p1.is_alive())
    print('主进程(pid=%s) end...' % os.getpid())
```

运行结果如图 7-7 所示。

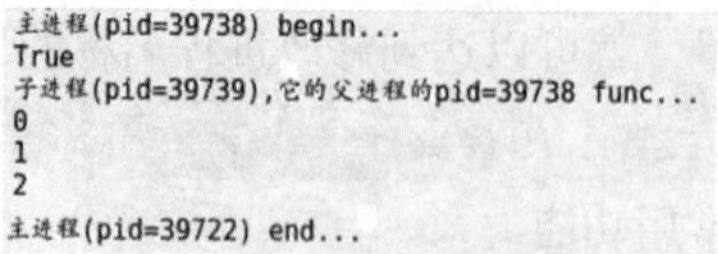

```
主进程(pid=39738) begin...
True
子进程(pid=39739),它的父进程的pid=39738 func...
0
1
2
主进程(pid=39722) end...
```

图 7-7　进程的生命周期

2 通过继承实现进程

前面已经知道 Process 是 multiprocessing 模块中的一个类，并且可以定义自己的子类，继承 Process 类，下面介绍如何通过继承实现进程。

范例 7.1-9 通过继承实现进程（07\ 代码 \7.1 进程 \demo09.py）。

代码如下：

```
from multiprocessing import Process
import time
import os

class MyProcess(Process):
    def __init__(self,pname,a=1,b=2):
        # 调用父类的 __init__
        Process.__init__(self,name=pname)
        self.a = a
        self.b = b
    def run(self):
        print(self.a,self.b)
        print(' 子进程 (pid=%s), 它的父进程的 pid=%s func...' % (os.getpid(),
os.getppid()))
        for i in range(3):
            print(i)
            time.sleep(0.5)
    def f1(self):
        pass
```

上面这个子类 MyProcess 继承父类 Process，同时定义自己的方法 __init__()、run() 和 f1()，并根据需要指定参数。其中，run() 是重写的方法，当进程调用时，会自动执行子类的 run() 方法。

定义了继承的子类，下面介绍如何使用这个继承的子类 MyProcess。

```
if __name__ == '__main__':
    print(' 主进程 (pid=%s) begin...' % os.getpid())
    p1 = MyProcess('p1')
    print(p1.name)
    p1.start()

    p2 = MyProcess('p2')
    print(p2.name)
    p2.start()

    p1.join()
    p2.join()

print(' 主进程 (pid=%s) end...' % os.getpid())
```

程序执行结果如图 7-8 所示。

```
主进程(pid=40106) begin...
p1
p2
1 2
子进程(pid=40107),它的父进程的pid=40106 func...
0
1 2
子进程(pid=40108),它的父进程的pid=40106 func...
0
1
1
2
2
主进程(pid=40106) end...
```

图 7-8　进程的继承

程序中主进程通过 join() 等待子进程运行完后才开始执行。

由于现在介绍的编程思想是面向对象设计，因此建议开发中使用第二种方式——面向对象完成，这样有利于功能的扩展。

7.1.5 进程池

Python 中，进程池内部会维护一个进程序列。当需要时，程序会去进程池中获取一个进程。如果进程池序列中没有可供使用的进程，那么程序就会等待，直到进程池中有可用进程为止。当进程较少时，占用系统资源较少，就不需要使用进程池，可以直接利用 Multiprocessing 中的 Process 动态生成多个进程；当系统进程较多时，如上百甚至上千个目标，手动地去创建进程的工作量巨大，如何合理调度进程，就需要使用进程池了。通过“系统”合理分配任务，来提高系统性能，尽量实现真正的并行处理，提升系统处理效率，此时就可以用到 Multiprocessing 模块提供的 pool() 方法。

下面通过实例介绍进程池的使用。

范例 7.1-10 进程池的使用（07\ 代码 \7.1 进程 \demo11.py）。

首先需要导入所需模块：

```
from multiprocessing import Pool
import os,time,random
```

可以使用 Pool 初始化进程池的进程个数，如下面代码初始化了 4 个进程。

```
    process_pool = Pool(4)
```

然而 CPU 在分配 4 个进程的使用权时，是随机的，并不一定按照执行顺序进行分配。例如，定义一个函数，然后在主进程中分配进程池，程序为：

```
def worker(num):
    print('%s begin，进程号是 %s'%(num,os.getpid()))
    time.sleep(random.random())
    print('%s 结束，进程号是 %s'%(num,os.getpid()))
```

上面代码是每个进程执行的函数。

```
if __name__ == '__main__':
    print(' 主进程 (pid=%s) begin...' % os.getpid())


    process_pool = Pool(4)
    for i in range(1,11):
        process_pool.apply_async(worker,(i,))


    process_pool.close()
    process_pool.join()


print(' 主进程 (pid=%s) end...' % os.getpid())
```

图 7-9 所示为部分进程运行的结果。

```
主进程(pid=41002) begin...
1 begin，进程号是41007
3 begin，进程号是41008
4 begin，进程号是41009
2 begin，进程号是41010
2 结束，进程号是41010
5 begin，进程号是41010
4 结束，进程号是41009
6 begin，进程号是41009
6 结束，进程号是41009
7 begin，进程号是41009
1 结束，进程号是41007
8 begin，进程号是41007
7 结束，进程号是41009
9 begin，进程号是41009
9 结束，进程号是41009
10 begin，进程号是41009
```

图 7-9　进程池的使用 1

可以看出，4 个进程的执行顺序是按照 1，3，4，2 开始的。上面代码是使用非阻塞式执行方式，如果把 process_pool.apply_async(worker,(i,)) 修改成 process_pool.apply(worker,(i,))，就称为阻塞式执行方式，结果如图 7-10 所示。

```
主进程(pid=41062) begin...
1 begin，进程号是41063
1 结束，进程号是41063
2 begin，进程号是41065
2 结束，进程号是41065
3 begin，进程号是41064
3 结束，进程号是41064
4 begin，进程号是41066
4 结束，进程号是41066
5 begin，进程号是41063
5 结束，进程号是41063
6 begin，进程号是41065
6 结束，进程号是41065
```

图 7-10　进程池的使用 2

可以看出，程序执行是一个进程开始直到结束，然后再开始另外一个进程。

7.1.6 进程间的通信

前面介绍进程的概念时，提到进程是不共享全局变量的，每个进程拥有自己独立的资源和私有的地址空间，那么如果进程之间需要传递信息要如何实现呢？

下面通过一个实例演示如何实现进程间的通信。

范例 7.1-11 进程间进行通信（07\ 代码 \7.1 进程 \demo12.py）。

首先导入所需的模块：

```
from multiprocessing import Process,Queue
import os,time,random
```

下面定义两个功能函数，以实现进程之间的调用：

```
def write(q):
    for value in ['a','b','c','d']:
        print('put %s to queue'%value)
        # 往队列中存放数据
        q.put(value)
        time.sleep(random.random())


def read(q):
    while True:
        # 判断队列是否为空（里面是否还有数据）
        if not q.empty():
            # 从队列中获取值
            value = q.get()
            print('get %s from queue' % value)
            time.sleep(random.random())
        else:
            break
```

上面两个函数，一个用于向队列中写数据，另外一个用于从队列中读数据。然后使用两个进程，一个进程向队列中写数据，另一个进程从队列中读数据，这样可以模拟进程间的通信。

下面代码首先建立队列，然后创建进程进行通信：

```
q = Queue()
p_write = Process(target=write,name='p_write',args=[q])
p_write.start()
p_write.join()


p_read = Process(target=read,name='p_read',args=[q])
```

```
p_read.start()
p_read.join()

print(' 所有数据写入完毕，读取完毕 ')
```

程序运行结果如图 7-11 所示。

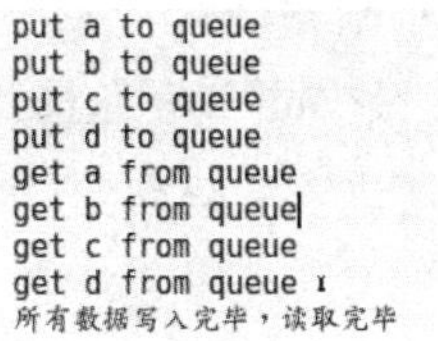

```
put a to queue
put b to queue
put c to queue
put d to queue
get a from queue
get b from queue
get c from queue
get d from queue ı
所有数据写入完毕，读取完毕
```

图 7-11　进程间进行通信

这段代码创建进程是直接使用 Process 创建对象的方法实现的，传递的参数就是队列，通过队列实现数据的读和写。

上面的例子中使用队列实现两个进程间的通信，队列是单向的管道，先进先出，开始 a、b、c、d 进入队列，然后出队列时也要按照这个顺序。

下面介绍如何通过进程池实现进程间的通信。

范例 7.1-12　进程池实现进程间的通信（07\ 代码 \7.1 进程 \demo13.py）。

导入所需模块：

```
from multiprocessing import Manager,Pool
import os,time,random
```

读写函数与上例相同，主程序中进程池模拟两个进程，代码为：

```
q = Manager().Queue()
    # 进程池
    p_pool = Pool(2)
    # 添加任务
    p_pool.apply(write,args=[q])
    p_pool.apply(read,args=[q])
    # 关闭
    p_pool.close()
    # 主进程等待
    p_pool.join()

print(' 所有数据写入完毕，读取完毕 ')
```

程序使用阻塞式方式运行进程任务，保证先向队列中写信息，然后再从队列中读信息。代码运行结果与上面实例一样。

7.2 线程

前面重点介绍了进程，在多任务系统中，CPU 负责资源调度，分配进程，哪个进程获得 CPU 的运行权，就执行其对应的程序代码，接下来介绍线程。当进程执行时，每个进程至少包含一个线程，所有的线程运行在同一个进程中，共享相同的运行资源和环境，线程一般是并发执行的，实现了多任务的并行和数据共享。在单 CPU 中，真正的并发是不可能的，每个进程会被安排成每次运行一小会儿，然后让出 CPU，让其他线程运行。

7.2.1 使用 threading 创建线程

为了更好地理解线程的概念，下面通过代码来帮助理解。

与进程创建方式类似，线程的创建方式也有两种，分别使用 threading 模块中的 Thread 创建：直接实例化 Thread，继承实现。

所需的模块导入代码为：

```
from threading import Thread,current_thread
import os
import time
```

与前面进程不同的是，此时使用的是管理线程的模块 threading。

1 直接实例化 Thread

范例 7.2-1 直接实例化 Thread（07\ 代码 \7.2 线程 \demo01.py）。

管理线程的代码为：

```
def work():
    print(' 子线程 (name=%s) work...'%(current_thread().name))


if __name__ == '__main__':
    print(' 主线程 ...%s...begin...'%(current_thread().name))

    # 创建一个线程对象，指定在运行时，需要完成的任务
    my_thread = Thread(target=work,name='my_thread')


    print(my_thread.name)


    my_thread.start()
```

```
# 主线程休眠
time.sleep(1)

print(' 主线程...%s...end...' % (current_thread().name))
```

上面代码中使用 Thread () 创建线程对象，使用 current_thread().name 获得线程的名称，使用 start() 等待获取 CPU 的使用权。前面进程是使用编号或名称判断不同，而线程不存在编号。上面代码运行结果如下：

```
主线程 ...MainThread...begin...
my_thread
子线程 (name=my_thread) work...
主线程 ...MainThread...end...
```

2 继承实现

首先定义下面的子类 MyThread 和基础父类 Thread，其中定义了自身的 __init__() 初始化方法和 run() 方法。

范例 7.2-2 继承实现 Thread（07\ 代码 \7.2 线程 \demo02.py）。

代码如下：

```
class MyThread(Thread):
    def __init__(self,pname,a=1,b=2):
        # 调用父类的 __init__() 方法
        Thread.__init__(self,name=pname)
        self.a = a
        self.b = b
    def run(self):
        print(self.a,self.b)
        print(' 子线程 (tname=%s)...' % (current_thread().name))
        for i in range(3):
            print(i)
            time.sleep(0.5)
```

下面是调用过程：

```
if __name__ == '__main__':
    print(' 主线程 ...%s...begin...' % (current_thread().name))
    t1 = MyThread('t1')
    print(t1.name)
    t1.start()
```

```
t2 = MyThread('t2')
print(t2.name)
t2.start()

t1.join()
t2.join()

print('主线程...%s...end...' % (current_thread().name))
```

分析上面代码，可以发现和 7.1 小节进程的代码几乎相同，只不过是把进程模块更换为线程模块。上面代码运行结果如图 7-12 所示。

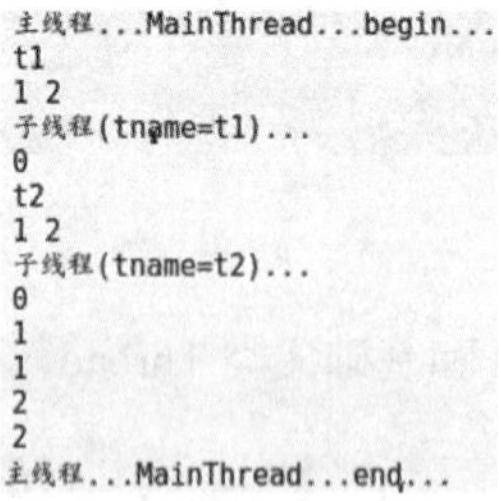

```
主线程...MainThread...begin...
t1
1 2
子线程(tname=t1)...
0
t2
1 2
子线程(tname=t2)...
0
1
1
2
2
主线程...MainThread...end...
```

图 7-12 继承实现 Thread

7.2.2 进程和线程的区别

前面介绍的进程知识中，每个进程拥有自己独立的资源，进程之间相互不影响，那么线程之间呢？

范例 7.2-3 使用线程修改全局变量（07\ 代码 \7.2 线程 \demo03.py）。

下面来看一个实例：

```
from threading import Thread,current_thread

num = 100

def f1():
    global num
    num+=1
    print('%s...num=%s\n'%(num,current_thread().name))

def f2():
    global num
    num+=1
```

```
    print('%s...num=%s' % (num, current_thread().name))
```

上面代码中定义一个变量 num，并定义两个函数，在函数中修改变量的值，下面看一下
线程是否可以通过函数修改这个变量的值。

```
if __name__ == '__main__':
    t1 = Thread(target=f1,name='t1')
    t2 = Thread(target=f1,name='t2')

    t1.start()
    t2.start()

    t1.join()
    t2.join()

print('%s...num=%s' % (num, current_thread().name))
```

上面代码执行结果为：

```
101...num=t1
102...num=t2
102...num=MainThread
```

可以看出，两个线程在执行过程中都修改了变量 num 的值。这也说明在多线程共享全局
变量中，如果一个线程修改了变量的值，就会影响另一个线程对应变量的值。这一点和进程
是不同的。

范例 7.2-4 线程和进程的区别（07\ 代码 \7.2 线程 \demo04.py）。

主要程序代码为：

```
def sing():
    for i in range(3):
        print(" 正在唱歌 ...%d"%i)
        sleep(random.random())


def dance():
    for i in range(3):
        print(" 正在跳舞 ...%d" % i)
        sleep(random.random()*2)


def p():
    Process(target=sing).start()
    Process(target=dance).start()
```

```
def t():
    Thread(target=sing).start()
    Thread(target=dance).start()


if __name__ == '__main__':
    #p()
    t()
```

上面程序如果调用多进程 p()，则运行结果如图 7-13 所示。

```
正在跳舞...0
正在唱歌...0
正在跳舞...1
正在跳舞...2
正在唱歌...1
正在唱歌...2
```

图 7-13　线程和进程的区别 1

而如果调用多线程 t()，则运行结果如图 7-14 所示。

```
正在唱歌...0
正在跳舞...0
正在跳舞...1
正在唱歌...1
正在唱歌...2
正在跳舞...2
```

图 7-14　线程和进程的区别 2

不过，由于线程和进程运行结果的随机性，上面调用进程或线程函数时，运行结果是变化的，即跳舞和唱歌的顺序会发生改变。

下面给出进程和线程之间关系的总结。

进程是系统资源分配的一个独立单位，而线程是进程的一个实体，是 CPU 调度和分配的单位。是没有资源的，只能依赖于进程中的资源实现。

一个程序至少有一个进程，一个进程至少有一个线程。也就是说，一个线程只能属于一个进程，而一个进程可以有多个线程，但至少有一个线程。资源分配给进程，同一进程的所有线程共享该进程的所有资源。CPU 分配给线程，即真正在 CPU 上运行的是线程。

一个进程内部可能包含了很多顺序执行流，每个顺序执行流就是一个线程。现在的操作系统大多使用抢占式多任务操作策略，以支持多进程的并发性，而多线程是多进程的扩展，使一个进程也能像一个处理器一样并发地处理多项任务。线程就是进程中并发执行的基本单位，因此被称为"轻量级进程"。一个进程可以包含多个线程，每条线程都有其父进程。

线程和进程在使用上都有各自的优缺点，其中，线程开销小，但不利于资源的维护，而进程恰恰相反。在实际使用过程中，可根据下面的原则进行选择。

- 如果是需要共享资源，建议使用线程。

- 如果是计算密集型。如算法运算，因为算法主要依赖于 CPU 内存等资源，建议使用多进程，并且进程的数量可以等于 CPU 的数量。

- 如果 I/O 是密集型的数据处理，如 Web、文件传输等，这些操作主要涉及 I/O 操作，在运行过程中由于各种情况，运行会阻塞，速度远小于 CPU 的速度。这时可以多开辟一些线程来完成任务，即使一个任务阻塞了，其他任务也可以照常执行。

7.2.3 同步

当一个线程修改变量时，其他线程在读取这个变量的值时就可能会看到不一致的数据。因此必须保持数据的一致性，下面介绍同步的概念。

1 同步的概念

为了解释线程同步的概念，下面通过一个实例进行介绍。

范例 7.2-5 同步（07\ 代码 \7.2 线程 \demo05.py）。

先看下面的代码：

```
import threading
import time
```

下面代码定义一个全局变量：

```
g_num = 0
```

然后定义两个函数，这两个函数的功能一样，循环 1000000，每次循环全局变量加 1。

```
def test1():
    global  g_num
    for i in range(1000000):
        g_num = g_num+1
    print("---test1---g_num=%d" % g_num)


def test2():
    global g_num
    for i in range(1000000):
        g_num = g_num + 1
    print("---test2---g_num=%d" % g_num)
```

下面是主函数，分别创建两个线程并执行。

```
def main():
    t1 = threading.Thread(target=test1)
    t1.start()
```

```
    t2 = threading.Thread(target=test2)
    t2.start()

    time.sleep(5)
    print("---main---g_num=%d" % g_num)
```

运行上面的代码，两个线程分别执行前面定义的两个函数，结果如图 7-15 所示。

```
---test2---g_num=1421892
---test1---g_num=1387939
---main---g_num=1387939
```

图 7-15　同步线程

观察结果可以发现，虽然线程 1 首先开始运行，但是线程 2 先结束。此外，两个线程的计算结果都不是 2000000，这是为什么呢？

主要是因为线程共享全局变量，在 CPU 进行资源调度时，某一时刻是线程 1 访问全局变量，而另一时刻可能是线程 2 在访问全局变量，这就会造成多线程数据共享混乱。可以看出两个线程计算的结果都超过 1000000，这是因为循环每个线程都是 1000000，但在计算的过程中，有可能另外一个线程已经修改了变量的值，因此每次执行结果都会不同。

2 互斥锁

那么如何解决线程数据共享混乱这个问题呢？这就需要线程的同步，通过协同步调，让线程按照约定的顺序运行。要实现线程的同步可以使用 threading 模块中的同步锁 Lock 类，代码为：

```
from threading import Lock,Thread
```

Lock 类使用 Lock() 创建一个同步锁对象，使用 acquire() 方法获取锁并进行上锁，如果上锁成功，返回 True，使用 release() 释放锁。在一个锁已经上锁还没有解锁的情况下，如果再次进行上锁，就会出现错误。下面可以利用这个思想实现线程同步。

范例 7.2-6 线程的同步（07\ 代码 \7.2 线程 \demo06.py）。

修改上面的代码为：

```
def test1():
    global  g_num
    if my_lock.acquire():
        for i in range(1000000):
            g_num = g_num+1
        my_lock.release()
    print("---test1---g_num=%d" % g_num)
```

```
def test2():
    global g_num
    if my_lock.acquire():
        for i in range(1000000):
            g_num = g_num+1
        my_lock.release()
    print("---test2---g_num=%d" % g_num)
```

可以看出每个线程首先判断是否已经加锁，只有已经加锁才开始执行其中的程序代码，否则退出程序。

下面代码调用两个线程：
```
def main():
    global my_lock
    my_lock = Lock()

    t1 = Thread(target=test1)
    t1.start()

    t2 = Thread(target=test2)
    t2.start()

    time.sleep(5)
    print("---main---g_num=%d" % g_num)
```
上面代码的运行结果为：
```
---test1---g_num=1000000
---test2---g_num=2000000
---main---g_num=2000000
```
可以看出，两个线程达到了同步的效果，实现了每个线程的循环叠加。

3 死锁

如果有两个线程，每个线程对自己的资源进行加锁，然后又想使用另外一个线程的资源，企图对另外一个线程的资源进行加锁，此时就会出现死锁问题，即线程 A 等待线程 B 释放锁，而线程 B 等待线程 A 释放锁。下面通过两个实例理解死锁问题。

范例7.2-7 死锁问题（07\ 代码 \7.2 线程 \demo07.py）。

代码为：
```
class MyThread1(threading.Thread):
    def run(self):
```

```
            if mutexA.acquire():
                print(self.name + '----do1---up----')
                time.sleep(1)
                if mutexB.acquire():
                    print(self.name + '----do1---down----')
                    mutexB.release()
                mutexA.release()


class MyThread2(threading.Thread):
    def run(self):
        if mutexB.acquire():
            print(self.name + '----do2---up----')
            #time.sleep(1)
            if mutexA.acquire():
                print(self.name + '----do2---down----')
                mutexA.release()
            mutexB.release()


if __name__ == '__main__':
    mutexA = threading.Lock()
    mutexB = threading.Lock()
    t1 = MyThread1()
    t2 = MyThread2()
    t1.start()
    t2.start()
```

上面代码中定义了两把锁和两个线程，线程使用继承的方法实现，上面这段代码运行时就会产生死锁。

范例 7.2-8 使用锁完成同步（07\ 代码 \7.2 线程 \demo08.py）。

下面给出一个多任务使用同步按照顺序完成的应用。在这个应用中，不仅通过使用锁完成同步，而且同时设置了多个任务的执行顺序。这时就需要定义 3 把锁分别用于控制 3 个任务。

```
from threading import Thread, Lock
from time import sleep


class Task1(Thread):
    def run(self):
        while True:
            if lock1.acquire():
```

```
            print("------Task 1 -----")
            sleep(0.5)
            lock2.release()


class Task2(Thread):
    def run(self):
        while True:
            if lock2.acquire():
                print("------Task 2 -----")
                sleep(0.5)
                lock3.release()


class Task3(Thread):
    def run(self):
        while True:
            if lock3.acquire():
                print("------Task 3 -----")
                sleep(0.5)
                lock1.release()
```

下面定义 3 把锁：

```
lock1 = Lock()
lock2 = Lock()
lock2.acquire()
lock3 = Lock()
lock3.acquire()
```

下面代码实现 3 个任务的顺序执行：

```
t1 = Task1()
    t2 = Task2()
    t3 = Task3()


    t1.start()
    t2.start()
    t3.start()
```

上面这段代码通过合理地设置锁保证了任务的同步进行，运行结果如图 7-16 所示。

```
------Task 1 -----
------Task 2 -----
------Task 3 -----
------Task 1 -----
------Task 2 -----
------Task 3 -----
```

图 7-16　使用锁完成同步

7.2.4 ThreadLocal 的用法

假设一个进程中有多个线程分别实现不同的任务或功能，这些任务有可能在执行过程中需要调用某个变量或对象，此时可以将变量或对象以方法实参的形式传给其他方法或函数，但是这种方式存在参数传递过多，代码复杂的缺点。如果定义成全局变量，就需要使用锁实现同步。现在就使用 ThreadLocal 来实现，即把局部变量绑定到当前线程，此时只要获取当前线程，即可使用这个线程中的所有局部变量。这样也可以解决参数在一个线程中各个函数之间互相传递的问题。

下面就通过一个实例来理解这个概念。

范例 7.2-9 参数的传递（07\ 代码 \7.2 线程 \demo09.py）。

首先导入下面这个模块：

```
import threading
```

然后使用 threading.local() 创建对象：

```
thread_local = threading.local()
```

下面定义一些函数模拟不同的功能：

```python
def f1(name):
    print('f1...')
    # 将变量绑定到当前线程中
    thread_local.name = name
    f2()


def f2():
    print('f2...')
    name = thread_local.name
    print('hello:%s...tname=%s'%(name,threading.current_thread().name))
```

上面函数 f2() 可以直接使用函数 f1() 的名称，下面主程序调用这两个函数：

```python
if __name__ == '__main__':
    t1 = threading.Thread(target=f1,args=[' 小明 '],name='t1')
    t2 = threading.Thread(target=f1,args=[' 小红 '],name='t2')


    t1.start()
    t2.start()
```

上面代码运行的结果如图 7-17 所示。

```
f1...
f2...
hello:小明...tname=t1
f1...
f2...
hello:小红...tname=t2
```

图 7-17　参数的传递

可以发现，当运行 t1 = threading.Thread(target=f1,args=[' 小明 '],name='t1') 代码时，调用 f1 传递的参数是 "小明"，在 f1() 函数中访问 f2() 函数，此时变量 "小明" 仍然有效。

7.2.5　异步

前面介绍的同步概念是保持线程之间协同步调，按照约定好的顺序执行，实现过程需要借助锁才能实现。而异步是指在处理过程中不用阻塞当前线程等待处理完成，而是允许后续操作，直至其他线程处理完成，并返回调用通知此线程。下面通过实例来认识异步的概念。

范例 7.2-10 异步的使用（07\ 代码 \7.2 线程 \demo10.py）。

首先导入所需模块：

```
from multiprocessing import Pool
import os,time
```

下面定义两个函数实现异步功能：

```
def test1():
    print(' 进程池里的进程 begin...pid=%d,ppid=%d' % (os.getpid(),os.getppid()))
    for i in range(3):
        print('---%d---'%i)
        time.sleep(0.5)
    return 'Python...'

def test2(args):
    print('...callback...args=%s...pid=%s'%(args,os.getpid()))
```

下面代码是主进程，它通过进程池实现本节所需的异步功能，其中 apply_async() 是进程异步的方法。

```
if __name__ == '__main__':
    print(' 主进程 begin...pid=%d'%(os.getpid()))

    my_pool = Pool(4)
    my_pool.apply_async(test1,callback=test2)

    for i in range(5):
        print('...%d...'%i)
```

```
        time.sleep(1)
```

上面代码运行的结果如图 7-18 所示。

```
主进程begin...pid=59258
...0...                    I
进程池里的进程begin...pid=59259,ppid=59258
---0---
---1---
...1...
---2---
...callback...args=Python......pid=59258
...2...
...3...
...4...
主进程end...pid=59258
```

图 7-18　异步的使用

上面代码给出了线程异步的应用，下面给出同步和异步二者之间的关系。

线程同步是多个线程同时访问同一资源，等待资源访问结束，既浪费时间，效率又低；而线程异步是指访问资源时，在空闲等待时同时访问其他资源，实现多线程机制。也就是说，异步是你现在问我问题，我可以不回答你，等我有时间了再处理你这个问题，而同步是指信息被立即处理，马上回答问题。

 课堂范例

范例7　使用代码模拟多个售票员同时售票（07\ 代码 \7.3 课堂范例 \demo01.py）。

分析：由于售票时，对于剩余票数的查询和访问有多个不同售票点都在使用，这时必须使用加锁机制进行控制，因为剩余票数是一个全局变量，所有线程都在使用。如果不使用加锁机制，当一个窗口查询有票时，而购买的时候有可能票已经没有了。因此这个范例应该使用多线程和加锁方法。

下面代码导入所需要的模块：

```
import threading
import time
import os
import random
```

下面函数定义任意两个任务之间的间隔，其中使用随机数作为间隔值。

```
def doChore():
    time.sleep(random.random())
```

下面函数定义了售票点的操作业务功能：在查询或卖出票之前，首先需要使用 acquire() 对全局变量进行锁定，以防其他线程同时访问。

```
def booth():
    global num
```

```
# 当前线程的名称
tname = threading.current_thread().name
while True:
    # 得到一个锁，锁定
    lock.acquire()
    if num!=0:
        # 售票，售出一张减少一张
        num-=1
        # 剩下的票数
        print('%s 卖出了一张票，目前还剩余 %d 张票 '%(tname,num))
        # 间隔
        doChore()
    else:
        print('%s 发现票卖完了，停止 ' % tname)
        # 票售完，退出程序
        os._exit(0)
    # 释放锁
    lock.release()
    # 间隔
    doChore()
```

上面操作当售票任务完成后，应及时使用 release() 释放锁，否则其他售票点需要长时间地等待。

下面代码初始化票数并创建一个锁：

```
num = 15
lock = threading.Lock()
```

下面函数就是主函数。

```
def main():
    for k in range(3):
        # 创建线程；Python 使用 threading.Thread 对象来代表线程
        new_thread = threading.Thread(target=booth,name=' 售票员 %d'%k)
        # 调用 start() 方法启动线程
        new_thread.start()
```

这个范例总共设置了 3 个线程，模拟 3 个售票员售票的工作，如图 7-19 所示为售票运行结果。

```
售票员0 卖出了一张票，目前还剩余14张票
售票员1 卖出了一张票，目前还剩余13张票
售票员2 卖出了一张票，目前还剩余12张票
售票员1 卖出了一张票，目前还剩余11张票
售票员0 卖出了一张票，目前还剩余10张票
售票员2 卖出了一张票，目前还剩余9张票
售票员0 卖出了一张票，目前还剩余8张票
售票员0 卖出了一张票，目前还剩余7张票
售票员1 卖出了一张票，目前还剩余6张票
售票员2 卖出了一张票，目前还剩余5张票
售票员0 卖出了一张票，目前还剩余4张票
售票员1 卖出了一张票，目前还剩余3张票
```

图 7-19　售票运行结果

上机实战

使用程序模拟"生产者消费者"的问题 (07\ 代码 \7.4 上机实战 \demo01.py)。

部分运行结果如图 7-20 所示。

```
Thread-4消费了  生成产品94
Thread-4消费了  生成产品95
Thread-4消费了  生成产品96
Thread-5消费了  生成产品97
Thread-5消费了  生成产品98
Thread-5消费了  生成产品99
Thread-3消费了  生成产品100
Thread-3消费了  生成产品101
Thread-3消费了  生成产品102
Thread-6消费了  生成产品103
Thread-6消费了  生成产品104
Thread-6消费了  生成产品105
生成产品801
生成产品802
生成产品803
生成产品804
生成产品805
```

图 7-20　"生产者消费者"的问题

第 8 章 网络编程

08

随着网络的普及，人们日常生活越来越离不开网络，如网络社交、电子商务等，其中的关键点是信息传递，那么如何通过编程在网络中的各节点之间进行信息的传递呢？本章将给出网络通信的基本原理，并重点介绍在 Python 中如何实现网络编程。

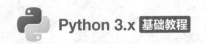

8.1 网络通信概述

网络是用物理链路将各个孤立的工作站或主机连接在一起，组成数据链路，从而达到资源共享和通信的目的。网络通信是通过网络将各个孤立的设备进行连接，通过信息交换实现人与人、人与计算机、计算机与计算机之间的通信。

网络通信中最重要的是网络通信协议。最常用的网络协议有 3 个：Microsoft 的 NetBEUI、Novell 的 IPX/SPX 和 TCP/IP 协议。下面介绍这些基本协议。

8.1.1 TCP/IP 协议

每种网络协议都有自己的优点，但是只有 TCP/IP 允许与 Internet 完全连接。TCP/IP 是 20 世纪 60 年代由麻省理工学院和一些商业组织为美国国防部开发的，即使遭到核攻击而被破坏了大部分网络，TCP/IP 仍然能够维持有效的通信。ARPANet 就是由基于 TCP/IP 协议开发的，并发展成为作为科学家和工程师交流媒体的 Internet。TCP/IP 同时具备了可扩展性和可靠性。Internet 公用化以后，人们开始发现全球网的强大功能，而且它的普遍性是 TCP/IP 至今仍然被使用的原因。

8.1.2 IP 地址

IP 地址是指互联网协议地址（Internet Protocol Address，网际协议地址），是 IP Address 的缩写。IP 地址是 IP 协议提供的一种统一的地址格式，它为互联网上的每一个网络和每一台主机分配一个逻辑地址，以此来屏蔽物理地址上的差异。IP 地址被用来给 Internet 上的计算机编号。大家日常见到的情况是每台联网的 PC 上都需要有 IP 地址，才能正常通信。其实可以把计算机比作电话，那么 IP 地址就相当于电话号码。

IP 地址是一个 32 位的二进制数，通常被分割为 4 个 8 位二进制数。IP 地址通常用十进制表示成（a.b.c.d）的形式，其中，a、b、c、d 都为 0~255 的十进制整数。例如，十进制 IP 地址（100.4.5.6），实际上是 32 位二进制数（01100100.00000100.00000101.00000110）。

TCP/IP 的 32 位寻址功能方案不足以支持即将加入 Internet 的主机和网络数。为了扩大地址空间，可以通过 IPv6 重新定义地址空间。在 IPv6 的设计过程中除了一劳永逸地解决了地址短缺问题外，还考虑了在 IPv4 中解决不好的其他问题，如 128 位地址长度。

8.1.3 端口号

端口（protocol port）可以认为是设备与外界通信交流的出口。端口可分为虚拟端口和物理端口，其中虚拟端口是指计算机内部或交换机路由器内的端口，不可见，如计算机中的 80

端口、21 端口、23 端口等。物理端口又称为接口，是可见端口，如计算机背板的 RJ45 网口、交换机路由器集线器等 RJ45 端口。

如果把 IP 地址比作一间房子，端口就是出入这间房子的门。一个 IP 地址的端口最多可以有 65536 个。端口是通过端口号来标记的，端口号只有整数，范围为 0~65535。

在 Internet 上，各主机间通过 TCP/IP 协议发送和接收数据包，各个数据包根据其目的主机的 IP 地址进行互联网络中的路由选择，把数据包顺利地传送到目的主机。大多数操作系统都支持多程序（进程）同时运行，那么目的主机应该把接收到的数据包传送给众多同时运行的进程中的哪一个呢？这就要用到端口机制进行判断。本地操作系统会给那些有需求的进程分配协议端口，每个协议端口由一个正整数标识，如 80、139、445 等。当目的主机接收到数据包后，将根据报文首部的目的端口号，把数据发送到相应端口，而与此端口相对应的那个进程将会领取数据并等待下一组数据的到来。

8.1.4　子网掩码

子网掩码（subnet mask）又称为网络掩码、地址掩码，它是一种用来指明一个 IP 地址哪些位标识的是主机所在的子网，以及哪些位标识的是主机的位掩码。子网掩码不能单独存在，它必须结合 IP 地址一起使用，而且它只有一个作用，就是将某个 IP 地址划分成网络地址和主机地址两部分。

互联网是由许多小型网络构成的，每个网络上都有许多主机，这样便构成了一个有层次的结构。IP 地址在设计时就考虑地址分配的层次特点，将每个 IP 地址都分割成网络号和主机号两部分，以便 IP 地址进行寻址操作。IP 地址的网络号和主机号如果不指定，就不知道哪些位是网络号、哪些位是主机号，因此需要通过子网掩码来实现。

8.1.5　Socket

网络上的两个程序通过一个双向的通信连接可以实现数据的交换，这个连接的一端称为一个 Socket。Socket 又称"套接字"，应用程序通常通过"套接字"向网络发出请求或应答网络请求。

建立网络通信连接至少要有一对端口号（Socket）。Socket 本质是编程接口（API），是对 TCP/IP 的封装，TCP/IP 也要提供可供程序员做网络开发所用的接口，这就是 Socket 编程接口。可以把 HTTP 比作为汽车，它提供了封装或显示数据的具体形式；而 Socket 是发动机，提供了网络通信的能力。

根据连接启动的方式及本地套接字要连接的目标，套接字之间的连接可以分为 3 个步骤：服务器监听、客户端请求和连接确认。

（1）服务器监听：指服务器端套接字并不定位具体的客户端套接字，而是处于等待连

接的状态，实时监控网络状态。

（2）客户端请求：指由客户端的套接字提出连接请求，要连接的目标是服务器端的套接字。为此，客户端的套接字必须首先描述它要连接的服务器的套接字，指出服务器端套接字的地址和端口号，然后才能向服务器端套接字提出连接请求。

（3）连接确认：指当服务器端套接字监听到或接收到客户端套接字的连接请求时，它就响应客户端套接字的请求，建立一个新的线程，把服务器端套接字的描述发给客户端，一旦客户端确认了此描述，连接就建立好了。而服务器端套接字继续处于监听状态，继续接收其他客户端套接字的连接请求。

在 Python 编程中，使用 Socket 模块创建与网络编程相关的对象及方法。可以使用下面代码导入该模块：

```
import socket
```

或者：

```
from socket import *
```

范例 8.1 ▶ 认识 Socket 模块（08\ 代码 \8.1 网络通信概述 \demo01.py）。

运行下面代码：

```
socket_tcp = socket(type=SOCK_STREAM)
print(socket_tcp)


socket_udp = socket(type=SOCK_DGRAM)
print(socket_udp)
```

上面代码给出了创建两种传送对象的基本方法，下面介绍在网络编程中如何实现 UDP 编程和 TCP 编程。

8.2 UDP 编程

在实际网络编程中主要应用两种编程：UDP 编程和 TCP 编程。下面首先学习 UDP 编程。

8.2.1 UDP 介绍

UDP（User Datagram Protocol，用户数据报协议）是 OSI（Open System Interconnection，开放式系统互联）参考模型中一种无连接的传输层协议，提供面向事务的简单不可靠信息传送服务。与 TCP 协议不同的是，UDP 协议是面向非连接的，且效率较高、不需要等待服务器的回应。它类似于现实中的发短信或发邮件等，发送方只管发送信息即可，无须关注信息是否丢失。

使用 UDP 协议时，不需要建立连接，只要知道对方的 IP 地址和端口号，就可以直接发数据包。发送消息和接收消息的双方没有明确的客户端和服务端之分，发送方只负责发送消息，能不能到达就不知道了。虽然用 UDP 协议传输数据不可靠，但它与 TCP 协议相比，具有速度快的优点，对于不要求可靠到达的数据，就可以使用 UDP 协议。

8.2.2 收发数据

1 发送数据

下面通过一个简单的实例来模拟 UDP 客户端发送消息。

范例8.2-1 使用 UDP 发送数据（08\ 代码 \8.2 UDP 编程 \demo01.py）。

基本代码为：

```
from socket import *
```

将上面代码导入 Socket 模块中，下面代码为创建 UDP 对象：

```
socket_udp = socket(type=SOCK_DGRAM)
```

假设需要向地址为 192.168.1.101 的主机、端口号为 5678 的进程发送消息，使用下面代码指定元组信息：

```
addr = ('192.168.1.101',5678)
```

输入以下代码：

```
msg = input('>')
```

下面代码实现信息的发送，使用 UDP 对象的 sendto() 方法，其中参数包含发送的消息及对方的 IP 地址和端口号。

```
socket_udp.sendto(msg.encode('gbk'),addr)
```

消息发送完毕后把对象关闭：

```
socket_udp.close()
```

下面使用软件 NetAssist 模拟接收方主机，设置 IP 地址和端口号为 192.168.1.101 和 5678，界面如图 8-1 所示。

图 8-1　主机地址和端口设置

运行上面程序，输入"你好"，按"Enter"键，则模拟主机将接收到信息，如图 8-2 所示。

图 8-2　接收信息

可以看出，模拟主机已经正常收到了信息。

上面代码中也可以绑定发送方的端口号，代码为：

```
socket_udp.bind(('',7777))
```

这样在运行时端口号会固定，否则每次运行端口号都是系统随机分配。

2 接收数据

上面模拟的是客户端发送消息，下面模拟服务器端接收消息。

范例 8.2-2 UDP 服务器端接收消息（08\ 代码 \8.2 UDP 编程 \demo02.py）。

代码为：

```
from socket import *
socket_udp = socket(type=SOCK_DGRAM)
```

```
socket_udp.bind(('',7788))
print('等待接收消息...')
data,addr = socket_udp.recvfrom(1024)
print('接收消息成功...')
print('【Receive from %s : %s】:%s'%(addr[0],addr[1],data.decode('gbk')))
socket_udp.close()
```

与上面发送消息基本类似,只不过这个代码中使用 recvfrom() 方法,其中参数设置为最大的信息缓存数,此处设置为 1024 个字符,该方法返回的是元组信息,第一个值是接收的信息,第二个值是发送方的 IP 地址,第三个值是发送方的端口。另外,此时接收方的端口号必须绑定,这样客户端发送消息时才能指定向哪个主机和端口发送信息。

运行程序,服务器端将等待接收信息,此时使用模拟的发送端发送信息,如图 8-3 所示。

图 8-3　发送信息

在图 8-3 中,首先输入 IP 地址和端口号,然后输入要发送的信息,最后单击"发送"按钮,此时服务器端将接收到信息,其显示结果如图 8-4 所示。

```
等待接收消息...
接收消息成功...
	【Receive from 192.168.1.101 : 5678】:在吗?
```

图 8-4　服务器端状态信息

8.2.3　通信过程

前面分别介绍了接收数据的实例和发送数据的实例,下面介绍既可以接收又可以发送的实例,实现双方进行通信的基本操作。当接收到信息时就立即回复信息,其实就是把接收数据和发送数据两部分代码进行合并。

范例 8.2-3 ▶ UDP 收发消息（08\ 代码 \8.2 UDP 编程 \demo03.py）。

代码为:

```
from socket import *


socket_udp = socket(type=SOCK_DGRAM)
socket_udp.bind(('',7788))


while True:
    data,addr = socket_udp.recvfrom(1024)
    print('【Receive from %s : %s】: %s'%(addr[0],addr[1],data.
decode('gbk')))
    socket_udp.sendto(data,addr)
socket_udp.close()
```

上面代码中，使用 recvfrom() 方法从发送方接收信息，然后使用 sendto() 方法把信息再发送到发送方。运行效果如图 8-5 所示。

```
【Receive from 192.168.1.101 : 1234】:你好
【Receive from 192.168.1.101 : 5678】:在吗？
```

图 8-5　UDP 收发消息

范例 8.2-4 使用多线程实现 UDP 收发消息（08\ 代码 \8.2 UDP 编程 \demo04.py）。

这段代码也可以通过多线程的方法进行实现，代码为：

```
from socket import *
from threading import Thread
```

下面代码定义发送信息的函数：

```
def send_msg(data,addr):
    print('【Receive from %s : %s】: %s' % (addr[0], addr[1], data.
decode('gbk')))
    msg = input('>').encode('gbk')
    # 发送
    socket_udp.sendto(msg, addr)

socket_udp = socket(type=SOCK_DGRAM)
socket_udp.bind(('',7788))


while True:
    print(' 主线程等待接收消息 ...')
    data,addr = socket_udp.recvfrom(1024)
    Thread(target=send_msg,args=[data,addr]).start()


socket_udp.close()
```

运行上面代码，结果如图 8-6 所示。

```
主线程等待接收消息...
主线程等待接收消息...
【Receive from 192.168.1.101 ：5678】：你好
>你在哪呢？
```

图 8-6 多线程实现 UDP 收发消息

上面的实例其实是模拟了 QQ 聊天的基本实现过程，但是这里的编码没有使用图形窗口界面。

8.2.4 UDP 广播

基于 UDP 协议传输的特点：通过地址发送消息，无须事先建立连接，可以实现广播的功能。例如，日常网络上所见到的视频广播、音频广播都可以基于 UDP 协议实现，其基本原理如图 8-7 所示。

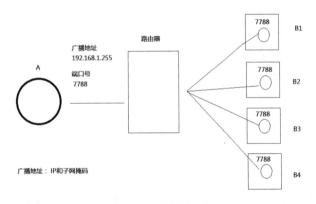

图 8-7 广播原理

在图 8-7 中，计算机 A 如果向计算机 B1、B2、B3 和 B4 发送消息，传统的方法是一对一地发送，现在可以通过广播的形式发送。首先计算机 A 向具有广播功能的路由器发送信息，然后路由器再向各个计算机发送信息，即可实现广播发送。这里有几点需要注意：一是计算机 B1、B2、B3 和 B4 必须在一个网段内，根据前面介绍的 IP 地址的编码规则，IP 地址前面的 3 个十进制数字可以确定网段，如 192.168.1.10 地址中的 192.168.1 标明网段；二是要求计算机 B1、B2、B3 和 B4 上以相同端口接收某个任务，如图 8-7 中的端口号为 7788；三是具有广播功能的路由器的广播地址可以通过 IP 地址和子网掩码进行计算，如图 8-8 所示为一个计算工具。

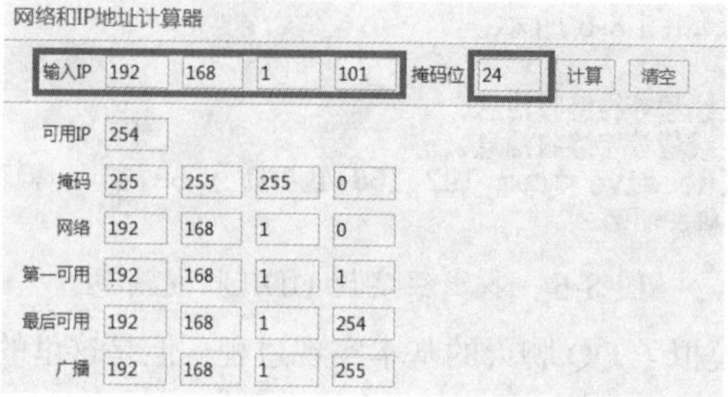

图 8-8 网络和 IP 地址计算器

在图 8-8 的计算器中输入主机的 IP 地址和子网掩码中 1 的个数，然后单击"计算"按钮，即可得到对应的广播地址。

根据前面发送消息的实例，即可得到广播的程序。

范例 8.2-5 UDP 广播（08\ 代码 \8.2 UDP 编程 \demo05.py）。

代码为：

```
from socket import *
from threading import Thread


socket_udp = socket(type=SOCK_DGRAM)
```

下面代码设置可以发送广播消息：

```
socket_udp.setsockopt(SOL_SOCKET,SO_BROADCAST,1)
addr = ('192.168.1.255',7788)
socket_udp.sendto(input('>').encode('utf-8'),addr)
socket_udp.close()
print('广播消息发送完毕')
```

上面代码中使用 UDP 对象的 setsockopt() 方法实现发送广播消息。其他的代码与发送消息的代码完全类似，这里不再赘述。运行代码，效果如图 8-9 所示。

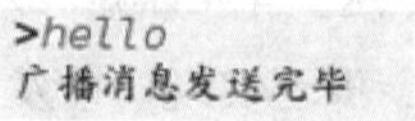

> *hello*
> **广播消息发送完毕**

图 8-9 UDP 广播

由于地址指定为计算的广播地址，端口号为 7788，因此所有该网络段内的计算机，只要其端口号 7788 运行任务，即可接收到消息。

8.3 TCP 编程

前面通过一些实例介绍了 UDP 的基本编程方法，本节介绍 TCP 编程。

8.3.1 ▶ TCP 介绍

前面介绍的 UDP 协议是面向非连接的，发送时主机不需要与其他计算机建立连接，只需向指定地址和端口号发送消息即可，至于另一台计算机是否收到信息，发送端不关心。而 TCP（Transmission Control Protocol，传输控制协议）是一种面向连接的、可靠的、基于字节流的传输层通信协议。创建 TCP 连接时，主动发起连接的称为客户端，被动响应连接的称为服务器。例如，当人们在浏览器中访问新浪网时，自己的计算机就是客户端，浏览器会主动向新浪网的服务器端发起连接。如果一切顺利，新浪的服务器端接收了发送的连接，一个 TCP 连接就建立起来了，后面的通信就是发送网页内容了。也就是说，发送信息之前，主机和客户端之间必须建立可靠的连接。

8.3.2 ▶ TCP 客户端编程

下面通过一个实例介绍如何通过 TCP 协议进行信息的发送。

首先模拟客户端发送信息，此时仍然使用 NetAssist 模拟服务器端，用于接收信息，其配置如图 8-10 所示。

图 8-10　TCP 协议配置

在图 8-10 的协议类型中选择"TCP Server"选项，在本地地址中输入自己的计算机 IP 地址，这里输入"192.168.1.101"，本地端口号输入"7788"。

范例8.3-1▶ TCP 客户端发送消息（08\代码\8.3 TCP 编程\demo01.py）。

客户端程序为：

```
from socket import *
```

下面代码创建 TCP 对象，注意此处与 UDP 不同的是：UDP 使用 type=SOCK_DGRAM 参数，而 TCP 使用 type=SOCK_STREAM 参数，不过这是系统的默认值，可以省略。

```
socket_tcp = socket()
```

下面代码给出服务器的地址：

```
server_addr = ('192.168.1.101',7788)
```

下面代码创建与服务器的连接：

```
socket_tcp.connect(server_addr)
```

注意，如果对应的服务器没有启动，那么系统就会提示错误。

下面代码实现发送消息：

```
socket_tcp.send(input('>').encode('gbk'))
```

下面代码实现 TCP 对象的关闭：

```
socket_tcp.close()
print('over...')
```

运行程序，输入"你好"，效果如图 8-11 所示。

> 你好
over...

图 8-11　TCP 客户端发送消息

此时服务器端如图 8-12 所示。

图 8-12　模拟接收端

可以看到，在"网络数据接收"下面出现客户端发送的信息，同时还可以看到发送方的 IP 地址和端口号。

从上面程序中也可以看出，客户端发送完消息后，虽然断开了与服务器的连接，但是服务器仍然可以监听信息。

8.3.3　TCP 服务端编程

对于服务器端的程序编码，需要考虑以下几个步骤。

① 端口绑定，若是属于本地地址，IP 地址可以不写，使用 TCP 对象的 bind() 方法来实现。

② 使用 TCP 对象的 listen() 方法进行监听，看是否有信息传送。

③ 使用 TCP 对象的 accept() 方法进行接收，返回客户端的端口号和 IP 地址。

④ 使用 TCP 对象的 recv() 方法接收数据。

⑤ 使用 TCP 对象的 send() 方法向客户端发送信息。

范例 8.3-2 TCP 服务端接收消息（08\ 代码 \8.3 TCP 编程 \demo02.py）。

下面是具体代码：

```
from socket import *

socket_tcp = socket()
socket_tcp.bind(('',7788))
socket_tcp.listen()
```

上面代码执行后，系统处于等待状态，直到有客户端连接成功，等待状态解除，下面代码实现接收信息：

```
socket_client,addr_client = socket_tcp.accept()
data = socket_client.recv(1024)
print('%s...%s'%(str(addr_client),data.decode('gbk')))
```

下面代码实现发送消息：

```
socket_client.send('OK'.encode('gbk'))
```

下面代码关闭与客户端的连接和 TCP 对象：

```
socket_client.close()
socket_tcp.close()

print('over...')
```

上面是服务器端代码，同样使用 NetAssist 模拟客户端，配置如图 8-13 所示。

图 8-13　TCP 接收消息客户端配置

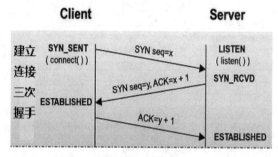

在图 8-13 中，需要在"协议类型"下拉列表中选择"TCP Client"选项，然后在下面的文本框中输入信息，单击"发送"按钮，此时服务器端将接收到数据；如果服务器端发送数据，在窗口的右侧空白框中将显示接收的信息。

8.3.4 TCP 三次握手

为了提供可靠的传送，TCP 在发送新的数据之前，只有确认客户端和服务器端都已经准备好，才开始发送数据。TCP 三次握手主要体现在客户端与服务器端连接时，即如何实现执行 connect 方法。图 8-14 所示为三次握手的基本过程。

图 8-14 三次握手

第一次握手：建立连接时，客户端发送 SYN 包（SYN seq=x）到服务器端，并进入 SYN_SENT 状态，等待服务器端确认；其中 SYN 表示同步序列编号（Synchronize Sequence Numbers）。

第二次握手：服务器端收到 SYN 包，必须确认客户端的 SYN（ACK=x+1），同时自己也发送一个 SYN 包（seq=y），即 SYN+ACK 包，此时服务器端进入 SYN_RECV 状态。

第三次握手：客户端收到服务器端的 SYN+ACK 包，向服务器发送确认包 ACK(ack=k+1)，此包发送完毕，客户端和服务器端进入 ESTABLISHED（TCP 连接成功）状态，完成三次握手。

可以用一个形象的比喻，第一次握手时，客户端发送"你在吗？"，第二次握手时，服务器端收到信息后，回复消息"我在，你还在吗"；第三次握手时，客户端回复消息"我还在"。这样双方建立连接。

当服务器端和客户端连接之后，就可以在二者之间进行信息的传送，此时如果客户端与服务器端之间的连接中断，服务器端必须通过适当的方法进行判断，否则服务器端将出现阻塞。

范例 8.3-3 三次握手发送消息（08\ 代码 \8.3 TCP 编程 \demo03.py）。

下面通过代码进行演示：

```
from socket import *
socket_tcp = socket()
```

```
socket_tcp.bind(('',7788))
socket_tcp.listen()
socket_client,addr_client = socket_tcp.accept()
print('%s...连接成功 '%str(addr_client))
```

上面代码是服务器端侦听客户端的数据传送，当有数据开始传送时，打印出"连接成功"，并给出客户端的地址。下面代码中判断接收的数据是否为空（使用 b 表示空），如果为空就表示客户端连接已经断开，并打印"断开了"，否则就打印接收到的数据。

```
while True:
    data = socket_client.recv(1024)
    if data!=b'':
        data = data.decode('gbk')
        print('%s...%s' % (str(addr_client), data))
    else:
        print('%s... 断开了 '%str(addr_client))
        break

socket_client.close()
socket_tcp.close()

print('over...')
```

运行上面这段服务器代码，同时使用 NetAssist 模拟客户端发送信息，如图 8-15 所示。

图 8-15　三次握手发送消息客户端状态

客户端配置过程同前面例子一样，此时在下方空白处输入信息，单击"发送"按钮，服

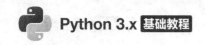

务器即可接收到信息，当在模拟客户端单击"断开"按钮时，服务器端将会根据断开的信息，显示"断开了"，如图 8-16 所示。

```
('192.168.1.101', 54240)...2
('192.168.1.101', 54240)...2
('192.168.1.101', 54240)...断开了
over...
```

图 8-16　服务器端状态

上面这个例子，服务器端只能接收一个客户端的连接和数据发送，如果想同时连接多个客户端，需要使用多线程编码。

8.3.5　TCP 四次挥手

在实际协议操作中，TCP 断开连接是通过四次挥手实现的。由于 TCP 连接是全双工的，因此每个方向都必须单独进行关闭。原则是：当一方完成它的数据发送任务后就能发送一个 FIN 来终止这个方向的连接。收到一个 FIN 只意味着这一方向上没有数据流动，一个 TCP 连接在收到一个 FIN 后仍能发送数据。首先进行关闭的一方将执行主动关闭，而另一方执行被动关闭。图 8-17 所示为 TCP 四次挥手实现的基本过程。

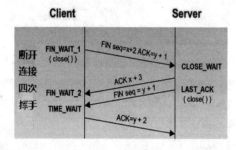

图 8-17　四次挥手

四次挥手的基本过程如下。

（1）TCP 客户端发送一个 FIN，用来关闭客户端到服务器端的数据传送。

（2）服务器端收到这个 FIN，它发回一个 ACK，确认序号为收到的序号加 1。与 SYN 一样，一个 FIN 将占用一个序号。

（3）服务器端关闭与客户端的连接，发送一个 FIN 给客户端。

（4）客户端发回 ACK 报文确认，并将确认序号设置为收到序号加 1。

可以用一个形象的比喻来演示：客户端发出信息"我要退出了"，服务器端收到信息后发出信息"我知道了"，同时服务器端继续发出信息"我也要退出"，客户端接收到信息后回复"好的"，这样经过四次挥手过程，就实现了连接的断开。

8.3.6 TCP10 种状态

通过前面三次握手和四次挥手的过程，可以知道 TCP 共有以下 10 种状态。

（1）CLOSED：表示关闭状态（初始状态）。

（2）LISTEN：该状态表示服务器端的某个 SOCKET 处于监听状态，可以接受连接。

（3）SYN_SENT：这个状态与 SYN_RCVD 遥相呼应，当客户端 SOCKET 执行 CONNECT 连接时，它首先发送 SYN 报文，随即进入 SYN_SENT 状态，并等待服务端发送三次握手中的第 2 个报文。SYN_SENT 状态表示客户端已发送 SYN 报文。

（4）SYN_RCVD：该状态表示接收到 SYN 报文，在正常情况下，这个状态是服务器端的 SOCKET 在建立 TCP 连接时三次握手过程中的一个中间状态，很短暂。此种状态时，当收到客户端的 ACK 报文后，会进入 ESTABLISHED 状态。

（5）ESTABLISHED：表示连接已经建立。

（6）FIN_WAIT_1：FIN_WAIT_1 和 FIN_WAIT_2 状态的真正含义都是表示等待对方的 FIN 报文。区别是：FIN_WAIT_1 状态是当 SOCKET 在 ESTABLISHED 状态时，想主动关闭连接，向对方发送了 FIN 报文，此时 SOCKET 进入 FIN_WAIT_1 状态。FIN_WAIT_2 状态是当对方回应 ACK 后，SOCKET 进入 FIN_WAIT_2 状态，正常情况下，对方应马上回应 ACK 报文，所以 FIN_WAIT_1 状态一般较难见到，而 FIN_WAIT_2 状态可用 NETSTAT 看到。

（7）FIN_WAIT_2：主动关闭连接的一方，发出 FIN 收到 ACK 后进入该状态，称为半连接或半关闭状态。该状态下的 SOCKET 只能接收数据，不能发送数据。

（8）TIME_WAIT：表示收到了对方的 FIN 报文，并发送出 ACK 报文，等 2MSL（MSL 表示最大分段生存期，表示 TCP 报文在 Internet 上最长生存时间）后即可回到 CLOSED 可用状态。如果在 FIN_WAIT_1 状态下，收到对方同时带 FIN 标志和 ACK 标志的报文时，可以直接进入 TIME_WAIT 状态，而无须经过 FIN_WAIT_2 状态。

（9）CLOSE_WAIT：此种状态表示在等待关闭。当对方关闭一个 SOCKET 后发送 FIN 报文给自己，系统会回应一个 ACK 报文给对方，此时则进入 CLOSE_WAIT 状态。接下来，查看是否还有数据发送给对方，如果没有可以关闭这个 SOCKET，发送 FIN 报文给对方，即关闭连接。所以在 CLOSE_WAIT 状态下，需要关闭连接。

（10）LAST_ACK：该状态是被动关闭一方在发送 FIN 报文后，最后等待对方的 ACK 报文。当收到 ACK 报文后，即可进入 SOCKET 可用状态。。

8.3.7 TCP 长连接和短连接

前面已经讲到，当网络通信时采用 TCP 协议，在进行真正的读写操作之前，Server 与 Client 之间必须建立一个连接，当读写操作完成后，且双方不再需要这个连接时，它们可以释放这个连接，连接的建立是需要三次握手的，而释放则需要四次挥手，所以说每个连接的建立都需要资源和时间消耗。

1 TCP 短连接

客户端向服务器端发起连接请求，服务器端接到请求后双方建立连接。客户端向服务器端发送消息，服务器回应客户端，然后一次读写就完成了，这时双方任何一个都可以发起关闭操作，不过一般都是客户端先发起关闭操作。因为一般的服务器不会回复完客户端后立即关闭连接，当然不排除有特殊的情况。从上面的描述看，短连接一般只会在客户端与服务器端之间传递一次读写操作。

短连接的优点是：管理起来比较简单，存在的连接都是有用的连接，不需要额外的控制手段。

2 TCP 长连接

客户端向服务器端发起连接，服务器端接受客户端连接，双方建立连接。客户端与服务器端完成一次读写之后，它们之间的连接并不会主动关闭，后续的读写操作会继续使用这个连接。

长连接和短连接的产生在于 Cient 和 Server 采取的关闭策略，具体的应用场景采用具体的策略，没有十全十美的选择，只有合适的选择。

 课堂范例

范例 8 给飞秋发消息（08\ 代码 \8.4 课堂范例 \demo01.py）。

分析：飞秋是一个常用于局域网的互联网聊天软件，是一个经典的应用程序。通过飞秋，不同用户可以发送和接收消息及文件，本例设置客户端向飞秋发送消息。飞秋使用的是 UDP 协议，并在此基础上包装成了 IPMSG 应用层协议。所谓应用层协议，是指对消息的格式有一定的要求，其基本格式如下。

> 版本号：包编号：发送者姓名：发送者机器名：命令字：消息

下面是符合标准的应用层格式的代码：

```
1:12323434:user:machine:32:hello
```

下面是程序代码:

```
import socket
import random
```

上面代码导入所需要的第三方库函数。

下面代码使用列表给出的用户名和所使用的计算机:

```
ls1 = ['小王','小张','小李']
ls2 = ['WANG-PC','ZHANG-PC','LI-PC']
```

下面代码创建 socket 对象:

```
udpSocket = socket.socket(socket.AF_INET,socket.SOCK_DGRAM)
```

下面给出飞秋运行程序的计算机地址和端口号:

```
destAdress = ('192.168.1.101',2425)
```

下面是输入的消息:

```
sendMsg = input('>>')
```

下面将输入数据组成符合要求的格式,其中随机选择用户名和计算机名称:

```
data = '1:12323434:%s:%s:32:%s'%(random.choice(ls1),random.choice(ls2),sendMsg)
data = data.encode('gbk')
```

下面代码将数据发送给飞秋:

```
udpSocket.sendto(data,destAdress)
```

使用完毕后需要及时关闭 socket 对象:

```
udpSocket.close()
print('over......')
```

首先启动飞秋应用程序,进入监听状态,其客户端如图 8-18 所示。

图 8-18　飞秋客户端

然后运行上面的程序，输入发送的信息，如"你好"，此时飞秋将接收到信息，如图 8-19 所示。

图 8-19　飞秋收发信息

上机实战

（1）编程实现多进程服务器（08\ 代码 \8.5 上机实战 \demo01.py ）。

运行效果如图 8-20 所示。

```
-----主进程，，等待新客户端的到来------
-----主进程，，接下来创建一个新的进程负责数据处理[('192.168.1.101', 55577)]-----
-----主进程，，等待新客户端的到来------
recv[('192.168.1.101', 55577)]:123
recv[('192.168.1.101', 55577)]:123
recv[('192.168.1.101', 55577)]:ddd
```

图 8-20　多进程服务器

（2）编程实现多线程服务器（08\ 代码 \8.5 上机实战 \demo02.py ）。

实现效果同图 8-20。

第 9 章 收发电子邮件

09

本章首先介绍电子邮件及其收发过程，其次介绍在 Python 中如何实现电子邮件的收发功能，然后应用 smtplib 模块、poplib 模块、email 模块构建邮件发送和接收程序，最后根据学习内容，通过课堂范例和上机实战，解决一些实际问题，提高编程能力。

9.1 电子邮件介绍

电子邮件是一种用数字化邮件的形式提供信息交换的通信方式，是互联网应用最广泛的服务之一。电子邮件可以传送文字、图像、声音、文件等多种形式的信息，极大地方便了人与人之间的沟通与交流。

9.1.1 纸质邮件发送过程

在介绍电子邮件的收发机制之前，首先通过一个例子来看一下传统的纸质邮件发送过程。如果你在北京要给远在香港的朋友寄一封信，整个过程至少要包含以下步骤。

（1）组织好内容，写到信纸上，装入信封，在信封上写上收件人和发件人的地址。

（2）将信件投递到就近的邮局。

（3）邮局将信件从所在城市的小邮局聚集到大邮局，根据收件人地址，将邮件通过中转城市最终发送到香港的某个大邮局。

（4）香港的邮局再把信件通过中转邮局转到你朋友所在小区的邮箱。

（5）你的朋友从自己的邮箱中拿到信件，读取邮件的内容。

9.1.2 电子邮件的发送流程

传统的纸质邮件收发过程持续时间很长，通常需要数天。电子邮件的收发流程与传统邮件很像，但电子邮件通过互联网进行传输，信息传递速度很快。收发电子邮件，首先需要知道收件人与发件人的电子邮箱地址，一般由用户向邮件服务提供商申请获得，比如从 xx@163.com 向 yy@sina.com 发送邮件。其次，需要撰写和收发邮件的邮件用户代理（Mail User Agent，MUA）软件，即邮件客户端，如 QQ 邮箱、Outlook、163 邮箱客户端等。最后，电子邮件一般不能直接发送到对方的计算机中，所以需要传输与存储邮件的服务器，通过邮件传输代理（Mail Transfer Agent，MTA）发送或转发邮件，通过邮件投递代理（Mail Deliver Agent，MDA）管理邮件的存储。具体的流程如下。

（1）根据个人或发件人电子邮箱信息登录 MUA，撰写电子邮件。

（2）填写收件人的电子邮箱地址，发送电子邮件。

（3）MTA 根据收件人电子信箱地址，将电子邮件通过其他中转 MTA 发送到与收件人信箱地址对应的 MTA 上。

（4）收件人电子信箱地址对应的 MTA 收到电子邮件后，传递给邮件投递代理 MDA，将邮件保存到邮件服务器上。

（5）收件人通过 MUA 登录邮件服务器，利用 MDA 查询下载邮件，获得邮件内容。

邮件服务器一般由网络服务商提供，开发设计邮件收发程序，实质上就是设计收发邮件的 MUA。根据邮箱地址、内容等邮件信息条目设计 MUA，并将邮件发到 MTA 上；设计 MUA，根据个人信息登录邮件服务器，从 MDA 上查询并下载邮件到本地。

9.1.3 邮件收发协议

计算机网络是共享网络，在网络中发送的数据要具有一定的格式，符合一种规范，只有这样数据才能被正确地传输、接收和解析，这种数据的格式或规范就是网络通信协议。邮件的发送与接收同样要符合相关的协议。在发邮件时，MUA 与 MTA 使用的协议是简单邮件传输协议（Simple Mail Transfer Protocol，SMTP），邮件在 MTA 之间的中转使用的也是 SMTP 协议。接收邮件时，MUA 与 MDA 使用的协议有两种：一种是 POP 协议（Post Office Protocol），目前版本是 3，俗称 POP3；另一种是 IMAP 协议（Internet Message Access Protocol），目前版本是 4。两者都可以读取下载邮件，但相比 POP3，IMAP 还可以直接操作 MDA 上存储的邮件，功能比较强大。对电子邮件协议的细节，本书不展开讲解，感兴趣的读者可以参考相关专业书籍。开发 MUA 时，根据邮件服务器的设置，选用相应的邮件收发协议。

9.1.4 邮箱开发设置

一般邮件服务提供商都以客户端或网页形式提供了邮件客户端(MUA)，如 163 网易邮箱、新浪邮箱等。用户开发 MUA 时需要实现协议接口，然后与邮件服务器进行交互，很多时候邮件服务提供商的协议服务接口默认是关闭的，并且是限制第三方邮件客户端对其进行访问的，这时要通过设置将其打开。下面以 163 邮箱为例，介绍一下如何设置。在浏览器中打开 www.163.com 网站，注册一个 163 免费邮箱，账号为 ×××@163.com，密码为 ××××××。使用账号与密码登录 163 邮箱，如图 9-1 所示。

图 9-1　登录 163 邮箱

在图 9-1 中，单击"设置"按钮，打开设置界面，在左侧设置项列表中选择"POP3/SMTP/IMAP"选项，在打开的界面中进行邮件服务设置，如图 9-2 所示。

图 9-2　开启邮件收发服务

在图 9-2 中，选中"POP3/SMTP 服务"与"IMAP/SMT 服务"复选框，打开邮件收发协议接口。在页面下端显示的是邮件的服务器地址，如 163 的 POP3 服务器地址为 pop.163.com；SMTP 服务器地址为 smtp.163.com；IMAP 服务器地址为 imap.163.com。收发邮件最终是通过邮件服务提供商的服务器进行的，在开发 MUA 时，需要将服务器地址设置为 SMTP 服务器与 POP3/IMAP 服务器。

通过第三方软件访问邮件服务器，还需要开启客户端授权。在图 9-2 中，选择左侧设置列表中的"客户端授权密码"选项，开启客户端授权，如图 9-3 所示。

图 9-3　开启客户端授权

客户端授权密码是使用第三方邮件客户端登录邮件服务器的专用密码，在开发 MUA 时要用到。需要注意的是，客户端授权密码与邮件账户密码不同，后者是使用邮件服务提供商的客户端登录时的身份验证密码。在图 9-3 中，选择"客户端授权密码"选项，会弹出授权码设置窗口，根据要求设置相应的授权码。如果已经开启授权，可以单击"重置授权码"按钮，设置新的授权码。

9.2 发送邮件

前面介绍了电子邮件的基本知识，下面介绍如何使用 Python 编程实现电子邮件的发送。

9.2.1 使用 SMTP 发送邮件

Python 内置实现了 SMTP 协议，可以发送纯文本邮件、HTML 格式的邮件及带附件的邮件。Python 通过 smtplib 模块与 email 模块封装了 SMTP。其中，email 模块提供方法，根据 SMTP 协议规范构建电子邮件；发送邮件主要使用 smtplib 模块，smtplib.SMTP 对象提供了服务器连接、服务器登录、发送邮件等方法，实现邮件的发送。使用 smtplib.SMTP 对象发送邮件一般有以下几个步骤。

（1）连接服务器（创建 smtplib.SMTP 对象）。

（2）根据账户与客户端授权码登录服务器（调用 smtplib.SMTP.login 方法）。

（3）发送邮件（调用 smtplib.SMTP.sendmail 方法）。

（4）断开与服务器的连接（调用 smtplib.SMTP.sendmail 方法）。

（5）下面通过具体的实例介绍发送纯文本邮件、HTML 格式邮件及带附件邮件的方法。

9.2.2 发送纯文本格式的邮件

SMTP 规范中的电子邮件包含邮件头和邮件体两大部分。使用 Python 发送邮件首先要按照规范构建邮件，然后使用 smtplib.SMTP 对象发送邮件。

电子邮件头描述了邮件的基本信息，包含了发件人（From）、收件人（To）、主题（Subject）、时间、邮件内容的类型等。在创建邮件时，这些信息不是必需的，但对一些安全性比较高的服务器，一些关键信息的缺失会导致邮件被当作垃圾邮件或被退回。一般最常用的邮件头信息是发件人（From）、收件人（To）、主题（Subject）等。邮件体包含了邮件的内容，有纯文本、HTML 格式及带附件等多种类型。

（1）构建邮件体。

在 Python 中，可以通过 email.mime.text.MIMEText 对象构建邮件，其调用方法及主要参数如下（在 Python 中，对象方法在定义时，用 self 作为第一个参数，表示对象本身，调用时不用显式赋值；构造函数用 __init__() 表示，但构造对象时，使用类名来进行实例化。为了便于读者使用，此处仅给出方法的调用形式及用到的主要参数，详细的方法可以参考 Python 文档）。

```
MIMEText(_text, _subtype, _charset)
```

主要参数说明如下。

_text：文本内容，表示邮件体。

_subtype：MIME 内容子类型，默认是"plain"，设置邮件格式。

_charset：邮件内容采用的字符集，设置邮件编码。

如下代码可以用于创建纯文本的邮件体：

```
# 发送内容
from_data = input('发送内容: ')
# 邮件数据（纯文本）
msg = MIMEText(from_data, 'plain', 'utf-8')
```

（2）构建邮件头。

创建邮件体之后，可以通过 email.header.Header 构建邮件头，并添加到邮件体中。Header 的调用方法及主要参数为：

```
Header(s, charset)
```

主要参数说明如下。

s：文本内容，表示邮件头的值。

charset：邮件头采用的字符集，设置编码。

如下代码用于创建邮件头的各部分信息，并将其加入邮件体中形成邮件。

```
# 发件人邮箱
from_addr = input('发件人邮箱: ')
# 收件人邮箱
to_addr = input('收件人邮箱: ')
# 发送主题
subject = input('发送主题: ')
# 发件人信息
from_msg = input('发件人信息: ')
# 收件人信息
to_msg = input('收件人信息: ')
# 添加主题
```

```
msg['Subject'] = Header(subject, 'utf-8').encode('utf-8')
# 添加发件人信息
msg['From'] = formataddr((Header(from_msg, 'utf-8').encode('utf-8'),
from_addr))
# 添加收件人信息
msg['To'] = formataddr((Header(to_msg, 'utf-8').encode('utf-8'), to_
addr))
```

代码中的 msg 就是上文中使用 MIMEText 创建的邮件体。

1 邮件的发送

（1）SMTP 对象介绍。

在 Python 中发送邮件，要用到 smtplib.SMTP 对象及该对象的几个调用方法，下面具体介绍方法的调用形式及应用方法。

方法调用 1：

```
SMTP(host='', port=0, local_hostname=None[, timeout], source_
address=None)
```

创建 SMTP 对象，用于连接邮件服务器；如果提供 host 参数和 port 参数，构建对象时，connect() 方法会被调用，建立服务器的连接。参数 host 是 SMTP 服务器的地址，由邮件服务商提供；port 是 SMTP 服务器的端口，一般设置为 25。

方法调用 2：

```
login(user, password)
```

SMTP 对象的方法，用于登录 SMTP 服务器进行身份校验。参数 user 是邮箱地址，password 是客户端登录授权码。

方法调用 3：

```
sendmail(from_addr, to_addrs, msg, mail_options=[], rcpt_options=[])
```

SMTP 对象的方法，用于发送邮件。

主要参数说明如下。

from_addr：符合 RFC822 标准的发件人地址。

to_addrs：符合 RFC822 标准的收件人地址列表。

msg：字符串形式的邮件对象。

（2）邮件发送主要代码。

根据上述方法，通过以下代码就可以实现邮件的发送。

```
# 连接服务器
server = SMTP(smtp_server, 25)
```

```
# 设置显示日志级别
server.set_debuglevel(1)
# 登录授权
server.login(from_addr, from_pwd)
# 发送
server.sendmail(from_addr, [to_addr], msg.as_string())
# 退出
server.quit()
```

上述代码中，smtp_server 是 SMTP 邮件服务器地址，from_addr 是发件人邮箱地址，from_pwd 是发件人邮箱客户端授权码，to_addr 是收件人邮箱地址，msg 是邮件对象。

2 纯文本邮件发送实例

创建邮件后，可以根据邮件发送流程，使用 SMTP 完成邮件的发送。

范例 9.2-1 纯文本邮件发送（09\ 代码 \9.2 发送邮件 \demo01.py）。

下面是完整的纯文本邮件发送代码：

```
# 9-2-demo01.py
from email.header import Header
from email.mime.text import MIMEText
from email.utils import formataddr
from smtplib import SMTP
# 发件人邮箱
from_addr = input(' 发件人邮箱：')
# 发件人密码 / 客户端授权密码
from_pwd = input(' 发件人密码 / 授权码：')
# 收件人邮箱
to_addr = input(' 收件人邮箱：')
#smtp server
smtp_server = input(' 服务器地址：')
# 发送主题
subject = input(' 发送主题：')
# 发送内容
from_data = input(' 发送内容：')
# 发件人信息
from_msg = input(' 发件人信息：')
# 收件人信息
to_msg = input(' 收件人信息：')
# 邮件数据（纯文本）
```

```
msg = MIMEText(from_data, 'plain', 'utf-8')
# 添加主题
msg['Subject'] = Header(subject, 'utf-8').encode('utf-8')
# 添加发件人信息
msg['From'] = formataddr((Header(from_msg, 'utf-8').encode('utf-8'), from_
addr))
# 添加收件人信息
msg['To'] = formataddr((Header(to_msg, 'utf-8').encode('utf-8'), to_addr))
try:
    # 连接服务器
    server = SMTP(smtp_server, 25)
    # 设置显示日志级别
    #server.set_debuglevel(1)
    # 登录授权
    server.login(from_addr, from_pwd)
    # 发送
    server.sendmail(from_addr, [to_addr], msg.as_string())
    # 退出
    server.quit()
except Exception as ex:
    print('[LOG]ERROR, 发送失败, 原因是: %s'%ex)
else:
    print(' 发送成功...')
```

在上述代码中,通过交互接口输入邮件的相关信息,然后依次调用 MIMEText 构建邮件体,调用 Header 构建邮件头,并加入邮件体形成邮件,最后调用 SMTP 登录邮件服务器,将邮件编码后发送。程序运行后,根据界面提示,依次输入收件人及邮件的相关信息,显示发送成功。程序的运行结果如图 9-4 所示。

图 9-4　纯文本邮件发送程序的运行结果

程序运行成功后，根据运行时输入的信息，打开收件人邮箱，刷新收件夹，可以看到邮件已经发送成功了。当然，也可以打开发件人邮箱，在已发送邮件中，可以看到刚刚创建和发送的邮件。

9.2.3　发送 HTML 格式的邮件

发送 HTML 格式邮件的原理与基本步骤与 9.2.2 小节发送纯文本邮件类似，也需要使用 MIMEText 构建邮件体，使用 Header 构建邮件头，然后将邮件头添加到邮件体中创建邮件；发送邮件时，使用 SMTP 连接并登录服务器，完成邮件发送。需要注意的是，在创建邮件体时，需要将 MIMEText 的参数 _subtype 设置为"html"，将参数 _text 替换为含有标签的 HTML 文本。构造 MIMEText 对象的代码为：

```python
# 发送内容
from_data = '''
<html>
    <body>
        <h1>Python 发邮件 </h1>
        <p> 来自 <span style="color:red"> 雍老师 </span>...</p>
    </body>
</html>
'''
# 邮件数据 (html)
msg = MIMEText(from_data, 'html', 'utf-8')
```

范例 9.2-2 使用 SMTP 发送邮件（09\ 代码 \9.2 发送邮件 \demo02.py）。

下面给出 HTML 格式邮件发送的完整代码：

```python
from email.header import Header
from email.mime.text import MIMEText
from email.utils import formataddr
from smtplib import SMTP
# 发件人邮箱
from_addr = 'yong_two@163.com'
# 发件人密码 / 客户端授权密码
from_pwd = 'xxxxxx'
# 收件人邮箱
to_addr = 'yong_one@sina.com'
#smtp server
```

```
smtp_server = 'smtp.163.com'
# 发送主题
subject = '使用smtp发送邮件(html)'
# 发送内容
from_data = '''
<html>
    <body>
        <h1>Python 发邮件</h1>
        <p>来自<span style="color:red">雍老师</span>...</p>
    </body>
</html>
'''
# 发件人信息
from_msg = '雍老师'
# 收件人信息
to_msg = '小明同学'
# 邮件数据(html)
msg = MIMEText(from_data, 'html', 'utf-8')
# 添加主题
msg['Subject'] = Header(subject, 'utf-8').encode('utf-8')
# 添加发件人信息
msg['From'] = formataddr((Header(from_msg, 'utf-8').encode('utf-8'), from_
addr))
# 添加收件人信息
msg['To'] = formataddr((Header(to_msg, 'utf-8').encode('utf-8'), to_addr))
try:
    # 连接服务器
    server = SMTP(smtp_server, 25)
    # 设置显示日志级别
    server.set_debuglevel(1)
    # 登录授权
    server.login(from_addr, from_pwd)
    # 发送
    server.sendmail(from_addr, [to_addr], msg.as_string())
    # 退出
    server.quit()
except Exception as ex:
    print('[LOG]ERROR, 发送失败, 原因是: %s'%ex)
```

```
else:
    print('发送成功...')
```

在上述代码中，将邮件的基本信息直接赋给了相关变量，程序运行后，构建邮件并进行编码发送；代码中设置了显示日志，会显示发送时的日志，最后显示发送成功。程序的运行结果如图 9-5 所示。

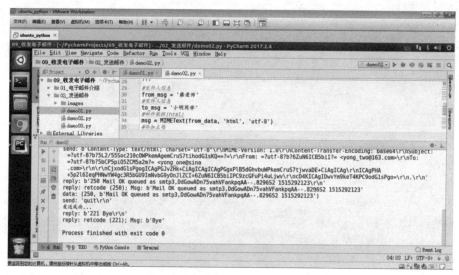

图 9-5　HTML 格式邮件发送程序的运行结果

发送成功后，登录收件人邮箱，展开收件夹，可以看到刚刚接收到的新邮件，如图 9-6 所示。

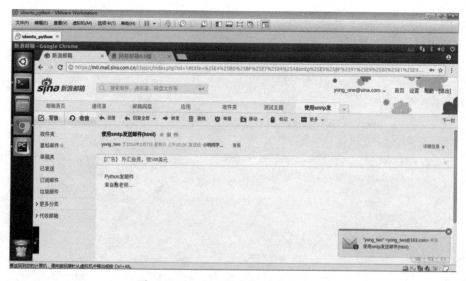

图 9-6　HTML 格式邮件发送成功

邮件内容在有些服务器和浏览器上可能没有以 HTML 设定的格式显示，主要是相关服务器上的相关设定覆盖了 HTML 邮件的格式。在邮件文本上右击审查元素，可以查看邮件的 HTML 内容。网易邮箱支持 HTML 格式邮件的显示，如果登录发件人邮箱，在已发送文件夹中，可以查看以 HTML 格式显示的刚刚发送的邮件。

9.2.4 发送带附件的邮件

发送带附件的邮件也需要构建邮件和使用 SMTP 对象进行邮件的发送，但邮件的构建需要使用 email.mime.multipart. MIMEMultipart 对象。

1 构建带附件的邮件

构建带附件的邮件需要使用 email.mime.multipart 模块中的 MIMEMultipart、MIMEBase 等对象及方法，下面首先看一下相关函数的说明，然后给出构建邮件的代码。

（1）函数说明。

方法调用 1：

```
MIMEMultipart(_subtype='mixed', boundary=None, _subparts=None, **_
params)
```

MIMEBase 的子类，主要用于构建可以包含附件的邮件数据，可以作为根容器。主要参数都是可选的，其中，_subtype 表示邮件的类型，_subparts 表示附件的初始序列，对象构建之后，可以通过 attach 方法继续添加新的附件。

方法调用 2：

```
attach(payload)
```

MIMEMultipart 继承自 email.message.Message 的方法，将给定的消息对象添加到现有的消息对象列表中。

方法调用 3：

```
MIMEBase(_maintype, _subtype, **_params)
```

所有 MIME 类型相关信息的基类，也是 Message 的子类，用于创建 MIME 类型的信息。_maintype 是 Content-Type 的主类型（如 text、image），_subtype 是 Content-Type 的细分类型，即格式（如 plain、gif），_params 是一个键 / 值形式的字典类型，可以直接传给 Message.add_header()。

（2）构建带附件邮件的代码。

根据上述的对象和方法，下面的代码可以构建带附件的邮件。

```
# 邮件数据（可以携带附件），作为根容器
msg = MIMEMultipart()
# 添加 MIMEText
msg.attach(MIMEText(' 这是一个只猫 ...', 'plain', 'utf-8'))
```

```
# 添加附件就是加上一个 MIMEBase，读取一个图片
with open('./images/cat.jpg', 'rb') as f:
    # 构造 MIMEBase 对象作为文件附件内容
    mime = MIMEBase('image', 'jpeg', filename='cat.jpg')
    # 加上必要的头信息
    mime.add_header('Content-Disposition', 'attachment',filename='cat.jpg')
    # 把附件的内容读进来
    mime.set_payload(f.read())
    # 用 Base64 编码
    encoders.encode_base64(mime)
    # 添加 MIMEBase
    msg.attach(mime)
```

上述代码中，构建了 MIMEMultipart 类型的邮件体，添加了一行文本内容，又添加了源代码目录下子目录 images 中的 cat.jpg 文件，作为 MIME 类型的附件。邮件头的构造与 9.2.2 小节和 9.2.3 小节类似，此处不再赘述。

2 带附件邮件的发送

带附件的邮件构建完成之后，可以使用 SMTP 对象进行服务器连接、登录，并发送编码后的邮件。

范例 9.2-3 使用 SMTP 发送邮件 (附件) (09\ 代码 \9.2 发送邮件 \demo03.py)。

具体的代码为：

```
from email.header import Header
from email.mime.text import MIMEText
from email.mime.multipart import MIMEMultipart
from email.utils import formataddr
from email import encoders
from email.mime.base import MIMEBase
from email.mime.image import MIMEImage
from smtplib import SMTP
# 发件人邮箱
from_addr = 'yong_two@163.com'
# 发件人密码 / 客户端授权密码
from_pwd = 'xxxxxx'
# 收件人邮箱
to_addr = 'yong_one@sina.com'
#smtp server
smtp_server = 'smtp.163.com'
```

```
# 发送主题
subject = '使用 smtp 发送邮件（附件）'
# 发件人信息
from_msg = '雍老师'
# 收件人信息
to_msg = '小明同学'
# 邮件数据（可以携带附件），作为根容器
msg = MIMEMultipart()
# 添加 MIMEText
msg.attach(MIMEText('这是一个只猫...', 'plain', 'utf-8'))
# 添加附件就是加上一个 MIMEBase，读取一个图片
with open('./images/cat.jpg', 'rb') as f:
    # 构造 MIMEBase 对象作为文件附件内容
    mime = MIMEBase('image', 'jpeg', filename='cat.jpg')
    # 加上必要的头信息
    mime.add_header('Content-Disposition', 'attachment',filename='cat.jpg')
    # 把附件的内容读进来
    mime.set_payload(f.read())
    # 用 Base64 编码
    encoders.encode_base64(mime)
    # 添加 MIMEBase
    msg.attach(mime)
# 添加主题
msg['Subject'] = Header(subject, 'utf-8').encode('utf-8')
# 添加发件人信息
msg['From'] = formataddr((Header(from_msg, 'utf-8').encode('utf-8'), from_
addr))
# 添加收件人信息
msg['To'] = formataddr((Header(to_msg, 'utf-8').encode('utf-8'), to_addr))
try:
    # 连接服务器
    server = SMTP(smtp_server, 25)
    # 设置显示日志级别
    # server.set_debuglevel(1)
    # 登录授权
    server.login(from_addr, from_pwd)
    # 发送
    server.sendmail(from_addr, [to_addr], msg.as_string())
```

```
    # 退出
    server.quit()
except Exception as ex:
    print('[LOG]ERROR, 发送失败，原因是：%s'%ex)
else:
    print(' 发送成功 ...')
```

上述代码中，将邮件的收件人、发件人等基本信息直接赋给相应的变量，程序运行后，直接构建邮件，并添加附件，进行 Base64 编码，然后发送。运行代码后，带附件的邮件由发件人信箱发送到收件人信箱。根据邮件信息，登录收件人信箱，可以看到收到的带附件的邮件，如图 9-7 所示。

图 9-7　带附件的邮件发送成功

打开邮件可以看到邮件体中添加的文本，同时可以查看下载附件中的图片。

9.3　接收邮件

接收邮件可以采用 POP 协议或 IMAP 协议。在 Python 中内置了一个 poplib 模块，实现了 POP3 协议，可以直接用来收邮件。POP3 协议接收的一般是邮件的原始文本，即邮件内容编码后的文本，无法直接阅读；这与 SMTP 协议很像，SMTP 发送的也是经过编码后适用于传输的一大段文本。要把 POP3 接收的文本变成可以阅读的邮件，要用到 email 模块提供的各种对象与方法来解析原始文本，将其还原成原来的内容。因此，使用 POP3 协议接收邮件分两个步骤：一是使用 poplib 模块把邮件的原始文本下载到本地；二是使用 email 模块解析原始文本，还原为邮件对象。

9.3.1 ▶ 下载邮件

下载邮件要用到 poplib.POP3 对象，下面首先介绍该对象的构建及一些访问邮件信息的方法，然后给出下载邮件的完成代码。

1 POP3 对象及其常用方法

方法调用 1：

```
POP3(host, port=POP3_PORT[, timeout])
```

该对象实现了 POP3 协议。host 参数是邮件服务器，port 参数是邮件服务器的端口，port 参数省略时，使用标准 POP3 端口 110。在对象实例化时，会建立到服务器的连接。

方法调用 2：

```
user(username)
pass_(password)
```

对象 POP3 的方法，分别向服务器发送用户名和密码进行身份验证；如果密码缺失，user(username) 会要求发送密码；password 是第三方客户端授权码；如果身份验证通过，可以获得邮箱中的邮件数量与占用空间。

方法调用 3：

```
list([which])
```

对象 POP3 的方法，用于获取邮件信息列表。返回结果包括 3 个部分：respons、带有邮件编号的 8 位字节列表、8 位字节。

方法调用 4：

```
retr(which)
```

对象 POP3 的方法，用于检索邮件。参数 which 表示邮件索引号，该方法获取索引号为 which 的邮件，并将该邮件设置为已读。返回结果包括 3 个部分：response、邮件原始文本的每一行内容列表、8 位字节。

2 下载邮件代码示例

范例 9.3-1 通过 POP3 下载邮件（09\ 代码 \9.3 接收邮件 \demo01.py）。

根据 POP3 对象，设计如下代码，实现邮件下载：

```python
import poplib
from email.parser import Parser
# 准备邮件地址，密码 / 授权码，POP3 服务器地址
email = 'yong_two@163.com'
password = 'xxxxxx'
pop3_server = 'pop.163.com'
```

```
try:
    # 连接到 POP3 服务器
    server = poplib.POP3(pop3_server)
    # 可以打开或关闭调试信息
    # server.set_debuglevel(1)
    # 可选：打印 POP3 服务器的欢迎文字
    print(server.getwelcome().decode('utf-8'))
    print('-'*200)
    # 身份认证
    server.user(email)
    server.pass_(password)
    # stat() 返回邮件数量和占用空间
    print('Messages: %s. Size: %s' % server.stat())
    # list() 返回所有邮件的编号
    resp, mails, octets = server.list()
    # 可以查看返回的列表类似 [b'1 82923', b'2 2184', ...]
    print(mails)
    print('-' * 200)
    # 获取最新一封邮件，注意索引号从 1 开始
    index = len(mails)
    resp, lines, octets = server.retr(index)
    # lines 存储了邮件原始文本的每一行，可以获得整个邮件的原始文本
    msg_content = b'\n'.join(lines).decode('utf-8')
    # 稍后解析出邮件
    msg = Parser().parsestr(msg_content)
    print(msg)
    print('-' * 200)
    # 可以根据邮件索引号直接从服务器删除邮件
    # server.dele(index)
    # 关闭连接
    server.quit()
except Exception as ex:
    print('[LOG]ERROR, 原因是：%s'%ex)
else:
    print(' 成功 ...')
```

在上述代码中，通过变量赋值直接给定邮箱地址、邮箱客户端授权码和邮件服务器；登录邮箱后，返回所有邮件的编号；然后获取一封最新的邮件，将其原始文本内容组合成字符串，解析打印。代码的运行结果为：

```
+OK Welcome to coremail Mail Pop3 Server
  (163coms[b62aaa251425b4be4eaec4ab4744cf47s])
  ----------------------------------------------------------------
----------------------------------------------------
  ----------------------------------------------------------------
----------------
  Messages: 2. Size: 3797
  [b'1 1257', b'2 2540']
  ----------------------------------------------------------------
----------------------------------------------------
  ----------------------------------------------------------------
-----------
  Received: from mail3-166.sinamail.sina.com.cn (unknown [202.108.3.166])
    by mx49 (Coremail) with SMTP id Y8CowACX46RnSk1bU3PfHA--.21008S2;
    Tue, 17 Jul 2018 09:46:15 +0800 (CST)
  Received: from webmail-14-97.pop3.fmail.dbl.sinanode.com
    (HELO webmail.sinamail.sina.com.cn) ([10.41.14.97])
    by sina.com with SMTP
    id 5B4D4A670000434D; Tue, 17 Jul 2018 09:46:15 +0800 (CST)
  X-Sender: yong_one@sina.com
  X-SMAIL-MID: 231293394662
  Received: by webmail.sinamail.sina.com.cn (Postfix, from userid 495)
    id 1DC9718C007A; Tue, 17 Jul 2018 09:46:15 +0800 (CST)
  Date: Tue, 17 Jul 2018 09:46:15 +0800
  Received: from yong_one@sina.com([123.15.50.22]) by m0.mail.sina.com.cn via
HTTP;
   Tue, 17 Jul 2018 09:46:15 +0800 (CST)
  Reply-To: yong_one@sina.com
  From: <yong_one@sina.com>
  To: "yong_two" <yong_two@163.com>
  Subject: hello
  MIME-Version: 1.0
  X-Priority: 3
  X-MessageID: 5b4d4a672fc7fbb_201807
  X-Originating-IP: [10.41.14.97]
  X-Mailer: Sina WebMail 4.0
  Content-Type: multipart/mixed;
      boundary="=-sinamail_mix_42a2fbdad2200a964394098de19ffdb1"
```

```
Message-Id: <20180717014615.1DC9718C007A@webmail.sinamail.sina.com.cn>
X-CM-TRANSID: Y8CowACX46RnSk1bU3PfHA--.21008S2
Authentication-Results: mx49; spf=pass smtp.mail=yong_one@sina.com;
X-Coremail-Antispam: 1Uf129KBjDUn29KB7ZKAUJUUUU529EdanIXcx71UUUUU7v73
    VFW2AGmfu7bjvjm3AaLaJ3UbIYCTnIWIevJa73UjIFyTuYvjxU3xhlDUUUU


--=-sinamail_mix_42a2fbdad2200a964394098de19ffdb1
Content-Type: multipart/alternative;
    boundary="=-sinamail_alt_556e37faf23351d7f97ab69d680b4de6"


--=-sinamail_alt_556e37faf23351d7f97ab69d680b4de6
Content-Type: text/plain;
    charset=GBK
Content-Transfer-Encoding: base64
Content-Disposition: inline
```

SGksIHlvdSBhcmUgd2VsY29tZS7V4srH0ru34lBPUDOy4srU08q8/qGjcGxzIGZpbmQgd
GhlIGZp
bGUgaW4gdGhlIGF0dGFjaGllbnQu

```
--=-sinamail_alt_556e37faf23351d7f97ab69d680b4de6
Content-Type: text/html; charset=GBK
Content-Transfer-Encoding: base64
Content-Disposition: inline
```

PGRpdj5IaSwgeW91IGFyZSB3ZWxjb21lLjwvZGl2PjxkaXY+1eLKx9K7t+JQT1AzsuLK1NPKvP6h
ozwvZGl2PjxkaXY+cGxzIGZpbmQgdGhlIGZpbGUgaW4gdGhlIGF0dGFjaGllbnQuPC9kaXY+

```
--=-sinamail_alt_556e37faf23351d7f97ab69d680b4de6--


--=-sinamail_mix_42a2fbdad2200a964394098de19ffdb1
Content-Type: text/plain; name="=?GBK?B?YXR0YWNoZWRmaWxlLnR4dA==?="
Content-Disposition: attachment; filename="=?GBK?B?YXR0YWNoZWRmaWxlLnR4
dA==?="
Content-Transfer-Encoding: base64
```

aGVsbG8scHl0aG9uLg0KeW91ciBuYW1lIGlzIGpvaG4uDQp5b3UgYXJlIDE4IHllYXJzIG9sZC4=

```
--=-sinamail_mix_42a2fbdad2200a964394098de19ffdb1--


----------------------------------------------------------------
----------------------------------------------------
----------------------------------------------------------------
--------------
成功 ...
```

上述结果显示的是一封从新浪邮箱发送到 163 网易邮箱的含附件的电子邮件。从结果可以看出，邮件内容大多显示的是乱码。实际上，结果中红色字体标记的部分，正对应于邮件的内容与附件内容。可以看到这部分内容使用了 Base64 编码，当然也不能正常显示了。通过浏览器登录上述代码中的 163 邮箱，查看上述邮件的内容，如图 9-8 所示。

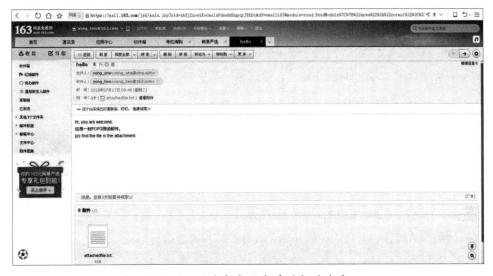

图 9-8　通过客户端查看的邮件内容

从图 9-8 中可以看到，邮件包含三行文本及一个文本文件附件。

9.3.2　解析邮件

从邮件服务器上直接下载的邮件，为了传输的安全或方便，其邮件内容是经过编码的，如果要正确显示，需要进行解码，这就是邮件解析。解析邮件内容，需要用到 email 模块和 base64 模块中的一些类和方法，下面首先介绍这些类与方法，然后给出解析邮件实例。

1 解析邮件的常用对象及方法

（1）decode_header 对象的调用形式如下：

```
email.header.decode_header(header)
```

解码邮件头部中的某一个值 header，不对字符集进行变换。返回一个对应 header 值的解码过的字符串列表及相应的字符集。可以按照字符集编码，对返回的字符串列表继续解码，直至等到正确的值。

（2）parseaddr 对象的调用形式如下：

```
email.utils.parseaddr(address)
```

解析邮件地址，将名字和邮件地址分开，以元组的形式返回。

（3）get_payload 对象的调用形式如下：

```
email.message.Message.get_payload(i=None, decode=False)
```

返回当前邮件的邮件体。如果邮件是 multipart 类型，会返回邮件列表；反之返回一个字符串。当参数 decode=true，说明邮件不是 multipart 类型，会根据邮件的 Content-Transfer-Encoding 头描述，对邮件内容进行解码。

（4）b64decode 对象的调用形式如下：

```
base64.b64decode(s, altchars=None, validate=False)
```

对字节型字符串 s 进行 Base64 解码，返回解码过后的字符串。

2 邮件内容解析实例

从前面的邮件原始文本可以看出，邮件体的各部分采用了 Base64 编码；实际操作中，直接经过 Base64 解码的中文字符还不能正常显示，这是因为邮件内容在发送前，一般要转换成 utf-8，所以解析邮件时，还要根据字符集对邮件内容再次解析。

范例 9.3-2 解析邮件（09\ 代码 \9.3 接收邮件 \demo02.py）。

以下代码为从邮箱中下载当前最新邮件，并对邮件内容进行解析：

```python
# 9-3-demo02.py
import poplib
import base64
from email.parser import Parser
from email.header import decode_header
from email.utils import parseaddr
# 检测编码
def guess_charset(msg):
    charset = msg.get_charset()
    if charset is None:
        content_type = msg.get('Content-Type', '').lower()
        pos = content_type.find('charset=')
        if pos >= 0:
            charset = content_type[pos + 8:].strip()
```

```
    return charset
# 解码
def decode_str(s):
    value, charset = decode_header(s)[0]
    if charset:
        value = value.decode(charset)
    return value
# indent 用于缩进显示
def print_info(msg, indent=0):
    if indent == 0:
        for header in ['From', 'To', 'Subject']:
            value = msg.get(header, '')
            if value:
                if header=='Subject':
                    value = decode_str(value)
                else:
                    hdr, addr = parseaddr(value)
                    name = decode_str(hdr)
                    value = u'%s <%s>' % (name, addr)
            print('%s%s: %s' % ('  ' * indent, header, value))
    if (msg.is_multipart()):
        parts = msg.get_payload()
        for n, part in enumerate(parts):
            print('%spart %s' % ('  ' * indent, n))
            print('%s--------------------' % ('  ' * indent))
            print_info(part, indent + 1)
    else:
        content_type = msg.get_content_type()
        # if content_type=='text/plain' or content_type=='text/html':
        if 'attachment' not in msg.get('Content-Disposition', ''):
            content = msg.get_payload(decode=True)
            charset = guess_charset(msg)
            if charset:
                content = content.decode(charset)
                print('%sText: %s' % ('  ' * indent, content + '...'))
        else:
            print('%sAttachment: %s' % ('  ' * indent, content_type))
            if msg.get('Content-Transfer-Encoding')=='base64':
```

```
                content = msg.get_payload()
                content = base64.b64decode(content)
                print(content.decode('utf-8'))
# 准备邮件地址，密码 / 授权码，POP3 服务器地址
email = 'yong_two@163.com'
password = 'xxxxxx'
pop3_server = 'pop.163.com'
try:
    # 连接到 POP3 服务器
    server = poplib.POP3(pop3_server)
    # 身份认证
    server.user(email)
    server.pass_(password)
    # list() 返回所有邮件的编号
    resp, mails, octets = server.list()
    # 获取最新一封邮件，注意索引号从 1 开始
    resp, lines, octets = server.retr(len(mails))
    # lines 存储了邮件原始文本的每一行
    msg_content = b'\n'.join(lines).decode('utf-8')
    # 稍后解析出邮件
    msg = Parser().parsestr(msg_content)
    print_info(msg)
    # 关闭连接
    server.quit()
except Exception as ex:
    print('[LOG]ERROR, 原因是：%s'%ex)
else:
    print('成功 ...')
```

上述代码与 9.3.1 小节相比，增加了解析邮件内容的代码。这里主要增加了一个递归函数 print_info()，实现对邮件内容的解析并打印输出。该函数首先循环解析输出邮件头信息，然后根据邮件是否是 multipart 类型，分别进行处理；如果是 multipart 类型，循环读出每一部分，回调自身；如果不是 multipart 类型，则分成文本和附件两种类型，分别获取内容进行解析输出。代码的运行结果为：

```
From:  <yong_one@sina.com>
To: yong_two <yong_two@163.com>
Subject: hello
part 0
```

```
--------------------
   part 0
   --------------------
      Text: Hi, you are welcome.这是一封POP3测试邮件。
pls find the file in the attachment....
   part 1
   --------------------
      Text: <div>Hi, you are welcome.</div><div> 这是一封POP3测试邮件。
</div><div>pls find the file in the attachment.</div>...
   part 1
   --------------------
   Attachment: text/plain
hello,python.
your name is john.
you are 18 years old.
成功 ...
```

根据上述结果，对比图 9-8 中通过 163 客户端查看到的邮件内容，可以看到这时的邮件文本内容与附件内容都能正常显示了。

课堂范例

范例9▶ 请给老师发送一个邮件，祝贺新年快乐。（09\ 代码 \9.4 课堂范例 \demo01.py）

1 分析并设计邮件发送程序的主要构成部分

（1）确定邮件主题及邮件内容，代码为：

```
# 发送主题
subject ='新年快乐'
# 发送内容
from_data = '''
<html>
    <body>
        <p> 祝福老师 <span style="color:red"> 新年快乐 <span></p>
        <p> 您的学生：小明 </p>
    </body>
</html>
'''
```

（2）确定收件人和发件人地址等相关信息，代码为：

```
# 发件人邮箱
from_addr = 'yong_two@163.com'
# 发件人密码 / 客户端授权密码
from_pwd = 'xxxxxx'
# 发件人信息
from_msg = ' 小明 '
# 收件人邮箱
to_addr = 'yong_one@sina.com'
# 收件人信息
to_msg = ' 雍老师 '
#smtp server
smtp_server = 'smtp.163.com'
```

（3）使用 email.header.Header、email.mime.text.MIMEText、email.utils.formataddr 创建邮件。

```
# 邮件数据 (html)
msg = MIMEText(from_data, 'html', 'utf-8')
# 添加主题
msg['Subject'] = Header(subject, 'utf-8').encode('utf-8')
# 添加发件人信息
msg['From'] = formataddr((Header(from_msg, 'utf-8').encode('utf-8'), from_
addr))
# 添加收件人信息
msg['To'] = formataddr((Header(to_msg, 'utf-8').encode('utf-8'), to_addr))
```

（4）邮件发送代码为：

```
# 连接服务器
server = SMTP(smtp_server, 25)
# 设置显示日志级别
server.set_debuglevel(1)
# 登录授权
server.login(from_addr, from_pwd)
# 发送
server.sendmail(from_addr, [to_addr], msg.as_string())
# 退出
server.quit()
```

2 邮件发送程序的完整实例

将上述各部分代码组合起来，构成如下邮件发送的完整代码：

```python
# 9-4-demo01.py
from email.header import Header
from email.mime.text import MIMEText
from email.utils import formataddr
from smtplib import SMTP
# 发件人邮箱
from_addr = 'yong_two@163.com'
# 发件人密码 / 客户端授权密码
from_pwd = 'xxxxxx'
# 收件人邮箱
to_addr = 'yong_one@sina.com'
#smtp server
smtp_server = 'smtp.163.com'
# 发送主题
subject = '新年快乐'
# 发送内容
from_data = '''
<html>
    <body>
        <p>祝福老师<span style="color:red"">新年快乐<span></p>
        <p>您的学生：小明</p>
    </body>
</html>
'''
# 发件人信息
from_msg = '小明'
# 收件人信息
to_msg = '雍老师'
# 邮件数据 (html)
msg = MIMEText(from_data, 'html', 'utf-8')
# 添加主题
msg['Subject'] = Header(subject, 'utf-8').encode('utf-8')
# 添加发件人信息
msg['From'] = formataddr((Header(from_msg, 'utf-8').encode('utf-8'), from_addr))
# 添加收件人信息
msg['To'] = formataddr((Header(to_msg, 'utf-8').encode('utf-8'), to_addr))
try:
```

```
    # 连接服务器
    server = SMTP(smtp_server, 25)
    # 设置显示日志级别
    server.set_debuglevel(1)
    # 登录授权
    server.login(from_addr, from_pwd)
    # 发送
    server.sendmail(from_addr, [to_addr], msg.as_string())
    # 退出
    server.quit()
except Exception as ex:
    print('[LOG]ERROR, 发送失败, 原因是: %s'%ex)
else:
    print(' 发送成功...')
```

程序运行成功后, 打开收件人邮箱, 可以看到新收到的新年快乐邮件。

上机实战

将会议记录保存在一个文本文件 record.txt 中; 用群发将会议记录发送给所有员工 (09\ 代码 \9.5 上机实战 \demo01.py)。

第 10 章　图形用户界面

10

在前面的 Python 程序开发中，程序与用户的交互主要在基于命令行的窗口中，通过键盘输入，以字符的形式进行。Tkinter 是 Python 的标准 GUI 工具包，可以在大多数的 UNIX、Windows 和 Mac OS 系统上运行。本章以 Tkinter 为例，介绍 Python 中的 GUI 编程，包括图形库安装、主要组件、事件处理、布局和对话框等内容。

图形用户界面（Graphical User Interface，GUI）是一种基于图形方式显示的计算机操作用户界面。在 GUI 界面下，程序的指令与操作以图形化方式显示，用户使用鼠标、键盘等 GUI 输入设备，根据程序要求，在图形界面下自由选择激活程序的操作命令，输入数据，执行程序，在图形界面下显示输出结果。与通过键盘输入文本或字符命令、通过字符界面显示执行结果的程序相比，GUI 程序输入、输出手段多样化，交互性强，程序操作界面直观，拥有更好的用户体验度。GUI 用户界面一般包含 Label、Button、ListBox、Text、Menu 和 Scrollbar 等一些标准的界面组件，实现用户交互和程序输出。Python 中以模块形式提供了对 GUI 的支持，常用的 GUI 有 Tkinter、PyQt、wxPython 等。

（1）Tkinter 介绍。

Tkinter 模块（Tk 接口）是 Python 的标准 Tk GUI 工具包接口。Tk 和 Tkinter 可以运行在大多数的 UNIX、Windows 和 Mac OS 系统上。Python 3 中对 Tkinter 做了一些改动，Python 3 以前版本中的 Tk GUI 接口是 Tkinter 模块，tkinter 包是基于 TCI/Tk 语言和工具包的。Tcl（Tool Command Language）是一种非常强大易学的动态程序设计语言，适用于 Web 应用、网络应用、桌面应用等多种程序开发，具有开源、跨平台、易于部署等特点。Tk 是一种适用于 TCl 的标准 GUI 工具箱，适用于多种动态语言。使用 Tk 能够创建本地桌面应用程序，能够实现跨平台运行。Tkinter 使用 Python 语言对 Tcl/Tk 包的对象层封装，是 Tk Interface 的缩写。后面会深入讲解 Tkinter 的各种对象与方法。

（2）PyQt 介绍。

PyQt 是一个创建 GUI 应用程序的工具包，由 Phil Thompson 开发。它是 Python 语言通过绑定 Qt 库对 Python 包的一种扩展，是 Python 语言和 Qt 库的成功融合。Qt 库是 Qt 公司开发的跨平台应用程序框架，它除了提供 GUI 工具箱之外，还提供了网络套接字、多线程、Unicode、正则表达式、SQL 数据库 SVG、OpenGL、XML、Web 浏览器、帮助系统和多媒体框架等多种功能模块。PyQt 由一套 Python 包实现，组合了 Qt 与 Python 的特点，使程序既具有 Qt 的强大功能，又能保持 Python 的简洁性。

（3）wxPython 介绍。

wxPython 是 Python 语言的一套 GUI 工具箱，它是 Python 语言对 wxWidgets GUI 库的绑定。wxWidgets 是 C++ 开发的一套类库，它应用平台自身的 API 来构建 GUI 界面，能够实现 Windows、Mac OS X、Linux 等系统的跨平台运行。使用 wxPython，Python 程序员可以很方便地创建完整的、功能健全的 GUI 用户界面。wxPython 最初由 Robin Dunn 开发，通过对 wxWdigets 进行封装，以 Python 扩展模块的形式提供 GUI 程序设计。

后面将以 Tkinter 为例，介绍 Python 中的 GUI 程序设计方法。

10.2 下载和安装 Tkinter

Tkinter 是 Python 的标准 GUI 工具包，已经内置到一些操作系统的 Python 安装包中，比如在 Windows 上安装 Python，就默认为安装 Tkinter 包。对于一些 Linux 操作系统，Python 语言包有时随操作系统一起发布，如果 Python 包中不包含 Tkinter，就需要单独进行安装。

可以在命令窗口中，通过以下命令检查 Tkinter 是否已安装，以及当前的 Tcl/Tk 版本。

```
python -m tkinter
```

如果 Tkinter 已经安装，会弹出如图 10-1 所示的窗口，显示当前 Tkinter 的版本信息。

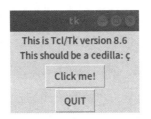

图 10-1　Tkinter 版本信息

在 Linux 操作系统中，安装 Tkinter 要通过安装包管理工具 APT，而不是通过 Python 的包管理工具 PIP 进行安装。安装 Tkinter 的命令为：

```
sudo apt install python3-tk
```

打开 Linux 终端，输入上述命令，输入管理员密码，然后根据屏幕提示输入 'Y' 或按 "Enter" 键，系统会联网下载并安装 Tkinter。安装的界面如图 10-2 所示。

图 10-2　Linux 操作系统中安装 Tkinter

安装完成后，在终端窗口中，可以通过以下命令来查看 Tkinter 的版本信息：

```
python -m tkinter
```

也可以在 Python 命令行交互窗口中引入 Tkinter 包，输入 Tkinter 命令来查看 Tkinter 模块的安装位置，其代码为：

```
>>> import tkinter
>>> tkinter
<module 'tkinter' from '/usr/lib/python3.6/tkinter/__init__.py'>
```

10.3 丰富的组件

在 GUI 程序中，构造图形界面一般需要两种基本的图形组件：一种为容器或窗体，另一种为一般组件或控件。在程序设计中，组件一般指封装好的一个可重用的程序模块；控件一般指带有图形界面、可以交互的组件，本节介绍的 Tkinter 组件大都有界面，都属于控件，所以下文中有时也把组件称为控件。容器中可以容纳、布置一般组件，并在窗体中显示。Tkinter 中提供了丰富的组件，作为容器的有 Tk、Toplevel、Frame、PanedWindow 等，其中 Tk 和 Toplevel 既可以作为根容器，又可以作为窗体单独显示，用来容纳 PanedWindow、Frame 或其他一般组件。Tkinter 中的一般组件种类很多，包括 Button、Label、Text 和 Menu 等，都从 widget 类派生。作为容器的 PanedWindow、Frame 也是从 widget 类派生的。从 widget 类派生的组件，拥有布局管理的功能，相应内容会在 10.5 小节进行介绍。下面对各种 GUI 组件的调用方法及功能进行介绍。

10.3.1 Tk 组件及 GUI 程序构成

本章有关 Tkinter 的相关函数调用，主要参考了 Tkinter 的源码：Lib/tkinter/__init__.py。在 Python 中安装 Tkinter 后，一般可以在 Tkinter 的函数库中找到这个文件。

（1）Tk 的调用形式。

```
Tk(screenName=None, baseName=None, className='Tk', useTk=1, sync=0,
use=None)
```

用于创建一个 Tkinter 顶层窗口，一般作为 Tkinter 应用程序的主窗口。Tk 从 Misc 类与 Wm 类派生，前者是 Tkinter 中 widgets 的基础类，后者用于窗口管理。

参数说明：所有的参数都是默认参数，所以可以不传递参数直接调用，这也是最常用的调用方法。

（2）设置标题。

调用形式为：

```
title(string=None)
```

Tk 继承自 Wm 的一个对象方法，用于设置窗口标题。

参数说明：

参数表示标题的字符串，默认值是 None。

（3）设置窗体大小。

构造 Tk 之后，窗体会有默认大小，也可以设置窗体大小。Tkinter 中通过字符串来设置窗体大小。

调用方法为：

```
geometry(newGeometry=None)
```

Tk 对象的方法，继承自 Wm 类，用于设置顶层窗体的大小。

参数说明：参数 newGeometry 接收一个类似于 'widthxheight ± x ± y' 的字符串。其中"width"表示窗体宽度，"height"表示窗体高度，小写字母"x"用于连接 width 与 height。"± x"表示窗体距离屏幕左右边界的像素值，"+"表示窗体左边和屏幕左边的距离；"−"表示窗体右边和屏幕右边的距离。"± y"表示窗体距离屏幕上下边界的像素值，"+"表示窗体上边和屏幕上边的距离；"−"表示窗体下边和屏幕下边的距离。

（4）启动事件循环。

窗体及其组件构造之后，启动事件循环，程序响应并处理各种 GUI 事件。

调用形式为：

```
mainloop(n=0)
```

顶层容器 Tk 或 Toplevel 的对象方法，用于启动 Tkinter 的事件处理循环。

（5）Tk 调用举例。

如上所述，构建一个标准的 GUI 应用程序主要分成 3 个步骤或模块：①构建顶层窗体；②窗体布局，设置大小、标题等属性，添加其他组件等（见后面章节）；③启动事件循环，处理各种 GUI 事件或操作指令。

范例 10.3-1 ▶创建顶层窗口并显示（10\ 代码 \10.3 丰富的组件 \demo01.py）。

运行下面代码：

```
from tkinter import *
# 创建顶层窗口的实例对象
root = Tk()
# 设置窗口的大小（宽 × 高 + 偏移量）
root.geometry('500x300+500+200')
# 设置标题
root.title('tkinter')
# 进入消息循环，mainloop 是一个主循环，就是窗口显示出来等待各种消息
```

如鼠标、键盘等操作

```
mainloop()
```

图 10-3 所示为程序在 Linux 操作系统下运行之后显示的 GUI 界面，图 10-4 所示为程序在 Windows 操作系统下的运行界面。

图 10-3　Tk 组件程序在 Linux 操作系统下的运行界面

图 10-4　Tk 组件程序在 Windows 操作系统下的运行界面

对比图 10-3 与图 10-4 可以看到，Tkinter 程序在不同的平台下显示不同的界面风格。实际上，Tkinter 是借助于本地操作系统的 API 来实现的，所以和本地 GUI 的风格一致。

10.3.2　Label 组件

1 组件介绍

Label 又称为标签控件，用来显示文本和位图，它显示的文本一般不可编辑。Label 通常添加到容器中，借助于容器来显示。

调用形式为：

```
Label(master=None, cnf={}, **kw)
```

用来创建一个 Label 控件，并将其放置在容器中。Label 继承于 widget，是一种 widget 组件。

参数说明：master、cnf 和 kw 是大部分 widget 控件的构造函数都有的参数。其中，master 表示该控件放置的容器对象，默认值是 None；cnf 是该控件的选项或属性值设置，是字典类型，默认是空字典；kw 是关键字型可变参数，可以对控件的选项或属性值进行设置。cnf 与 kw 参数的功能相同，前者通过字典的形式传递参数，后者通过关键字的形式传递参数；目前保留 cnf 的功能是为了向后兼容，因为早期版本的 Python 不支持关键字参数。Label 可以设置的选项或属性有 text（文本内容）、background（背景）、foreground（前景）、font（字体）、width（宽）和 height（高）等，具体可以查阅 Tkinter 的帮助文档。

调用形式为：

```
pack(cnf={}, **kw)
```

Label 对象的方法继承自 widget，是布局管理器的一种，大部分的 widget 组件放置到容器后，都要调用布局管理器方法进行布局。

2 代码示例

范例 10.3-2 标签控件的使用（10\ 代码 \10.3 丰富的组件 \demo02.py）。

以下代码演示使用 Label 控件显示文本的方法：

```
import tkinter as tk
# 创建顶层窗口的实例对象
root = tk.Tk()
# 设置窗口的大小（宽 × 高 + 偏移量）
root.geometry('500x300+500+200')
# 设置标题
root.title('Lable')
# 创建 Lable 对象，并放到根窗口中
my_label = tk.Label(master=root, text=' 我是 label')
# 以 pack 布局显示
my_label.pack()
# 进入消息循环
root.mainloop()
```

在上述代码中，首先通过 Tk 组件创建一个顶层窗口，设置窗口大小、起始位置，设置窗口标题；然后创建 Label，设置其容器为顶层窗口，设置其显示内容；在容器中，以 pack 布局放置 Label；最后进入事件循环，等待与用户的交互。程序的执行结果如图 10-5 所示。

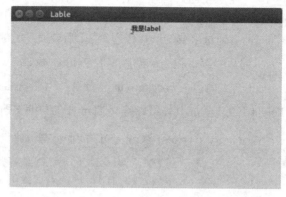

图 10-5　使用 Label 组件

根据上文 Label 的调用形式，下面代码：

```
my_label = tk.Label(master=root, text=' 我是 label')
```

可以替换为：

```
my_label = tk.Label(master=root, {'text':' 我是 label'})
```

将 Label 属性设置形式由关键字设置变成通过字典参数设置，最终程序的运行结果是一样的。

10.3.3　Button 组件

1 组件介绍

Button 又称为按钮控件，是一种常用的 GUI 界面元素。按钮一般会绑定一个单击事件处理函数，当用户单击按钮时触发事件，调用处理函数，从而实现与用户的交互。

调用形式为：

```
Button(master=None, cnf={}, **kw)
```

用于创建一个按钮，并将其放置在容器 master 中。按钮也是一种 widget 组件。

参数说明：master 表示放置该组件的容器对象；cnf 与 kw 用于设置 Button 控件的选项或属性，前者通过字典类型数据传递参数，后者通过关键字类型传递参数；Button 控件可以设置的选项或属性除 text（显示内容）、background（背景）、foreground（前景）、font（字体）、width（宽）和 height（高）等常规的之外，还可以设置 command 属性，将其指向一个事件处理函数。其他属性请参考 Tkinter 帮助文档。

调用形式为：

```
pack(cnf={}, **kw)
```

Button 对象的方法继承自 widget。大部分的 widget 组件放置到容器后，都要调用布局管理器方法进行布局。

2 代码示例

范例 10.3-3 Button 控件的使用（10\ 代码 \10.3 丰富的组件 \demo03.py）。

以下代码演示使用 Button 控件的方法：

```python
import tkinter as tk
#Button 单击事件函数
def say_hello():
    print('hello,button...')
# 创建顶层窗口的实例对象
root = tk.Tk()
# 设置窗口的大小（宽 × 高 + 偏移量）
root.geometry('500x300+500+200')
# 设置标题
root.title('Button')
# 创建 Button 对象，放到根窗口中绑定单击事件
my_button = tk.Button(master=root, text=' 点击试一试 ',command=say_hello)
# 以 pack 布局显示
my_button.pack()
# 进入消息循环
root.mainloop()
```

Button 按钮主要用于处理用户事件。在上述代码中，首先定义了 Button 事件处理函数；然后通过 Tk 组件创建一个顶层窗口，设置窗口大小、起始位置，设置窗口标题；然后创建 Button，设置其容器为顶层窗口，设置其显示内容；将按钮与事件处理函数绑定；在容器中，以 pack 布局放置 Button；最后进入事件循环，等待与用户的交互。程序的执行结果如图 10-6 所示。

图 10-6　使用按钮控件

在图 10-6 中，如果用户单击按钮，会触发按钮事件处理函数，可以看到控制台输出字符 "hello，button..."。

10.3.4 Checkbutton 组件

1 组件介绍

Checkbutton 又称为多选框控件，也是一种常用的 GUI 界面元素。多选框按钮用于在图形界面上显示多个选项，供用户进行选择，用户可以选中多个选项。多选框按钮既可以绑定一个变量，将用户选择的状态值传送到变量中，又可以绑定一个事件处理函数，选择状态发生改变时触发事件。

调用形式为：

```
Checkbutton (master=None, cnf={}, **kw)
```
用于创建一个多选框控件，并将其放置在容器 master 中。多选框也是一种 widget 组件。

参数说明：master 表示放置该组件的容器对象；与上文其他 widget 控件一样，cnf 与 kw 用于设置 Checkbutton 控件的选项或属性；Checkbutton 可以设置的选项或属性有 text（显示内容）、background（背景）、foreground（前景）、font（字体）、width（宽）、height（高）和 command（事件处理函数）等；除此之外，还有一个常用的属性 variable，用于将 Checkbutton 的状态与一个变量关联。其他属性请参考 Tkinter 帮助文档。

调用形式为：

```
pack(cnf={}, **kw)
```
Checkbutton 对象的方法，继承自 widget，用于布局管理。

调用形式为：

```
IntVar(master=None, value=None, name=None)
```
Tkinter 中的一个对象用于将整数值封装成一个对象。

2 代码示例

范例 10.3-4 Checkbutton 控件的使用（10\ 代码 \10.3 丰富的组件 \demo04.py）。

以下代码演示使用 Checkbutton 控件的方法：

```
from tkinter import *
# 创建顶层窗口的实例对象
root = Tk()
# 设置窗口的大小（宽 × 高 + 偏移量)
root.geometry('500x300+500+200')
# 设置标题
root.title('Checkbutton')
# IntVar 变量，用于表示该按钮是否被选中
```

```
v = IntVar()
# 创建 Checkbutton 对象，放到根窗口中，关联变量（0 表示未选中，1 表示选中）
c = Checkbutton(root, text=' 点击试一试 ', variable=v)
# 以 pack 布局显示
c.pack()
# 用 Label 标签动态显示
l = Label(root, textvariable=v)
# 以 pack 布局显示
l.pack()
# 进入消息循环
mainloop()
```

Checkbutton 控件主要提供选项供用户选择。在上述代码中，首先通过 Tk 组件创建一个顶层窗口，设置窗口大小、起始位置，设置窗口标题；然后创建 Checkbutton，设置其容器为顶层窗口并设置其显示内容；将 Checkbutton 的选择状态与一个整数对象 v 绑定；在容器中，以 pack 布局放置 Checkbutton；在窗体中创建 Label 对象，将整数对象 v 与 Label 对象的 textvariable 属性进行绑定，这样建立 Checkbutton 与 Label 的关联；最后进入事件循环，等待与用户的交互。程序的执行结果如图 10-7 所示。

图 10-7　使用多选框控件

在图 10-7 中，如果用户单击多选框，会改变多选框的状态，通过变量 v 将其传给 Label。新创建时，多选框未被选中，此时 Label 显示"0"；单击多选框，Label 显示"1"；再次单击会取消多选框的选中状态，此时 Label 又会显示"0"。

Checkbutton 是多选框，按照上述方法可以在窗体中添加多个 Checkbutton，实现用户多选。

10.3.5 Radiobutton 组件

1 组件介绍

Radiobutton 又称为单选按钮控件，也是一种常用的 GUI 界面元素。单选按钮也用于在图形界面上显示多个选项，供用户进行选择，但与多选框不同的是，用户只可以选择一个选项。要实现单选功能，一组单选按钮需要绑定同一个变量，同时还要设置单选按钮的 value 属性，指明每一个单选按钮代表的值。单选按钮也能绑定一个事件处理函数，选择状态发生改变时触发事件。

调用形式为：

```
Radiobutton (master=None, cnf={}, **kw)
```

用于创建一个单选按钮控件，并将其放置在容器 master 中。单选按钮也是一种 widget 组件。

参数说明：master 表示放置该组件的容器对象；与上文其他 widget 控件一样，cnf 与 kw 用于设置 Radiobutton 控件的选项或属性；Radiobutton 可以设置的选项或属性有 text（显示内容）、background（背景）、foreground（前景）、font（字体）、width（宽）、height（高）和 command（事件处理函数）等；除此之外，还有一个常用的属性 variable，用于将同一组中 Radiobutton 的状态与一个变量关联；创建单选按钮，还需要设置 value 属性，同一组的不同 Radiobutton 设置不同的值，表示 variable 的取值。其他属性请参考 Tkinter 帮助文档。

调用形式为：

```
pack(cnf={}, **kw)
```

Radiobutton 对象的方法继承自 widget，用于布局管理，kw 参数会在 10.5 小节详述。Tkinter 中 widget 控件需要放置在容器中才能显示，具有形式相同的布局管理方法，用于在容器中的合适位置放置控件。

2 代码示例

范例 10.3-5 ▶ Radiobutton 控件的使用（10\ 代码 \10.3 丰富的组件 \demo05.py）。

以下代码演示使用 Radiobutton 进行单项选择的方法：

```
from tkinter import *
# 创建顶层窗口的实例对象
root = Tk()
# 设置窗口的大小（宽 × 高 + 偏移量）
root.geometry('500x300+500+200')
# 设置标题
root.title('Radiobutton')
```

```
# IntVar 变量，用于表示该按钮是否被选中
v = IntVar()
# 创建 Radiobutton 对象，放到根窗口中关联变量
Radiobutton(root, text='PYTHON', variable=v, value=1).pack(anchor=W)
Radiobutton(root, text='JAVA', variable=v, value=2).pack(anchor=W)
Radiobutton(root, text='PHP', variable=v, value=3).pack(anchor=W)
# 进入消息循环
mainloop()
```

Radiobutton 控件主要提供选项供用户进行单项选择。在上述代码中，首先通过 Tk 组件创建一个顶层窗口，设置窗口大小、起始位置，设置窗口标题；然后依次创建 3 个 Radiobutton，设置其容器为顶层窗口，设置其显示内容；将每个 Radiobutton 的 Variable 与同一个整数对象变量 v 进行绑定，将每个 Radiobutton 的 value 设置不同的值，表示 v 的不同取值；在容器中，以 pack 布局放置 Radiobutton；最后进入事件循环，等待与用户的交互。程序的执行结果如图 10-8 所示。

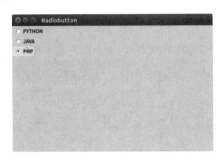

图 10-8　使用单选按钮控件

在图 10-8 中，如果用户单击某个单选按钮，该单选按钮处于选中状态；如果单击另外一个单选按钮，则另外一个单选按钮处于选中状态，而之前选中的单选按钮将被取消选中；同一组单选按钮中，最多只能有一个单选按钮处于选中状态。

与上一节类似，可以将 Radiobutton 的 variable 绑定到 Label 的 textvariable 上，这样当单选按钮的选择状态发生改变时，可以看到已选中的单选按钮的 value 值会有 Label 实时显示。

10.3.6　LabelFrame 组件

1 组件介绍

LabelFrame 是在窗体上显示的一个带标题的边界框，可以把相关的一些控件放置到一组中，方便管理。例如，窗体上的多个 Radiobutton 提供一些选项，供用户进行单项选择，那么这些单选按钮从语义上理解就是一组，可以将其放到一个 LabelFrame 中，在形式上将其

归成一组。特别是，当窗体上有两组不同的单选按钮让用户分别从中做出两个单项选择，这时用 LabelFrame 将它们分别归类就非常必要了。对窗口中需要添加到 LabelFrame 中的其他组件，在创建时，可以将 LabelFrame 作为它们的父组件或容器。

调用形式为：

```
LabelFrame (master=None, cnf={}, **kw)
```

用于创建一个 LabelFrame 控件，并将其放置在容器 master 中。LabelFrame 控件也是一种 widget 组件。

参数说明：master 表示放置该组件的容器对象；与上文其他 widget 控件一样，cnf 与 kw 用于设置 LabelFrame 控件的选项或属性；LabelFrame 主要用于在界面上对组件进行分组，可以设置的选项或属性较少，主要有 text（显示内容）、background（背景）、foreground（前景）、font（字体）、width（宽）和 height（高）等。

2 代码示例

范例 10.3-6 ▶ LabelFrame 控件的使用（10\ 代码 \10.3 丰富的组件 \demo06.py）。

以下代码演示使用 LabelFrame 控件的使用方法：

```python
from tkinter import *
# 创建顶层窗口的实例对象
root = Tk()
# 设置窗口的大小（宽 × 高 + 偏移量）
root.geometry('500x300+500+200')
# 设置标题
root.title('LabelFrame')
# IntVar 变量，用于表示选中的单选的 value
v = IntVar()
v.set(1)
# 创建 LabelFrame 对象
group = LabelFrame(root, text=' 选出你喜欢的语言 ', padx=10, pady=10)
# 以 pack 布局显示
group.pack(padx=10, pady=10)
# 列表
LANGS = [
    ('PYTHON', 1),
    ('JAVA', 2),
    ('PHP', 3),
    ('LUA', 4)
```

```
]
# 循环
for lang, num in LANGS:
    # 创建 Radiobutton
    b = Radiobutton(group, text=lang, variable=v, value=num)
    # 以 pack 布局显示
    b.pack(anchor=W)
# 进入消息循环
mainloop()
```

LabelFrame 控件主要用于分组其他控件。在上述代码中，首先通过 Tk 组件创建一个顶层窗口，设置窗口大小、起始位置，设置窗口标题；然后创建 LabelFrame 控件进行布局设置；定义一个元素为元组的列表，每个元组对应一个 Radiobutton 的 text 属性和 value 属性；根据列表元素个数，循环创建 Radiobutton，设置其容器为 LabelFrame，将每个 Radiobutton 的 Variable 与同一个整数对象变量 v 进行绑定，根据元组的值设置每个 Radiobutton 的 text 属性与 value 属性；在容器中，以 pack 布局放置 Radiobutton；最后进入事件循环等待与用户的交互。程序的执行结果如图 10-9 所示。

图 10-9 使用 LabelFrame 控件

在图 10-9 中，4 个单选按钮被放置到同一个 LabelFrame 中。初始第一个单选按钮处于选中状态，如果用户单击其他单选按钮，被单击的单选按钮会处于选中状态，而第一个按钮处于未选中状态。

10.3.7 Entry 组件

1 组件介绍

Entry 组件用于输入和显示一行简单的文本。Entry 中显示的文本只能使用相同的字体。创建 Entry 后，可以使用 insert、delete 方法修改 Entry 中的内容；也可以通过 textvariable 属性绑定一个字符串对象，通过字符串修改 Entry 中的内容。

调用形式为：

```
Entry (master=None, cnf={}, **kw)
```

用于创建一个 Entry 控件，并将其放置在容器 master 中。Entry 也是一种 widget 组件。

参数说明：master 表示放置该组件的容器对象；与上文其他 widget 控件一样，cnf 与 kw 用于设置 Entry 控件的选项或属性。Entry 可以设置的选项或属性有 text（显示内容）、background（背景）、foreground（前景）、font（字体）、width（宽）和 height（高）等，其他常用属性还有 textvariable，用于将 Entry 中的文本与一个 StringVar 变量关联；show 用于指定密码字符，显示时会替换在 Entry 中输入的其他字符，实现密码的隐藏。更多属性请参考 Tkinter 帮助文档。

调用形式为：

```
delete(first, last=None)
```

Entry 对象的方法，在 Entry 中删除从 first 到 last（不包含）的文本。

调用形式为：

```
insert(index, string)
```

Entry 对象的方法，在 Entry 中的 index 位置插入 string。

调用形式为：

```
grid(cnf={}, **kw)
```

Entry 对象继承自 widget 的布局管理方法之一，按照 Grid 布局管理的方法，用于在父容器中放置 Entry。Grid 布局将在 10.5 小节中详细介绍。

2 代码示例

范例 10.3-7 Entry 控件的使用（10\ 代码 \10.3 丰富的组件 \demo07.py）。

以下代码演示使用 Entry 控件进行输入的方法：

```
from tkinter import *
# 创建顶层窗口的实例对象
root = Tk()
# 设置窗口的大小（宽 × 高 + 偏移量）
root.geometry('500x300+500+200')
# 设置标题
root.title('Entry')
# 创建 Label 对象，并以 Grid 布局显示
Label(root, text=" 用户名：").grid(row=0, column=0)
Label(root, text=" 密码：").grid(row=1, column=0)
# 变量，分别关联用户名和密码
```

```
v1 = StringVar()
v2 = StringVar()
# 创建 Entry 对象
e1 = Entry(root, textvariable=v1)
e2 = Entry(root, textvariable=v2, show="*")
# 以 Grid 布局显示
e1.grid(row=0, column=1, padx=10, pady=5)
e2.grid(row=1, column=1, padx=10, pady=5)
# 登录事件函数
def login():
    name = v1.get().strip()
    pwd = v2.get().strip()
    if name=='admin' and pwd=='123456':
        print('登录成功')
    else:
        print('登录失败')
# 创建 Button 对象，并以 Grid 布局显示
Button(root, text="登录", width=8, command=login).grid(row=3, column=0, \
sticky=W, padx=10, pady=5)
Button(root, text="退出", width=8, command=root.destroy).grid(row=3,
column=1, \
sticky=E, padx=10, pady=5)
# 进入消息循环
mainloop()
```

Entry 控件主要用于单行文本的输入和显示。在上述代码中，首先通过 Tk 组件创建一个顶层窗口，设置窗口大小、起始位置并设置窗口标题；然后依次创建两个 Label，设置其容器为顶层窗口并设置其显示内容；创建两个 StringVar 对象，用于绑定 Entry 控件；在顶层窗口中创建两个 Entry 对象，用于输入用户名和密码，将其绑定到 StringVar 对象，可以通过字符串变量访问、修改 Entry 中的输入值；创建两个 Button，一个用于登录验证，另一个用于退出程序；通过 command 指定其 Button 的事件处理函数，在登录函数中校验用户名与密码，在退出函数中调用系统函数退出；在容器中，以 Grid 布局放置各种组件；最后进入事件循环，等待与用户的交互。程序的执行结果如图 10-10 所示。

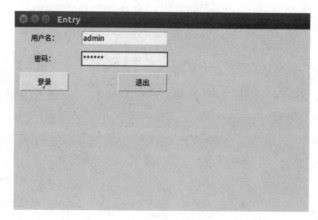

图 10-10　使用 Entry 控件输入文本内容

在图 10-10 中，用户在相应的 Entry 中输入用户名"admin"与密码"123456"，单击"登录"按钮，控制台中输出登录成功；如果用户名、密码输入错误，则显示登录失败。登录完成之后，用户可以单击"退出"按钮，退出当前窗口。

10.3.8　Listbox 组件

1 组件介绍

Listbox 是一个列表框组件，用来显示一个字符串构成的列表，用户可以选择列表中的一项或多项。列表框中显示的文本只能使用相同的字体。创建 Listbox 之后，可以使用 insert 和 delete 方法修改 Listbox 中的内容。

调用形式为：

```
Listbox (master=None, cnf={}, **kw)
```

用于创建一个 Listbox 控件，并将其放置在容器 master 中。Listbox 也是一种 widget 组件，同时也从 XView 类与 YView 类中派生。

参数说明：master 表示放置该组件的容器对象；与上文其他 widget 控件一样，cnf 与 kw 用于设置 Listbox 控件的选项或属性；Listbox 可以设置的选项或属性有 background（背景）、foreground（前景）、font（字体）、width（宽）和 height（高）等；此外，可以通过属性 selectmode 设置选择模式为单选（SINGLE）和多选（MULTIPLE）等；xscrollcommand 与 yscrollcommand 同滚动条结合使用。其他属性请参考 Tkinter 帮助文档。

调用形式为：

```
delete(first, last=None)
```

Listbox 对象的方法，在 Listbox 中删除从 first 到 last（不包含）的字符串项。

调用形式为：

```
insert(index, *elements)
```

Listbox 对象的方法，在 Listbox 中的 index 位置插入 elements。

2 代码示例

范例 10.3-8 Listbox 控件的使用（10\ 代码 \10.3 丰富的组件 \demo08.py）。

以下代码演示使用 Listbox 显示和选择文本的方法：

```
from tkinter import *
# 创建顶层窗口的实例对象
root = Tk()'''
Listbox
    列表框控件；在 Listbox 窗口小部件是用来显示一个字符串列表给用户
'''
from tkinter import *
# 创建顶层窗口的实例对象
root = Tk()
# 设置窗口的大小（宽 × 高 + 偏移量）
root.geometry('500x300+500+200')
# 设置标题
root.title('Listbox')
# 创建一个空列表
lb = Listbox(root, height=12)
# 以 pack 布局显示
lb.pack()
# 往列表里添加数据
for item in range(1,101):
    lb.insert(END, item)
lb.insert(END,200,300)
# 进入消息循环
mainloop()
```

Listbox 控件主要用于字符串列表的显示与选择。在上述代码中，首先通过 Tk 组件创建一个顶层窗口，设置窗口大小、起始位置、标题；然后创建一个 Listbox，设置其容器为顶层窗口；设置其高度为 12，能显示 12 个列表项；把 1~100 的整数循环顺序插入列表框的尾部；在容器中，以 pack 布局放置列表框；最后进入事件循环，等待与用户的交互。程序的执行结果如图 10-11 所示。

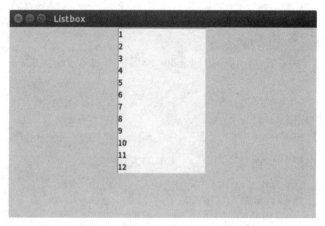

图 10-11　使用 Listbox 控件显示数据

在图 10-11 中，窗口的 Listbox 中显示了 12 行数据；由于程序中实际加入了 100 行数据，因此选中一条数据之后，滚动鼠标中轮或使用键盘上的方向键会看到其他数据。

10.3.9　Scrollbar 组件

1　组件介绍

在 10.3.8 节的 Listbox 控件中看到，当控件内容多于显示区域时，要通过鼠标键盘上的或上下键进行切换显示，不是很方便。而 Scrollbar 控件是一个滚动条控件，当控件内容超过可视化区域时，可以滚动显示，可以用于 Listbox、Text 等进行滚动显示。

调用形式为：

```
Scrollbar (master=None, cnf={}, **kw)
```

用于创建一个 Scrollbar 控件，并将其放置在容器 master 中，它会包含一个可以移动的滑动块。Scrollbar 也是一种 widget 组件。

参数说明：master 表示放置该组件的容器对象；与上文其他 widget 控件一样，cnf 与 kw 用于设置 Scrollbar 控件的选项或属性；Scrollbar 可以设置的选项或属性有 background（背景）、width（宽）、Borderwidth（边界宽度）和 command（关联事件）等。

调用形式为：

```
set(*args)
```

Scrollbar 对象的方法，设置 0~1 的分数值表示滚动条上滑动块的位置。

调用形式为：

```
config(cnf=None, **kw)
```

Scrollbar 对象的方法，继承自 Widget 的方法，设置 Scrollbar 的属性。

2 代码示例

范例 10.3-9 Scrollbar 控件的使用（10\ 代码 \10.3 丰富的组件 \demo09.py）。

以下代码演示在 Listbox 中加入 Scrollbar 辅助进行显示的方法：

```python
# 10-3-demo09.py
'''
Scrollbar
    滚动条控件，当内容超过可视化区域时使用，如列表框。
'''
from tkinter import *
# 创建顶层窗口的实例对象
root = Tk()
# 设置标题
root.title('Scrollbar')
# 创建 Scrollbar 对象
sb = Scrollbar(root)
# 以 pack 布局显示
sb.pack(side=RIGHT, fill=Y)
# 创建 Listbox 对象
lb = Listbox(root, yscrollcommand=sb.set)
# 以 pack 布局显示
lb.pack(side=LEFT, fill=BOTH)
# 配置 sb.config(command=lb.yview)
sb.config(command=lb.yview)
# 往列表里添加数据
for item in range(1,101):
    lb.insert(END, item)
# 进入消息循环
mainloop()
```

Scrollbar 控件主要用于添加滚动条，辅助控件显示内容。在上述代码中，首先通过 Tk 组件创建一个顶层窗口并设置窗口标题；然后创建一个 Scrollbar，设置其容器为顶层窗口；以 pack 布局将其放到窗口右侧，设置 Y 轴填充；在窗体上创建 Listbox 控件，将其 Y 轴滚动命令 yscrollcommand 与滚动条的 set 方法关联；调用滚动条的属性设置方法 config，将滚动条的 command 事件响应属性绑定到 Listbox 的 yview 方法（yview 是 Listbox 继承自类 YView 的方法，用于查询或改变视图垂直方向的显示位置），通过上述设置，实现滚动条与 Listbox 的双向绑定；以 pack 布局将 Listbox 放到窗口左侧，设置 X 轴、Y 轴填充；把 1~100 的整数循环顺序插入列表框的尾部；最后进入事件循环，等待与用户的交互。程序的执行结果如图 10-12 所示。

图 10-12 使用 Scrollbar 控件辅助 Listbox 显示结果

在图 10-12 中，Listbox 采用默认高度显示了 10 条数据；由于程序中实际加入了 100 行数据，远远超过 Listbox 的显示区域，这时可以拖动滚动条上的滑动块显示其余数据；在选中 Listbox 中的一条数据之后，向下滚动鼠标滚轮或按键盘上的方向键，会显示其他数据，同时也能看到滚动条上的滑动块跟着移动。可见，滚动条与 Listbox 实现了双向绑定。

10.3.10 Scale 组件

1 组件介绍

Scale 是一个范围控件，显示一个数值刻度，为输入限定范围的数字区间。当想要用户输入一个一定范围内的数值时，可以用 Scale 替代 Entry。

调用形式为：

```
Scale (master=None, cnf={}, **kw)
```

用于创建一个 Scale 控件，并将其放置在容器 master 中，它会显示一个数值刻度，以及沿着数值刻度线移动的滑块，滑块的位置表示用户选择的数值。Scale 也是一种 widget 组件。

参数说明：master 表示放置该组件的容器对象；与上文其他 widget 控件一样，cnf 与 kw 用于设置 Scale 控件的选项或属性；Scale 可以设置的选项或属性有 background（背景）、font（字体）、orient（方向）、tickinterval（数值刻度增量）、resolution（精度）、from_（起始值）、to（终值）、length（长度）、Borderwidth（边界宽度）和 command（关联事件）等。

调用形式为：

```
get(*args)
```

Scale 对象的方法，获得滑块当前所在位置的对应数值。

2 代码示例

范例 10.3-10 ► Scale 控件的使用（10\ 代码 \10.3 丰富的组件 \demo10.py）。

以下代码演示 Scale 控件的使用方法：

```
from tkinter import *
```

```
# 创建顶层窗口的实例对象
root = Tk()
# 设置标题
root.title('Scale')
# 创建 Scale 对象，并以 pack 布局显示
Scale(root, from_=0, to=100, tickinterval=5, length=300, \
resolution=10, orient=VERTICAL).pack()
Scale(root, from_=0, to=100, tickinterval=5, length=800, orient=
HORIZONTAL).pack()
# 进入消息循环
mainloop()
```

Scale 显示一个数值刻度，用于限定一定范围的数值输入。在上述代码中，首先通过 Tk 组件创建一个顶层窗口，设置窗口标题；然后创建一个纵向的 Scale，设置其容器为顶层窗口，显示数据为 0~100，长度为 300，数值精度为 10，垂直以 pack 布局显示；然后创建一个横向的 Scale，设置其容器为顶层窗口，显示数据为 0~100，长度为 800，水平以 pack 布局显示；最后进入事件循环，等待与用户的交互。程序的执行结果如图 10-13 所示。

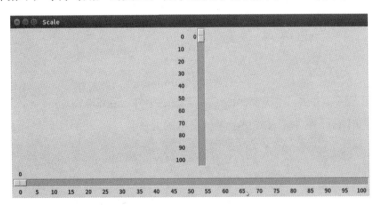

图 10-13　使用 Scale 控件限制数值输入

在图 10-13 中，纵向 Scale 精度为 10，覆盖了数值刻度 5，最终以 10 为最小刻度值，滑块的移动区间也是以 10 为单位；横向 Scale 没有设置精度，采用默认精度 1，小于设置的刻度值，因此显示的刻度值为 5，滑块移动的最小区间为 1。

10.3.11　Text 组件

1 组件介绍

前面讲述 Entry 组件用于输入和显示一行简单的文本，当内容较多时，使用起来不是很

方便。本节介绍的 Text 组件用来显示和输入多行文本。同时，Text 控件还支持不同样式和属性的文本，如不同字体和嵌入图像等。Text 组件拥有丰富的方法对其内容和格式进行管理。

调用形式为：

```
Text (master=None, cnf={}, **kw)
```

用于创建一个 Text 控件，并将其放置在容器 master 中。Text 也是一种 widget 组件。Text 同时还从 XView、YView 类派生，支持内容的滚动显示。

参数说明：master 表示放置该组件的容器对象；与上文其他 widget 控件一样，cnf 与 kw 用于设置 Text 控件的选项或属性；Text 可以设置的选项或属性有 background（背景）、foreground（前景）、font（字体）、width（宽）、height（高）、xscrollcommand（横向滚动条设置）和 yscrollcommand（纵向滚动条设置）等，具体请参考 Tkinter 帮助文档。

调用形式为：

```
delete(index1, index2=None)
```

Text 对象的方法，在 Text 中删除从 index1 到 index2（不包含）的文本。

调用形式为：

```
insert(index, chars, *args)
```

Text 对象的方法，在 Text 中的 index 位置前插入字符串 chars，字符串附件与样式相关的标签由 args 参数给出。

2 代码示例

范例 10.3-11 Text 控件的使用（10\ 代码 \10.3 丰富的组件 \demo11.py）。

以下代码使用 Text 控件输入或显示多行文本的方法：

```python
from tkinter import *
# 创建顶层窗口的实例对象
root = Tk()
# 设置窗口的大小（宽 × 高 + 偏移量）
root.geometry('500x300+500+200')
# 设置标题
root.title('Text')
# 创建 Text 对象
text = Text(root, width=30, height=3)
text.pack()
# 添加内容
text.insert(INSERT, ' 须晴日 \n')
text.insert(INSERT, ' 看红妆素裹 \n')
text.insert(END, ' 分外妖娆 ')
```

```
# 进入消息循环
mainloop()
```

Text 控件主要用于多行带格式文本的输入和显示。在上述代码中，首先通过 Tk 组件创建一个顶层窗口，设置窗口大小、起始位置并设置窗口标题；然后创建一个 Text，设置其容器为顶层窗口，设置其宽度为 30、高度为 3，即显示三行文本；以 pack 布局放置 Text 组件；通过 insert() 方法分别在光标所在位置——内容末尾插入三行文本数据，文本内容末尾的"\n"表示换行；最后进入事件循环，等待与用户的交互。程序的执行结果如图 10-14 所示。

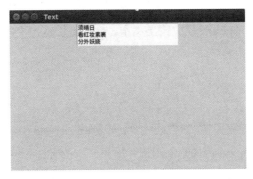

图 10-14 使用 Text 控件显示多行文本

在图 10-14 中，用户可以添加、修改 Text 控件中的内容，也可以按"Enter"键换行，在 Text 中添加多行文本。

10.3.12 Canvas 组件

1 组件介绍

Canvas 组件又称为画布控件，能够显示图形元素和文本，提供绘图功能，如绘制直线、椭圆、多边形和矩形等。

调用形式为：

```
Canvas (master=None, cnf={}, **kw)
```

用于创建一个 Canvas 控件，并将其放置在容器 master 中。Canvas 也是一种 widget 组件。Canvas 同时还从 XView、YView 类派生，支持滚动条。

参数说明：master 表示放置该组件的容器对象；与上文其他 widget 控件一样，cnf 与 kw 用于设置 Canvas 控件的选项或属性；Canvas 可以设置的选项或属性有 background（背景）、cursor（光标）、width（宽）、height（高）、xscrollcommand（横向滚动条设置）和 yscrollcommand（纵向滚动条设置）等，具体请参考 Tkinter 帮助文档。

调用形式为：

```
create_line(*args, **kw)
```

Canvas 对象的方法，在 Canvas 中绘制折线，args 提供形如 x_1，y_1，…，x_n，y_n 的坐标值；kw 提供线宽、线的颜色等属性。

调用形式为：

```
create _rectangle(*args, **kw)
```

Canvas 对象的方法，在 Canvas 中绘制矩形，args 提供矩形的左上角、右下角坐标 x_1，y_1，x_2，y_2；kw 提供线宽、线的颜色等属性。

```
create _text(*args, **kw)
```

Canvas 对象的方法，在 Canvas 中输出文本，args 提供输出文本的位置 x_1，y_1；kw 给出文本的相关信息，如文本内容等。

2 代码示例

范例 10.3-12 Canvas 控件的使用（10\ 代码 \10.3 丰富的组件 \demo12.py）。

以下代码演示使用 Canvas 控件绘制图形和输出文本的方法：

```python
from tkinter import *
# 创建顶层窗口的实例对象
root = Tk()
# 设置窗口的偏移量
root.geometry('+500+200')
# 设置标题
root.title('Canvas')
# 创建指定宽和高的 Canvas 对象
c = Canvas(root, width=200, height=100)
# 以 pack 布局显示
c.pack()
# 画线
c.create_line(0, 0, 200, 100, fill="green", width=3)
# 画线
c.create_line(200, 0, 0, 100, fill="green", width=3)
# 画矩形
c.create_rectangle(40, 20, 160, 80, fill="green")
# 画矩形
c.create_rectangle(65, 35, 135, 65, fill="yellow")
# 显示文字
c.create_text(100, 50, text="tkinter")
# 进入消息循环
```

```
mainloop()
```

Canvas 控件主要用于图形元素的绘制与图像及文本的输出。在上述代码中，首先通过 Tk 组件创建一个顶层窗口，设置窗口的起始位置，设置窗口标题；然后创建一个 Canvas，设置其容器为顶层窗口，设置其宽度为 200、高度为 100；以 pack 布局放置 Canvas 组件；通过 create_line() 方法绘制两条直线，颜色是绿色，线宽为 3；通过 create_rectangle() 方法绘制两个矩形，分别填充绿色和黄色，采用默认线宽 1；通过 create_text() 方法输出一行文本；最后进入事件循环，等待与用户的交互。程序的执行结果如图 10-15 所示。

图 10-15 使用 Canvas 控件绘制图形并输出文本

10.3.13 Menu 组件

1 组件介绍

Menu 组件又称为菜单控件，是一种常用的 GUI 组件，用来在窗体上显示菜单栏、下拉菜单和弹出菜单。一个完整的菜单由菜单栏、子菜单、菜单项组成。下面看一下菜单的构造方法。

调用形式为：

```
Menu (master=None, cnf={}, **kw)
```

用于创建一个菜单控件，设置其容器为 master。Menu 也是一种 widget 组件。

参数说明：master 表示放置该组件的容器对象，当容器为窗体时，表示创建菜单栏，当容器为菜单时，表示创建子菜单；与上文其他 widget 控件一样，cnf 与 kw 用于设置 Menu 控件的选项或属性；Menu 可以设置的选项或属性有 background（背景）、foreground（前景）、cursor（光标）、width（宽）、height（高）、font（字体）和 type（类型）等，具体请参考 Tkinter 帮助文档。

调用形式为：

```
add_cascade(cnf={}, **kw)
```

Menu 对象的方法，添加分级的菜单项，即添加子菜单。通过 cnf 或 kw，提供 label（显示内容）、menu（菜单对象）等参数。

调用形式为：

```
add_command(cnf={}, **kw)
```

Menu 对象的方法，添加命令型的菜单项，即添加菜单命令。通过 cnf 或 kw，提供 label（显示内容）和 command（菜单命令处理函数）等参数。

2 代码示例

范例 10.3-13 Menu 控件的使用（10\ 代码 \10.3 丰富的组件 \demo13.py）。

以下代码演示在主窗体中加入菜单的方法：

```python
from tkinter import *
# 创建顶层窗口的实例对象
root = Tk()
# 设置窗口的大小（宽 × 高 + 偏移量）
root.geometry('500x300+500+200')
# 设置标题
root.title('Menu')
# 回调函数
def callback():
    print('hello...')
# 创建 Menu 对象
menubar = Menu(root)
# 设置为顶级菜单
root.config(menu=menubar)
# 创建子菜单
filemenu = Menu(menubar)
menubar.add_cascade(label=' 文件 ', menu=filemenu)
# 添加
filemenu.add_command(label=' 打开 ', command=callback)
filemenu.add_command(label=' 保存 ', command=callback)
filemenu.add_separator()
filemenu.add_command(label=' 退出 ', command=root.destroy)
# 创建子菜单
editmenu = Menu(menubar)
menubar.add_cascade(label=' 编辑 ', menu=editmenu)
# 添加
editmenu.add_command(label=' 剪切 ', command=callback)
editmenu.add_command(label=' 拷贝 ', command=callback)
editmenu.add_command(label=' 粘贴 ', command=callback)
# 进入消息循环
mainloop()
```

Menu 控件主要用于创建菜单。在上述代码中，首先通过 Tk 组件创建一个顶层窗口，设置窗口的起始位置并设置窗口标题；然后创建一个 Menu，设置其容器为顶层窗口；调用顶层窗口的 config() 方法，将刚创建的菜单设置为窗体的顶级菜单；创建两个子菜单，设置其容器为刚创建的顶级菜单；通过菜单对象的方法 add_cascade() 将创建的子菜单加入顶级菜单中；定义菜单命令相应函数；通过菜单对象方法 add_command() 为每一个子菜单添加菜单命令，并关联事件处理函数；通过 add_separatro() 在菜单命令之间添加分割线和分组菜单命令；最后进入事件循环，等待与用户的交互。程序的执行结果如图 10-16 所示。

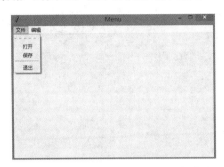

图 10-16　使用 Menu 控件创建菜单

在图 10-16 中，展开菜单，选择菜单命令，会触发菜单事件处理函数，可以看到控制台显示了事件处理函数的执行结果。这里为了简化代码，给菜单命令关联了相同的处理函数，在控制台输出 "hello..."，读者可以根据自己需要设置不同的处理函数。

10.3.14 Menubutton 组件

1 组件介绍

Menubutton 组件又称为菜单按钮控件，常用来显示下拉菜单和弹出菜单。菜单按钮外形类似于一个按钮控件，在单击时会弹出下拉菜单。一个菜单按钮构成的菜单包括菜单按钮、子菜单及菜单命令。下面看一下菜单按钮式菜单的构造方法。

调用形式为：

```
Menubutton(master=None, cnf={}, **kw)
```

用于创建一个菜单按钮控件，设置其容器为 master。Menubutton 也是一种 widget 组件。

参数说明：master 表示放置该组件的容器对象，通常是窗体；与上文其他 widget 控件一样，cnf 与 kw 用于设置 Menubutton 控件的选项或属性；Menubutton 可以设置的选项或属性有 background（背景）、foreground（前景）、cursor（光标）、width（宽）、height（高）和 font（字体）等；除此之外，还有 text（菜单内容）和 menu（子菜单）等，由于 Menubutton

对象没有提供具体的方法对菜单进行配置，可以使用 text 和 menu 等属性对菜单进行配置。属性的具体使用方法，请参考 Tkinter 帮助文档。

2 代码示例

范例 10.3-14 Menubutton 控件的使用（10\ 代码 \10.3 丰富的组件 \demo14.py）。

以下代码演示使用菜单按钮建立弹出式菜单：

```python
from tkinter import *
# 创建顶层窗口的实例对象
root = Tk()
# 设置窗口的大小（宽 × 高 + 偏移量）
root.geometry('500x300+500+200')
# 设置标题
root.title('Menubutton')
# 回调函数
def callback():
    print('hello...')
# 创建 Menubutton 对象
mb = Menubutton(root, text=' 点击试一试 ', relief=RAISED)
# 以 pack 布局显示
mb.pack()
# 创建子菜单
filemenu = Menu(mb, tearoff=False)
# 设置单击 md 时显示 filemenu
mb.config(menu=filemenu)
# 添加
filemenu.add_command(label=' 打开 ', command=callback)
filemenu.add_command(label=' 保存 ', command=callback)
filemenu.add_separator()
filemenu.add_command(label=' 退出 ', command=root.destroy)
# 进入消息循环
mainloop()
```

Menubutton 控件主要用于创建菜单按钮。在上述代码中，首先通过 Tk 组件创建一个顶层窗口，设置窗口的起始位置并设置窗口标题；然后创建一个 Menubutton，设置其容器为顶层窗口并设置其显示内容及样式；以 pack 布局方式放置菜单按钮；定义回调函数，作为菜单命令响应函数；创建子菜单，将其父容器设置为菜单按钮；通过菜单按钮的 config() 方法，将其 menu 属性设置为刚创建的子菜单；通过子菜单对象方法 add_command() 为子菜单添加菜单命令，并关联事件处理函数；通过 add_separatro() 在菜单命令之间添加分割线和分组菜单命令；最后进入事件循环，等待与用户的交互。程序的执行结果如图 10-17 所示。

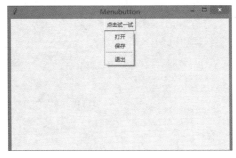

图 10-17　使用 Menubutton 控件创建弹出式菜单

在图 10-17 中，窗口启动时，菜单并不显示；单击菜单按钮，才会显示弹出式菜单；选择菜单命令，会触发菜单事件处理函数，可以看到控制台显示了事件处理函数的执行结果。

10.3.15　OptionMenu 组件

1 组件介绍

OptionMenu 是从菜单按钮控件类派生的子类，运行后显示一个下拉列表，允许用户选择一个菜单项对应的值。OptionMenu 类似于一个下拉式的列表框。下面介绍 OptionMenu 的构造方法。

调用形式为：

```
OptionMenu (master, variable, value, *values, **kwargs)
```

用于创建一个 OptionMenu 控件，设置其容器为 master。OptionMenu 继承自 Menubutton。

参数说明：master 表示放置该组件的容器对象，通常是窗体；variable 参数实际上相当于设置了属性 textvariable；value 参数对应 OptionMenu 的初始选择值；values 对应于除了初始值之外的其他菜单值；kwargs 表示其他的关键字参数属性。属性的具体使用方法，请参考 Tkinter 帮助文档。

2 代码示例

范例 10.3-15 OptionMenu 控件的使用（10\代码 \10.3 丰富的组件 \demo15.py）。

以下代码演示使用 OptionMenu 控件为用户选择菜单项提供的不同值：

```
from tkinter import *
# 创建顶层窗口的实例对象
root = Tk()
```

```
# 设置窗口的大小（宽×高+偏移量）
root.geometry('500x300+500+200')
# 设置标题
root.title('OptionMenu')
# 列表
options = [
    'PYTHON',
    'JAVA',
    'PHP',
    'C++',
]
# 变量
sv = StringVar()
sv.set(options[0])
# 创建 OptionMenu 对象
om = OptionMenu(root, sv, *options)
# 以 pack 布局显示
om.pack()
# 进入消息循环
mainloop()
```

OptionMenu 控件主要用于选择不同菜单项对应的不同值。在上述代码中，首先通过 Tk 组件创建一个顶层窗口，设置窗口的起始位置并设置窗口标题；创建一个列表，以备 OptionMenu 显示；创建字符串对象，以备关联 OptionMenu 的 textvariable 属性；然后创建 OptionMenu 对象，设置其容器为顶层窗口，将字符串对象与列表作为参数传入，此处传入 的可变参数 options 对应于构造函数中的 value 及 values 两个参数；以 pack 布局方式放置 OptionMenu；最后进入事件循环，等待与用户的交互。程序的执行结果如图 10-18 所示。

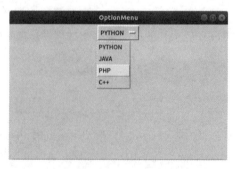

图 10-18　使用 OptionMenu 控件实现下拉列表框

在图 10-18 中，窗口启动时，OptionMenu 显示初始选择值；单击控件，以下拉列表框形式显示所有菜单项的值供用户选择；用户选择所需的值后，下拉列表框关闭，新选择的值将出现在 OptionMenu 中。

10.3.16 Message 组件

1 组件介绍

Message 控件又称为消息控件，类似于 Label，可以用来显示多行文本。Message 显示的文本一般不可编辑。

调用形式为：

```
Message(master=None, cnf={}, **kw)
```

用来创建一个 Message 控件，并将其放置在 master 容器中。Message 继承自 widget，是一种 widget 组件。

参数说明：master、cnf 和 kw 是大部分 widget 控件的构造函数都有的参数。其中，master 表示该控件放置的容器对象，默认值是 None；通过 cnf 与 kw 可以对 Message 的选项和属性进行设置，可以设置的选项或属性有 text（文本内容）、background（背景）、foreground（前景）、font（字体）、width（宽）和 height（高）等，具体可以查阅 Tkinter 的帮助文档。

2 代码示例

范例 10.3-16 Message 控件的使用（10\ 代码 \10.3 丰富的组件 \demo16.py）。

以下代码演示使用 Message 来显示文本信息：

```
from tkinter import *


# 创建顶层窗口的实例对象
root = Tk()
# 设置窗口的大小（宽 × 高 + 偏移量）
root.geometry('500x300+500+200')
# 设置标题
root.title('Message')
# 运行程序，可以看到Hello之后，Message显示在它的下一行，这也是Message的一个特性，
而Label则没有。
Message(root, text='hello Message').pack()
# 如果不让它换行，就指定足够大的宽度
Message(root, text='hello Message', width=100).pack()
```

```
# 进入消息循环
mainloop()
```

在上述代码中，首先通过 Tk 组件创建一个顶层窗口，设置窗口大小和起始位置并设置窗口标题；然后创建两个 Message，设置其容器为顶层窗口，用来显示同一行文本，为了区别，其中一个 Message 设置宽度，另外一个 Message 采用默认宽度；采用 pack 布局放置控件；最后进入事件循环，等待与用户的交互。程序的执行结果如图 10-19 所示。

图 10-19 使用 Message 组件

Message 组件用来显示多行文本，当宽度不够时会自动换行；当然也能用 "\n" 强制换行。在图 10-19 中，可以看到采用默认宽度的 Message 以多行显示；而采用设置宽度的 Message 时，由于宽度值较大，所以文本以一行来显示。

10.3.17 Spinbox 组件

1 组件介绍

Spinbox 与 Entry 组件类似，是用来输入的；但它可以限定输入范围，可用于从有限个数的有序值中间选择输入。

调用形式为：

```
Spinbox (master=None, cnf={}, **kw)
```

用于创建一个 Spinbox 控件，并将其放置在容器 master 中。Spinbox 也是一种 widget 组件。同时 Spinbox 也从 XView 类派生，支持水平方向的内容滚动显示。

参数说明：master 表示放置该组件的容器对象；与上文其他 widget 控件一样，cnf 与 kw 用于设置 Spinbox 控件的选项或属性；Spinbox 可以设置的选项或属性有 background（背景）、foreground（前景）、font（字体）、cursur（光标）、width（宽）、textvariable（关联 StringVar 变量）、from（起始值）、to（最终值）、values（有效值的元组）和 validate（验证模式）等。其他属性请参考 Tkinter 帮助文档。

调用形式为：

```
insert(index, s)
```

Spinbox 对象的方法，在 Spinbox 中的 index 位置插入 string。

2 代码示例

范例 10.3-17 Spinbox 控件的使用（10\ 代码 \10.3 丰富的组件 \demo17.py）。

以下代码演示使用 Spinbox 控件实现一定范围内的数据输入：

```python
from tkinter import *
# 创建顶层窗口的实例对象
root = Tk()
# 设置窗口的大小（宽 × 高 + 偏移量）
root.geometry('500x300+500+200')
# 设置标题
root.title('Spinbox')
# 创建 Spinbox 对象
Spinbox(root, from_=0, to=10).pack()
Spinbox(root, values=('PYTHON','JAVA','PHP','C++')).pack()
# 进入消息循环
mainloop()
```

Spinbox 控件主要用于限定范围内的数据输入。在上述代码中，首先通过 Tk 组件创建一个顶层窗口，设置窗口大小、起始位置并设置窗口标题；然后依次创建两个 Spinbox，设置其容器为顶层窗口；分别通过 from、to 属性限定数值的输入范围，通过 values 属性限定字符串的输入范围；在容器中，以 pack 布局放置各种组件；最后进入事件循环，等待与用户的交互。程序的执行结果如图 10-20 所示。

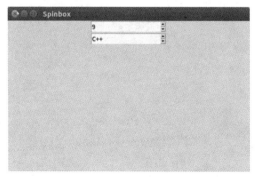

图 10-20　使用 Spinbox 控件实现限定输入

Spinbox 可以限定输入的范围。在图 10-20 中，用户可以在 Spinbox 组件中，通过上下键选择数值或字符串进行输入；当然，也可以直接在 Spinbox 的文本框中输入具体的值；当没有设置验证模式时，还可以输入限定范围之外的值。

10.3.18 PanedWindow 组件

1 组件介绍

PanedWindow 是布局管理控件，可以作为容器，放置一个或多个子控件。在 PanedWindow 中，可以通过拖动分割线来改变子控件的大小。

调用形式为：

```
PanedWindow (master=None, cnf={}, **kw)
```

用于创建一个 PanedWindow 控件，并将其放置在容器 master 中。PanedWindow 控件也是一种 widget 组件，但其可以作为其他控件的容器。

参数说明：master 表示放置该组件的容器对象；与上文其他 widget 控件一样，cnf 与 kw 用于设置 PanedWindow 控件的选项或属性，可以设置的属性主要有 orient（子控件放置方向）、background（背景）、cursor（光标）、sashwidth（子控件分割线宽度）和 width（控件宽度）等。

2 代码示例

范例 10.3-18 PanedWindow 控件的使用（10\ 代码 \10.3 丰富的组件 \demo18.py）。

以下代码演示在顶层窗口中加入 PanedWindow、PanedWindow 嵌套，在 PanedWindow 中添加子控件：

```
from tkinter import *
# 创建顶层窗口的实例对象
root = Tk()
# 设置窗口的大小（宽 × 高 + 偏移量）
root.geometry('500x300+500+200')
# 设置标题
root.title('PanedWindow')
# 创建 PanedWindow 对象
pw1 = PanedWindow()
# 显示
pw1.pack(fill=BOTH, expand=1)
# 创建 Lable 对象
left = Label(pw1, text="left pane")
```

```
# 添加
pw1.add(left)
pw2 = PanedWindow(orient=VERTICAL, sashwidth=10)
pw1.add(pw2)
top = Label(pw2, text="top pane")
pw2.add(top)
bottom = Label(pw2, text="bottom pane")
pw2.add(bottom)
# 进入消息循环
mainloop()
```

PanedWindow 是布局管理器插件，可以容纳其他控件。在上述代码中，首先通过 Tk 组件创建一个顶层窗口，设置窗口大小、起始位置，并设置窗口标题；然后创建一个 PanedWindow，以 pack 进行布局，横向、纵向填充父容器（顶层窗口），并随父容器一起变化大小；创建一个 Label，将其添加到 PanedWindow 中；创建第二个 PanedWindow，改变其子控件布局方向为纵向布局，设置分割线宽度为 10，方便调整子控件大小，将其加入第一个 PanedWindow；创建两个 Label，依次加入第二个 PanedWindow；最后进入事件循环，等待与用户的交互。程序的执行结果如图 10-21 所示。

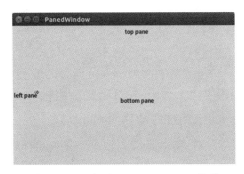

图 10-21　使用 PanedWindow 控件

在图 10-21 中，第一个 PanedWindow 与顶层窗口一样大，其中的 Label 控件与第二个 PanedWindow 横向排列，通过鼠标拖动两者之间的分割线可以改变 Label 与第二个 PanedWindow 的大小；第二个 PanedWindow 中的两个 Label 控件纵向排列，在第二个 PanedWindow 中，通过鼠标拖动分割线可以改变两个 Label 的大小。

10.3.19　Toplevel 组件

1 组件介绍

Toplevel 是一个顶层窗口，类似于 Tk。它既可以独立显示，拥有标题、边界等，又是一个独立的窗口，也可以作为容器，放置其他 GUI 组件。

调用形式为：

```
Toplevel (master=None, cnf={}, **kw)
```

用于创建一个 Toplevel 控件，可以作为顶层窗口，master 可以不设置。Toplevel 控件直接从 BasicWidget 类派生，也继承了类 Wm，具有窗口管理功能。

参数说明：master 表示该组件的容器，作为顶层窗口，可以不设置容器。Toplevel 也可以通过 cnf 与 kw 设置窗体的选项或属性，可以设置的属性主要有 background（背景）、container（容器）、cursor（光标）、height（高度）、menu（菜单）和 width（宽度）等。

调用形式为：

```
title(string=None)
```

Toplevel 继承自 Wm 的一个对象方法，用于设置窗口标题。

参数说明：表示标题的字符串，默认是 None。

调用形式为：

```
geometry(newGeometry=None)
```

Toplevel 对象的方法，继承自 Wm 类，用于设置顶层窗体的大小。

参数说明：参数 newGeometry 接收一个类似于 'widthxheight ± x ± y' 的字符串。其用法与 Tk 顶层窗口组件的 geometry 方法参数类似，不再赘述。

2 代码示例

范例 10.3-19 ▶ Toplevel 控件的使用（10\ 代码 \10.3 丰富的组件 \demo19.py）。

以下代码演示通过 Button 单击事件创建 Toplevel 窗口：

```
from tkinter import *
# 创建顶层窗口的实例对象
root = Tk()
# 设置窗口的大小（宽 × 高 + 偏移量）
root.geometry('500x300+500+200')
# 设置标题
root.title('Toplevel')
# 回调函数，创建 Toplevel
def create():
    top = Toplevel()
    top.title('new')
    Message(top, text=' 新窗口 ').pack()
# 创建 Button 对象，并绑定事件
Button(root, text=" 创建顶级窗口 ", command=create).pack()
```

```
# 进入消息循环
mainloop()
```

Toplevel 可以作为顶层窗口独立显示。在上述代码中，首先通过 Tk 组件创建一个顶层窗口，设置窗口大小、起始位置，并设置窗口标题；在其中创建一个 Button，以 pack 进行布局；在 Button 的事件处理函数中创建 Toplevel 顶层窗口，设置标题，在 Toplevel 窗口中添加 Message 控件，以 pack 方式进行布局；最后进入事件循环，等待与用户的交互。程序的执行结果如图 10-22 所示。

图 10-22　使用 Toplevel 创建独立窗口

在图 10-22 中，单击窗体中的 Button 控件，可以看到又创建了一个独立窗口。

10.4　事件的处理

事件处理是 GUI 应用程序的特色。在 Tkinter 中，GUI 与事件处理的关系为：设计 GUI 程序时，GUI 组件一般要绑定一个事件处理函数；当 GUI 程序运行且显示界面后，进入一个消息循环 mainloop，等待事件的发生；通过鼠标或键盘触发一个事件（有些事件由 Window 管理器产生，并不直接由用户产生），程序接收到这个事件，回调绑定的事件处理函数进行处理，直至用户关闭应用程序。下面从事件绑定、事件序列、Event 对象 3 个方面介绍 Tkinter 中的事件处理机制。

10.4.1　事件绑定

Tkinter 提供了多种形式的事件绑定机制，用于处理 GUI 界面中的各种事件，这里主要介绍两种常用的事件绑定机制。

1 基于 command 属性的事件绑定

在 10.3 节介绍 Tkinter 中的组件时，提到很多 widget 组件都有 command 属性，表示控

件的事件处理函数。如果要响应该控件的事件，需要定义一个函数，将其赋值给 command
属性即可，比如 10.3 节中的 Button、Menu 等控件。

2 使用 bind 方法的事件绑定

在 Tkinter 中还可以使用 bind() 方法进行事件绑定。bind() 方法定义在 Misc 类中，Misc
类是所有窗体、widget 组件的基类，所以大部分的 GUI 组件都可以使用 bind() 方法进行事件
绑定。

调用方法为：

```
bind(sequence=None, func=None, add=None)
```

用于将 GUI 组件的事件 sequence 与回调函数 func() 绑定。GUI 组件触发事件 sequence 时，
系统会自动调用 func() 函数，同时将 sequence 事件对应的 Event 对象作为参数传入 func() 函
数中。

范例 10.4-1 事件绑定（10\ 代码 \10.4 事件的处理 \demo01.py）。

以下代码在顶层窗口中创建框架对象，实现框架对象的鼠标左键单击事件处理：

```
from tkinter import *
# 创建顶层窗口的实例对象
root = Tk()
# 设置窗口的大小（宽 × 高 + 偏移量）
root.geometry('+500+200')
# 设置标题
root.title('event')
# 回调函数
def callback(event):
    print(' 点击位置：(%s,%s)'%(event.x, event.y))
# 创建 Frame 对象
frame = Frame(root, width=300, height=200)
# 绑定事件
frame.bind("<Button-1>", callback)
# 以 pack 布局显示
frame.pack()
# 进入消息循环
mainloop()
```

在上述代码中，首先通过 Tk 组件创建一个顶层窗口，设置窗口大小、起始位置，设置
窗口标题；定义回调函数，以事件对象为参数；在顶层窗体中创建 Frame，设置其宽度与高
度属性，以 pack 布局显示；将 Frame 的鼠标左键按下事件与回调函数绑定；最后进入事件

循环，等待与用户的交互。程序的执行结果如图 10-23 所示。

图 10-23 绑定鼠标左键按下事件

在图 10-23 中，单击窗体，产生鼠标事件，由系统调用回调函数，在控制台输出当前鼠标的位置信息。

10.4.2 事件序列

1 描述事件的字符串

在 Tkinter 中，绑定事件时，通常使用字符串来描述事件，它的语法如下：

```
<modifier-type-detail>
```

其中，type 是关键部分，指定了要绑定哪种类型的事件，它可以是用户操作鼠标或键盘的动作，如 Button、Key；也可是窗体管理事件，如 Enter、Configure 等。modifier 和 detail 部分提供的一些附件信息，在很多时候是不必要的。下面通过一些具体的实例来介绍一些常用的事件格式。

2 事件格式

（1）鼠标事件

<Button-1>：表示鼠标左键按下。其中 Button 可以用 ButtonPress 替换，也可将事件类型 Button 省略，因此 <Button-1>、<ButtonPress-1> 和 <1> 表达相同的意思，即鼠标左键按下。

<B1-Motion>：按住鼠标左键移动，即拖动；如果省略 B1，表示鼠标移动。

<Double-Button-1>：鼠标左键双击。

<ButtonRelease-1>：鼠标左键弹起。

在鼠标事件描述中，1 表示左键，2 表示中键，3 表示右键，因此可以替换鼠标事件中的数字来表示其他键的事件。

（2）键盘事件。

<Return>：用户按了键盘上的 Enter 键。

<Key>：用户按了键盘上的任意键。具体的键值会传给回调函数的 event 参数中的 char 成员。

a：用户按了键盘上的"a"键。大多数键盘上的可打印字符可以这样表示。注意，"1"表示键盘上的数字 1 被按下，"<1>"表示鼠标左键被按下。

（3）窗体事件。

<Enter>：鼠标指针移动到窗体或控件之上。

<Leave>：鼠标指针离开窗体或控件。

<Configure>：窗体或控件发生了改变，如大小、位置等。

10.4.3 ▶ Event 对象

Event 对象是一个标准的 Python 对象实例。如果进行了事件绑定，在事件发生时，Event 会作为一个参数传递给回调函数。

下面首先对 Event 的常用属性进行介绍，然后通过具体实例了解不同的事件及事件处理。

1 Event 对象的常用属性

Event 通过以下属性对事件进行描述。

widget：表示产生事件的 Tkinter 控件。

x, y：表示产生事件时的鼠标位置。

x_root，y_root：表示产生事件时鼠标相对于屏幕左上角的位置。

char：表示产生事件时的字符代码（仅对键盘事件有效）。

keysym：表示产生事件时键的符号（仅对键盘事件有效）。

num：表示产生事件时的鼠标键对应的数字（仅对鼠标事件有效）。

width，height：表示产生事件时的窗体或控件的大小（仅对 Configure 事件有效）。

type：表示产生事件时的事件类型。

2 代码示例

（1）键盘事件处理。

范例10.4-2 键盘按键事件（10\ 代码 \10.4 事件的处理 \demo02.py）。

以下代码绑定处理了窗口的键盘按键事件：

```
from tkinter import *
```

```
# 创建顶层窗口的实例对象
root = Tk()
# 设置窗口的大小（宽 × 高 + 偏移量）
root.geometry('+500+200')
# 设置标题
root.title('event')
# 回调函数
def callback(event):
    print(' 键盘按键：%s' % event.keysym)
# 创建 Frame 对象
frame = Frame(root, width=300, height=200)
# 绑定事件
frame.bind('<Key>', callback)
# 窗体控件获取焦点
frame.focus_set()
# 以 pack 布局显示
frame.pack()
# 进入消息循环
mainloop()
```

在上述代码中，首先通过 Tk 组件创建一个顶层窗口，设置窗口大小、起始位置，并设置窗口标题；定义回调函数，以事件对象为参数，输出事件对象的 Keysym 属性；在顶层窗体中创建 Frame，设置其宽度与高度属性，以 pack 布局显示；将 Frame 的键盘事件与回调函数绑定；当前 Frame 强制获得输入焦点；最后进入事件循环，等待与用户的交互。程序的执行结果如图 10-24 所示。

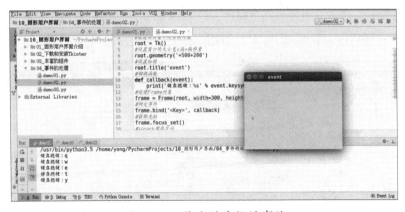

图 10-24　绑定键盘按键事件

在图 10-24 中，由于当前窗体获得了输入焦点，按下键盘上的键时，触发键盘事件，对应的字符会经 Event 对象传递给回调函数，回调函数在控制台输出对应字符。

（2）鼠标移动事件处理。

范例10.4-3 窗口的鼠标移动事件（10\代码\10.4 事件的处理\demo03.py）。

以下代码绑定处理了窗口的鼠标移动事件：

```python
from tkinter import *


# 创建顶层窗口的实例对象
root = Tk()
# 设置窗口的大小（宽 × 高 + 偏移量）
root.geometry('+500+200')
# 设置标题
root.title('event')
# 回调函数
def callback(event):
    print(' 当前位置: (%s,%s)' % (event.x, event.y))
# 创建 Frame 对象
frame = Frame(root, width=300, height=200)
# 绑定事件
frame.bind('<Motion>', callback)
# 以 pack 布局显示
frame.pack()
# 进入消息循环
mainloop()
```

在上述代码中，首先通过 Tk 组件创建一个顶层窗口，设置窗口大小、起始位置，并设置窗口标题；定义回调函数，以事件对象为参数，输出事件对象中的鼠标当前位置；在顶层窗体中创建 Frame，设置其宽度与高度属性，以 pack 布局显示；将 Frame 的鼠标移动事件与回调函数绑定；最后进入事件循环，等待与用户的交互。程序的执行结果如图 10-25 所示。

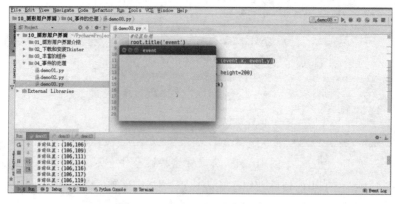

图 10-25　绑定鼠标移动事件

在图 10-25 中，当鼠标在窗体上移动时，触发鼠标移动事件，鼠标位置信息会经 Event 对象传递给回调函数，回调函数会在控制台输出这些信息。

10.5 智能的布局

在容器中放置控件，需要知道控件放置的位置或放置方式，称为控件的布局。在 Tkinter 中提供了 3 种方式对控件进行布局管理，分别对应 Pack、Grid 和 Place 3 个类，在每个类中分别对应实现了 pack()、grid()、place() 方法，这也是 pack、grid、place 3 种布局方式的由来。在 Tkinter 中，大部分非顶层窗体的 Widget 控件都继承了 Pack、Grid、Place 3 个类，所以都实现了这 3 种布局方式，用户在设计 GUI 界面时，可以自由选择。下面对这 3 种方式进行逐一介绍。

10.5.1 pack 布局

使用 pack 布局，向容器中添加组件后，会按照行或列的次序在容器中对控件进行排列。默认按照行的顺序进行排列，即第一个添加的组件在最上方，然后依次向下添加。可以通过选项来改变添加的方式或控件的显示方式。下面首先介绍 pack 的调用方法，然后进行代码演示。

1 pack 的调用方法

pack 是 Widget 组件继承自 Pack 类的一个方法，Tkinter 中的大部分 Widget 组件都实现了这个方法。

调用形式为：

```
pack(cnf={}, **kw)
```

以上代码的主要功能是在父组件中对控件进行 pack 布局。可选参数 cnf 与 kw 分别是字典参数与关键字可变参数，作用相同，都是通过一些选项来控制布局。常用的选项如下。

anchor：在容器中放置控件的位置，默认是 CENTER，可以设置为 N、S、E、W 中的一个或两个。

expand：布尔型变量，设置控件是否扩展填充容器中除控件外的额外空间，默认是 False。

Fill：默认是 NONE，设置控件是否充满容器，X 表示横向充满，Y 表示纵向充满，BOTH 表示两个方向。

side：默认是 TOP，设置控件在容器中从哪边开始放置，如果要横向布局，可以设置 LEFT。另外，还可以设置 BOTTOM 与 RIGHT。

2 **代码示例**

（1）默认参数 pack 布局。

范例 10.5-1 pack 布局 1（10\ 代码 \10.5 智能的布局 \demo01.py）。

以下代码使用 pack 布局在窗体中放置 3 个 Label，pack 布局采用默认参数：

```python
from tkinter import *
# 创建顶层窗口的实例对象
root = Tk()
# 设置窗口的偏移量
root.geometry('+500+200')
# 设置标题
root.title('pack')
# 创建 Label 以 pack 布局显示
Label(root, text='red', bg='red', fg='white',padx=50).pack()
Label(root, text='green', bg='green', fg='black',padx=50).pack()
Label(root, text='blue', bg='blue', fg='white',padx=50).pack()
# 进入消息循环
mainloop()
```

在上述代码中，首先通过 Tk 组件创建一个顶层窗口，设置窗口大小、起始位置，设置窗口标题；在顶层窗体中创建 3 个 Label，以 pack 布局显示，采用默认参数；最后进入事件循环，等待与用户的交互。程序的执行结果如图 10-26 所示。

图 10-26　默认参数的 pack 布局

在图 10-26 中，可以看到 3 个 Label 在窗体中自上而下，横向居中排列。

（2）带参数的 pack 布局。

对实例中的代码做一些改动，将 3 个 Label 的 pack 方法加上参数 side=LEFT 后，会显示横向排列。

范例 10.5-2 pack 布局 2（10\ 代码 \10.5 智能的布局 \demo02.py）。

改动后的代码为：

```python
from tkinter import *
# 创建顶层窗口的实例对象
root = Tk()
```

```
# 设置窗口的偏移量
root.geometry('+500+200')
# 设置标题
root.title('pack')
# 创建 Label 以 pack 布局显示
Label(root, text='red', bg='red', fg='white',padx=50).pack(side=LEFT)
Label(root, text='green', bg='green', fg='black',padx=50).pack(side=LEFT)
Label(root, text='blue', bg='blue', fg='white',padx=50).pack(side=LEFT)
# 进入消息循环
mainloop()
```

运行后的结果如图 10-27 所示。

图 10-27　横向排列的 pack 布局

10.5.2　grid 布局

grid 布局又称为网格布局，是将容器按照二维表格的形式分成行和列，将组件放置在网格单元中。使用 grid 布局时，一般要提供两个参数，分别是行和列，对应表格的网格单元。

1 grid 的调用方法

grid 是 Widget 组件继承自 Grid 类的一个方法，Tkinter 中的大部分 Widget 组件都实现了这个方法。

调用形式为：

```
grid(cnf={}, **kw)
```

以上代码的主要功能是在父组件中对控件进行 grid 布局。可选参数 cnf 与 kw 分别是字典参数与关键字可变参数，作用相同，都是通过一些选项来控制布局。常用的一些选项如下。

column：数字，从 0 开始，表明网格单元在第几列。

columnspan：数字，表明控件跨几列。

row：数字，从 0 开始，表明网格单元在第几行。

rowspan：数字，表明控件跨几行。

sticky：在网格大于控件时，如何放置控件，可以取代表方向 S、N、E、W 中的一个或两个。

2 代码示例

（1）使用 grid 布局将控件放置在网格单元中。

范例 10.5-3 grid 布局 1（10\ 代码 \10.5 智能的布局 \demo03.py）。

以下代码使用 grid 布局，将 Label 控件与 Entry 控件放置在网格单元中：

```python
#10-5-demo03.py
from tkinter import *
# 创建顶层窗口的实例对象
root = Tk()
# 设置窗口的偏移量
root.geometry('+500+200')
# 设置标题
root.title('grid')
# grid 布局
Label(root, text=' 用户名 ').grid(row=0,column=0,sticky=W)
Label(root, text=' 密码 ').grid(row=1,column=0,sticky=W)
Entry(root).grid(row=0, column=1)
Entry(root, show='*').grid(row=1, column=1)
# 进入消息循环
mainloop()
```

在上述代码中，首先通过 Tk 组件创建一个顶层窗口，设置窗口大小、起始位置，并设置窗口标题；在顶层窗体中创建两个 Label 和两个 Entry；分别以 grid 布局设置行列进行显示，设置参数 sticky=W，表示当控件小于网格时，靠左显示；最后进入事件循环，等待与用户的交互。程序的执行结果如图 10-28 所示。

图 10-28　使用 grid 布局将控件放置在网格单元中

（2）使用 grid 布局将控件跨网格单元显示。

范例 10.5-4 grid 布局 2（10\ 代码 \10.5 智能的布局 \demo04.py）。

使用网格布局时，有些控件相比其他控件要大得多，这时可以设置它进行跨网格显示，在范例 10.5-3 的代码中，添加一个 Label 显示图片，再添加一个按钮，都设置为跨网格显示，修改后的代码为：

```python
#10-5-demo04.py
from tkinter import *
# 创建顶层窗口的实例对象
root = Tk()
# 设置窗口的偏移量
root.geometry('+500+200')
```

```
# 设置标题
root.title('grid')
# 创建 Label 对象
Label(root, text=' 用户名 ').grid(row=0, sticky=W)
Label(root, text=' 密码 ').grid(row=1, sticky=W)
# 创建 PhotoImage 对象
photo = PhotoImage(file='./images/logo.gif)
Label(root, image=photo).grid(row=0, column=2, rowspan=2, padx=5, pady=5)
# 创建 Entry 对象
Entry(root).grid(row=0, column=1)
Entry(root, show='*').grid(row=1, column=1)
# 创建 Button 对象
Button(text=' 登录 ', width=10).grid(row=2, columnspan=3, pady=5)
# 进入消息循环
mainloop()
```

以上代码运行结果如图 10-29 所示，图中显示图片跨两行显示，按钮跨三列。

图 10-29　使用 grid 布局将控件跨网格单元显示

10.5.3　place 布局

place 布局是最简单、最灵活的一种布局方式。通过在容器中提供的位置、大小信息，确定控件的放置方式。

1 place 的调用方法

place 是 Widget 组件继承自 Pack 类的一个方法，Tkinter 中的大部分 Widget 组件都实现了这个方法。使用 place 方式布局，要精确给定每个控件的位置信息，并且在不同的分辨率下，界面会有较大的差异，一般不推荐使用。

调用形式为：

```
place(cnf={}, **kw)
```

以上代码的主要功能是在父组件中对控件进行布局。可选参数 cnf 与 kw 分别是字典参数与关键字可变参数，作用相同，都是通过一些选项来控制布局。常用的一些选项如下。

anchor：在容器中放置控件的位置，默认是 NW，可以设置为 CENTER，N、S、E、W 中的一个或两个。

x：容器中放置控件的 x 坐标。

y：容器中放置控件的 y 坐标。

relx：容器中放置控件的 x 相对坐标，相对于 width，等于 1 表示在最右边。

rely：容器中放置控件的 y 相对坐标，相对于 height，等于 1 表示在最下边。

width：容器中放置控件的宽度。

height：容器中放置控件的高度。

relwidth：容器中放置控件的相对于容器的宽度，界于 0~1。

relheight：容器中放置控件的相对于容器的高度，界于 0~1。

2 代码示例

（1）使用 place 以相对位置显示。

范例 10.5-5 place 布局 1（10\ 代码 \10.5 智能的布局 \demo05.py）。

以下代码使用 place 布局，将 Button 控件以相对位置显示：

```
from tkinter import *
# 创建顶层窗口的实例对象
root = Tk()
# 设置窗口的偏移量
root.geometry('+500+200')
# 设置标题
root.title('grid')
# grid 布局
Label(root, text=' 用户名 ').grid(row=0,column=0,sticky=W)
Label(root, text=' 密码 ').grid(row=1,column=0,sticky=W)
Entry(root).grid(row=0, column=1)
Entry(root, show='*').grid(row=1, column=1)
# 进入消息循环
mainloop()
```

在上述代码中，首先通过 Tk 组件创建一个顶层窗口，设置窗口大小、起始位置，并设置窗口标题；在顶层窗体中创建 Button，定义回调函数，关联事件处理；以 place 布局设置 Button 的相对位置；最后进入事件循环，等待与用户的交互。程序的执行结果如图 10-30 所示。

图 10-30　place 布局使用相对位置放置控件

在图 10-30 中，相对位置 0.5 表示位于父容器的中心；设置 anchor=CENTER 表示设置坐标时，控件居中排列；缩放窗体后，可以看到 Button 始终位于窗体中心。

（2）使用 place 将控件以相对大小显示。

范例 10.5-6　place 布局 2（10\ 代码 \10.5 智能的布局 \demo06.py）。

使用 place 布局，还能设置控件的相对大小，代码为：

```
from tkinter import *
# 创建顶层窗口的实例对象
root = Tk()
# 设置窗口的偏移量
root.geometry('+500+200')
# 设置标题
root.title('place')
# 创建 Label 对象
Label(root, bg='red').place(relx=0.5, rely=0.5, relheight=0.75, \
relwidth=0.75, anchor=CENTER)
Label(root, bg='yellow').place(relx=0.5, rely=0.5, relheight=0.5, \
relwidth=0.5, anchor=CENTER)
Label(root, bg='green').place(relx=0.5, rely=0.5, relheight=0.25, \
relwidth=0.25, anchor=CENTER)
# 进入消息循环
mainloop()
```

在上述代码中，在窗体中创建 3 个 Label；设置相对横向、纵向的相对位置都为 0.5，设置 anchor=CENTER，表示控件置于容器中心；设置 3 个控件的相对宽度和高度分别为 0.75、0.5 和 0.25。代码运行结果如图 10-31 所示。

图 10-31　使用 place 布局显示控件的相对大小

在图 10-31 中，3 个 Label 在容器中心叠放；由于设置的是相对大小，当窗体大小发生改变时，控件的大小也发生改变。

10.6　有趣的对话框

对话框也是一种常用的 GUI 组件，用于显示消息或进行文件、颜色等资源的选择。Tkinter 中以包的形式提供了丰富的对话框组件，本节主要介绍 3 种对话框组件：messagebox（消息对话框）、filedialog（文件对话框）和 colorchooser（颜色选择对话框）。

10.6.1　messagebox 消息对话框

messagebox 主要用于消息提示和选项选择。Python 中安装完 Tkinter 后，在 Lib 目录的 tkinter 子目录的 messagebox.py 中有关于各种消息对话框的定义与调用形式。在这个文件中可以看到消息对话框用到的 Message 类直接从通用对话框类 Dialog（对应 commondialog.py）中派生。下面主要介绍消息对话框的调用形式。

1　消息对话框的调用形式

在 Tkinter 中，为了便于消息对话框的调用，将各种消息对话框的调用封装成一个个 Python 函数。这里主要介绍询问对话框。

调用形式为：

```
askquestion(title=None, message=None, **options)
```

弹出一个对话框，提示一行信息，显示"yes""no"两个按钮供用户选择，并返回选择结果。

参数说明：title 是对话框的标题；message 是对话框中显示的信息；options 是关键字可变参数，可以对 icon、type 和 parent 等选项进行设置。

2 代码示例

范例 **10.6-1** messagebox 消息对话框的使用（10\ 代码 \10.6 有趣的对话框 \demo01.py）。

以下代码通过按钮事件弹出一个消息对话框，提示用户一些信息，根据用户的选择做出不同的操作：

```python
from tkinter import *
import tkinter.messagebox
# 创建顶层窗口的实例对象
root = Tk()
# 设置窗口的偏移量
root.geometry('+500+200')
# 设置标题
root.title('messagebox')
# 回调函数
def callback():
    # 显示 messagebox，并获取返回值
    choice = tkinter.messagebox.askquestion('提示', '是否删除')
    print(choice)
    # 判断
    if choice == 'yes':
        print('执行删除')
    else:
        print('取消删除')
# 创建 Button 对象，并绑定事件
Button(root, text='点击删除', command=callback).pack()
# 进入消息循环
mainloop()
```

在上述代码中，首先通过 Tk 组件创建一个顶层窗口，设置窗口大小、起始位置，并设置窗口标题；在顶层窗体中创建一个 Button；在 Button 的回调函数中启动消息对话框，根据用户的不同选择执行不同的动作。程序执行后，用户单击"点击删除"按钮，显示如图 10-32 所示对话框。

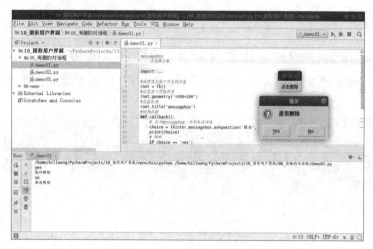

图 10-32　消息对话框

在图 10-32 中，用户单击"Yes"或"No"按钮，会在控制台输出不同的信息。

10.6.2　filedialog 文件对话框

filedialog 又称文件对话框，主要用于文件读写时弹出对话框，供用户浏览目录，选择文件或路径。Tkinter 将文件对话框的操作封装在 filedialog 包中，可以在 Python 的 Lib 目录下的 Tkinter 子目录中找到 fildialog.py，其中有关于各种文件对话框的定义与调用形式。

1 消息对话框的调用形式

在 Tkinter 中，文件对话框的相关对象也被封装成一个个 Python 函数，以便调用。这里主要介绍文件打开对话框。

调用形式为：

```
asksaveasfilename(**options)
```

运行上面的代码会弹出一个文件打开对话框，提供本地存储器浏览，供用户浏览目录，选择文件；成功选择文件后，返回文件的路径。

参数说明：options 是关键字可变参数，可以对 filetypes（元组构成的列表）、title 和 initialdir（初始目录）等选项进行设置。

2 代码示例

范例 10.6-2 fildialog 消息对话框的使用（10\ 代码 \10.6 有趣的对话框 \demo02.py）。

以下代码通过按钮事件弹出一个文件打开对话框，用户可以浏览存储器目录，选择文件：

```
#10-6-demo02.py
```

```
from tkinter import *
import tkinter.filedialog
# 创建顶层窗口的实例对象
root = Tk()
# 设置窗口的偏移量
root.geometry('+500+200')
# 设置标题
root.title('filedialog')
# 回调函数
def callback():
    # 显示 filedialog, 并获取返回值
    choice = tkinter.filedialog.askopenfilename(filetypes=[('PNG',
'.png'), \
    ('GIF', '.gif'), ('JPG', '.jpg'), ('Python', '.py')])
    print(choice)
# 创建 Button 对象, 并绑定事件
Button(root, text=' 打开文件 ', command=callback).pack()
# 进入消息循环
mainloop()
```

在上述代码中，首先通过 Tk 组件创建一个顶层窗口，设置窗口大小、起始位置，设置窗口标题；在顶层窗体中创建一个 Button；在 Button 的回调函数中启动文件打开对话框，设置 filetypes 为 PNG、GIF、JPG 和 Python 等类型，并输出用户的选择结果。程序执行后，用户单击 "打开文件" 按钮，显示如图 10-33 所示的对话框。

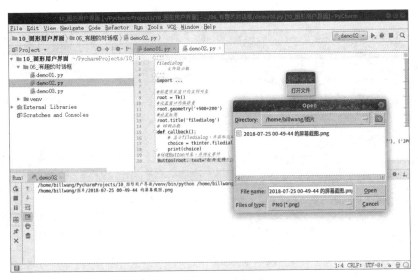

图 10-33　文件打开对话框

在图 10-33 中，用户浏览目录，选择一个文件，单击"Open"按钮，会在控制台输出文件的路径。

10.6.3　colorchooser 颜色选择对话框

colorchooser 又称颜色选择对话框，主要用于打开系统调色板，供用户根据 RGB 分量直观地选择一种颜色。Tkinter 将颜色选择对话框的操作封装在 colorchooser 包中，可以在 Python 的 Lib 目录下的 Tkinter 子目录中找到 colorchooser.py，其中有关于颜色选择对话框的定义与调用形式。

1 颜色选择对话框的调用形式

在 Tkinter 中，颜色选择对话框对象也被封装成 Python 函数，以便调用。下面介绍它的调用函数：

```
askcolor(color = None, **options)
```

运行上面的代码后弹出一个系统调色板，供用户直观地选择 RGB 颜色；成功选择后，返回 RGB 形式的颜色值。

参数说明：color 表示初始颜色，即对话框显示时的颜色值；options 是关键字可变参数，可以对 title、initialcolor 和 parent 等选项进行设置。

2 代码示例

范例 10.6-3 colorchooser 消息对话框的使用（10\ 代码 \10.6 有趣的对话框 \demo03.py）。

以下代码通过按钮事件弹出系统调色板，用户可以直观地选择 RGB 颜色：

```
#10-6-demo03.py
from tkinter import *
import tkinter.colorchooser
# 创建顶层窗口的实例对象
root = Tk()
# 设置窗口的偏移量
root.geometry('+500+200')
# 设置标题
root.title('colorchooser')
# 回调函数
def callback():
    # 显示 colorchooser, 并获取返回值
    choice = tkinter.colorchooser.askcolor()
```

```
    print(choice)
# 创建 Button 对象，并绑定事件
Button(root, text=' 选择颜色 ', command=callback).pack()
# 进入消息循环
mainloop()
```

在上述代码中，首先通过 Tk 组件创建一个顶层窗口，设置窗口大小、起始位置，并设置窗口标题；在顶层窗体中创建一个 Button；在 Button 的回调函数中启动颜色选择对话框，打印输出用户的选择值。程序执行后，用户单击"选择颜色"按钮，打开如图 10-34 所示的对话框。

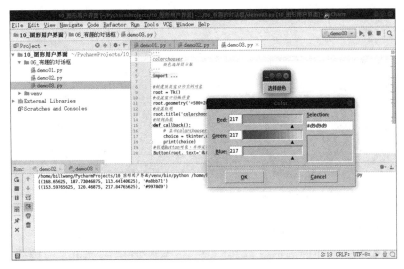

图 10-34 颜色选择对话框

在图 10-34 中，用户选择 RGB 颜色，单击"OK"按钮后，会在控制台输出 RGB 颜色信息。

 课堂范例

范例10 制作一个画板，在窗体中随着鼠标的拖动，绘制鼠标的轨迹，从而实现绘图。（10\代码 \10.7 课堂范例 \demo01.py）

1 分析并设计画板程序的主要构成部分

（1）需要的 GUI 组件。

首先要根据程序功能分析需要的 GUI 组件。要实现绘图，可以采用 Tkinter 中的 Canvas 对象；对于绘图程序，首先要清除画图板，需要一个 Button 来触发清除动作；其次需要一个 Label 来提示用户如何操作；最后需要一个容器，放置各种控件。

（2）设计 GUI 界面。

根据上面的分析，需要一个顶层窗口，一个 Canvas、一个 Label 和一个 Button。GUI 界面的部分代码为：

```python
from tkinter import *
# 创建顶层窗口的实例对象
root = Tk()
# 设置窗口的偏移量
root.geometry('+500+200')
# 设置标题
root.title(' 画板 ')
# 创建画布 Canvas 对象
w = Canvas(root, width=400, height=200)
# 以 pack 布局显示
w.pack()
# 创建并显示 Label
Label(root, text=' 按住鼠标左键并移动，开始绘制 ......').pack(side=BOTTOM)
# 创建并显示 Button
Button(root, text=' 重新绘制 ').pack(side=BOTTOM)
# 进入消息循环
mainloop()
```

（3）响应 Canvas 对象的鼠标事件。

绘制轨迹需要在鼠标的当前位置绘制点，但 Canvas 中没有相应的函数，可以使用 Canvas 的 create_oval() 方法模拟，具体代码为：

```python
# 回调函数
def paint(event):
    x1, y1 = (event.x - 1), (event.y - 1)
    x2, y2 = (event.x + 1), (event.y + 1)
    # 绘制椭圆
    w.create_oval(x1, y1, x2, y2)
# 事件绑定
w.bind('<B1-Motion>', paint)
```

代码中的 w 是已定义的 Canvas 对象。

（4）响应 Button 的事件处理函数。

调用 Canvas 对象的 delete() 方法删除 Canvas 上的所有内容，实现清除；由于事件处理函数只有一行代码，可以用 Python 中的 lambda 函数实现，具体代码为：

```python
# 创建显示 Button, 并绑定事件
```

```
Button(root, text='重新绘制', command=(lambda x=ALL:w.delete(x))).
pack(side=BOTTOM)
```

代码中的 w 是已定义的 Canvas 对象。

2 画板程序的完整实例

将上述各部分代码组合起来，构成如下画板程序的完整代码：

```
from tkinter import *
# 创建顶层窗口的实例对象
root = Tk()
# 设置窗口的偏移量
root.geometry('+500+200')
# 设置标题
root.title('画板')
# 创建画布 Canvas 对象
w = Canvas(root, width=400, height=200)
# 以 pack 布局显示
w.pack()
# 回调函数
def paint(event):
    x1, y1 = (event.x - 1), (event.y - 1)
    x2, y2 = (event.x + 1), (event.y + 1)
    # 绘制椭圆
    w.create_oval(x1, y1, x2, y2)
# 事件绑定
w.bind('<B1-Motion>', paint)
# 创建并显示 Label
Label(root, text='按住鼠标左键并移动，开始绘制......').pack(side=BOTTOM)
# 创建并显示 Button，并绑定事件
Button(root, text='重新绘制', command=(lambda x=ALL:w.delete(x))).
pack(side=BOTTOM)
# 进入消息循环
mainloop()
```

程序运行后，显示如图 10-35 所示的界面，用户可以在窗口中按下鼠标左键拖动鼠标开始绘图，单击"重新绘制"按钮，可以清除绘图内容。

图 10-35　画板程序运行界面

上机实战

制作计算器，实现加、减、乘、除运算；有清除功能和回退功能；通过菜单实现退出功能和对数据进行千位分割（10\代码\10.8 上机实战\demo01/py）。

程序运行后，显示如图 10-36 所示的界面，用户可以在窗口中单击"="按钮开始计算；也可以单击菜单项，使文本框中的内容加上千分位或退出应用程序。

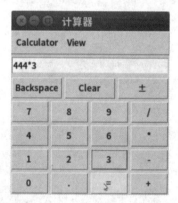

图 10-36　计算器程序运行界面

第 11 章 Web 开发

Web 应用程序是基于浏览器 / 服务器（Browser/Server，B/S）的一种应用程序，在学习和工作中经常用到。本章介绍 Web 应用程序的开发方法，主要包含四方面的内容：首先是 HTTP 协议，包括请求和响应的过程，这是开发 Web 应用程序需要遵循的规范；其次是一些前端开发语言或方法，包括 HTML、CSS、JavaScript 和 jQuery 等，主要用来搭建前端应用程序；然后介绍服务器端 Web 服务的标准接口 WSGI，在 Python 中有它的内置实现，使用它可以简化服务器端程序开发；最后通过课堂范例与上机实战巩固学习的内容。

11.1 HTTP 协议

HTTP 是因特网应用最广泛的一种网络传输协议。打开浏览器，浏览网络上的 WWW 服务器上的内容，其实质就是按照 HTTP 协议将服务器上内容在本地浏览器上显示。开发 Web 应用程序，就要按照 HTTP 标准进行内容的传送与解析。下面首先对 HTTP 协议进行简单介绍，然后分析 HTTP 协议的特点与流程，介绍 HTTP 请求与响应报文的格式。

11.1.1 简介

HTTP（HyperText Transfer Protocol）协议又称为超文本传输协议，是因特网应用最广泛的一种网络传输协议。在网络上的 Web 应用中，访问所有的 WWW 服务器，获取超文本内容，都要遵循这个标准。在浏览器中输入网址，也称为网络资源统一定位符（Uniform Resource Location, URL），访问 Web 服务器，实质上相当于通过浏览器向网络服务器发送 HTTP 请求；服务器收到 HTTP 请求后，解析 URL，把网页的 HTML 代码发送给浏览器，实质上就是向浏览器发送响应；浏览器收到响应报文，取出 HTML 代码，将其解析成具有一定格式的超文本，在浏览器窗口中显示出来，这也就是大家看到的结果。这个过程中的大部分操作需要遵循一定的规范，这样才能顺利实现浏览器 / 服务器之间的交互，而这种规范就是 HTTP 协议。上述过程中的大部分功能由浏览器 / 服务器实现，而大家只需输入网址，等待结果下载完后进行浏览即可。如果自己开发 Web 应用程序，实际上就是自己实现浏览器 / 服务器之间的数据传递与解析。

浏览器 / 服务器之间的数据是如何进行发送、接收的？在网络上又是如何传输的？经过哪些路由？如何到达目的位置？这些实际上是另外一套标准了，即 TCP/IP 协议。HTTP 在底层实际上还是基于 TCP/IP 通信协议来传递数据的，这些数据包括各种 HTML 文件、图片、多媒体文件、查询结果等。不过，HTTP 在 TCP/IP 上又做了一层封装，使传输过程与后者有些差别。大家在前面章节中已经学过 TCP/IP 网络编程，下面着重分析这两种应用程序在实现流程上有哪些不同。

11.1.2 分析

在前面章节学习过网络编程，实际上就是依照 TCP/IP 协议规范进行程序设计。Socket 是一套实现了 TCP/IP 协议的函数库，在进行网络编程时，只需调用相应的 Socket 函数，实现自己的业务功能即可。这里主要以 TCP 程序设计为例，来回顾一下网络编程模型。在

TCP 程序中，有客户端部分与服务器端部分，其程序模型如图 11-1 所示。

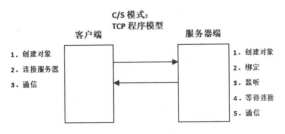

图 11-1　TCP 网络程序模型

图 11-1 中的 TCP 应用程序是一种典型的客户机 / 服务器（Client/Server，C/S）模式。其中，服务器创建 socket 对象，绑定 IP 地址及端口，监听来多个自客户端的请求，服务器端循环等待连接；一旦接收到一个客户端的请求，就开始创建一个新的进程或线程处理与客户端的通信，主进程继续等待新的连接。

在准备连接服务器的客户端时，首先要创建 socket 对象；其次经过三次握手，连接到服务器；然后处理与服务器的通信，即收发数据；最后完成通信，断开连接。

对于 C/S 模式的应用程序，客户端与服务器端的程序都要开发。大家在手机上使用的各种 APP、PC 上安装的桌面应用，如 QQ 客户端、微信电脑版等，都是 C/S 模式的应用程序。C/S 程序版本升级时，不仅需要升级服务器端的程序，而且所有安装的客户端程序都要升级。

对于 B/S 模式而言，客户端就是浏览器，原来由客户端实现的功能，现在都由浏览器来实现。例如，客户端通过三次握手建立连接，客户端与服务器端之间的数据收发，客户端向服务器端发送数据，客户端接收和解析服务器端发送的消息。在这种模式下，应用程序发生了升级，只需升级服务器端即可，既降低了程序的运维成本，又方便了用户使用。Web 应用程序开发采用的就是这种模式，其模型如图 11-2 所示。

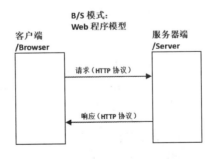

图 11-2　Web 应用程序模型

在 Web 应用程序中，数据和文件都在服务器上保存，客户端是一个通用的浏览器。客户端向服务器发送消息，称为请求，其实质是客户端浏览器向服务器请求一个资源或服务，当然也可以传递参数或文件；服务器向客户端发送消息，称为响应，其实质是服务器向客户端

浏览器传送一些资源或结果。发送请求和响应都要参照一定的标准,这个标准就是HTTP协议。

11.1.3 流程

要使用 Python 开发 Web 应用程序,就要对客户端与服务器端的交互流程及消息文本格式有清楚的认识,这些实际上在 HTTP 协议中都有约定。在本节与 11.1.4 节中将分别介绍 HTTP 的一些具体规定。在 Web 应用中,浏览器与服务器交互的主要流程如下。

(1)用户在浏览器中输入或提供 URL。

(2)浏览器根据 URL 建立到服务器的连接,向服务器发送请求。

(3)服务器收到请求,根据 URL 对应的资源和要求,生成 HTML 文档。

(4)服务器把 HTML 文档作为 HTTP 响应的 Body 发送给浏览器。

(5)浏览器收到 HTTP 响应,从响应报文的 Body 中取出 HTML 文档,在浏览器中解析并显示。

当用户请求一个 URL 标识的资源时,这个资源可能包含同一服务器或其他服务器上的一些资源,所以实际的交互过程中步骤(2)~(4)可能会重复多次,以便下载不同的资源。

11.1.4 格式

在 Web 应用中,浏览器发送的请求和服务器发送的响应都要遵循一定的格式,这对程序的正确运行很重要,如果不遵循这些格式,在众多客户端的浏览器上就无法正确解析从服务器上接收的响应数据。HTTP 协议中,以大量的篇幅约定了各种报文的格式及含义。

1 请求和响应报文格式

每个 HTTP 请求和响应都遵循相同的格式,一个 HTTP 报文包含头部(Header)和主体(Body)两个部分,其中主体部分对有些报文是可选的。

(1)请求报文说明。

在请求报文中,通过 HTTP 方法,告诉服务器客户端的意图。这里主要介绍 GET 和 POST 两种方法。GET 方法主要用来获取服务器上的资源,其典型的格式为:

```
GET /path HTTP/1.1
Header1: Value1
Header2: Value2
…
Headern: Valuen
```

GET 方法的报文只有头部,没有主体部分。头部的第一行一般称为请求行,包含 URL,其中可以携带参数。从第二行开始,是使用键值对表示的头部信息。

POST 方法用于传输实体主体，在用表单输入数据的 HTML 文档中，经常用这种方法提交请求，其典型的格式为：

```
POST /path HTTP/1.1
Header1: Value1
Header2: Value2
…
Headern: Valuen

body data
```

可见，报文除了头部之外，还包含主体部分。请求报文的每一行表示一个语义单元，在构造时要加换行符；报文头部与主体部分要加空行，相当于加了两个换行符。

（2）响应报文说明。

响应报文通常包含状态行、报文头和报文体 3 个部分，其典型的格式为：

```
200 OK
Header1: Value1
Header2: Value2
…
Headern: Valuen

body data
```

报文的第一行称为状态行，表示请求处理的状态，常用的状态有 200 OK、304 Not Modified 等。第二行至空行之间，是键值对表示的头部信息。报文体和报文头部用空行隔开，与请求报文类似，空行相当于加了两个换行符。

2 报文格式示例

一些浏览器能够直接查看 Web 请求与响应的报文信息，如 Chrome。使用 Chrome 浏览器打开新浪的网站，在浏览器的菜单栏中，依次选择"更多工具"→"开发者工具"选项，选择"Network"选项（可以用"Ctrl+Shift+I"组合键直接调出开发者工具），可以看到请求、响应报文的详细信息，包括头部信息及响应报文的报文体。这些报文信息一般在浏览器与服务器交互时才能看到；如果页面资源下载完成之后，Network 中的内容是空的，可以刷新页面，重新发送请求信息。在 Network 选项卡的 name 一栏中可以看到，加载新浪首页时，从服务器上下载了很多资源，每一个资源对应一个请求和响应；这是因为在网页资源中，会以 src、href 等形式引用其他资源，在加载时，浏览器会发送请求逐一处理这些资源。拖动滚动条到 Network 选项卡的最上方，可以看到"www.sina.com.cn"请求，单击该网址进入新浪网，选择"Header"选项，就可以看到具体的报文头部了，如图 11-3 所示。

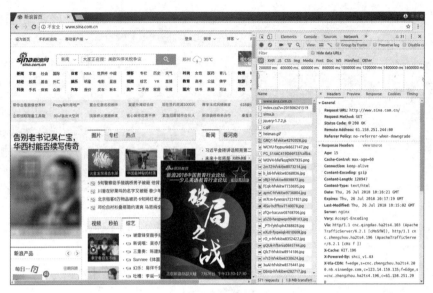

图 11-3　访问新浪网时的报文信息

在图 11-3 中，头部信息实际包括 General、Response Headers 和 Request Headers 这 3 部分，拖动滚动条，可以看到 Request Headers 部分。其中 General 部分包含了请求报文与响应报文的一些概要信息；Response Headers 部分是响应报文的头部信息；Request Headers 部分是请求报文的头部信息。在与 Header 部分并列的选项中，选择"Response"选项，可以看到响应的报文体对应当前页面的 HTML 代码。

在图 11-3 中，响应与请求报文头部信息右侧有"view source"，在其上单击可以看详细的报文信息。图 11-4 所示为 Request Headers 的具体内容。

图 11-4　访问新浪网时的请求报文信息

在图 11-4 中，可以看到请求行 GET / HTTP/1.1，表示采用 GET 方法访问服务器根目录，协议是 HTTP1/1.1；在下面的头部信息中，可以看到键值对 Host: www.sina.com.cn，表示访问的服务器是 www.sina.com.cn。

3 基于 socket 的 Web 应用程序示例

根据之前学习的 TCP 程序设计方法，可以用 socket 实现 Web 服务器的功能，这样在浏览器中可以访问自己设计的服务器，获得响应内容。

范例 11.1 HTTP 协议的使用（11\ 代码 \11.1 HTTP 协议 \demo01.py）。

以下代码实现了 Web 服务器接收请求、发送响应报文的功能：

```python
from socket import *
from threading import *
import os
def handleClient(clientSocket):
    # 获取客户端发来的内容
    data = clientSocket.recv(1024)
    print(data.decode('utf-8'))
    # 准备响应内容: 响应行、响应头、响应体
    responseHeaderLines = 'HTTP/1.1 200 OK'+os.linesep
    responseHeaderLines += 'Server:yong_server'+os.linesep
    responseHeaderLines += 'Content-Type:text/html;charset=utf-8' +
os.linesep
    responseHeaderLines += 'key:value' + os.linesep
    responseHeaderLines += os.linesep
    responseBody = 'hello <h1>friend</h1>'
    response = responseHeaderLines + responseBody
    # 发送给客户端
    clientSocket.send(response.encode('utf-8'))
    # 关闭
    clientSocket.close()
if __name__ == '__main__':
    # 创建tcp socket 对象
    serverSocket = socket(AF_INET, SOCK_STREAM)
    # 绑定
    serverSocket.bind(('', 5678))
    # 监听
    serverSocket.listen()
    # 循环接收
```

```
    while True:
        print('服务端等待客户端连接......')
        # 等待客户端的连接
        clientSocket, clientAddr = serverSocket.accept()
        # 创建一个线程处理客户端的请求
        Thread(target=handleClient, args=(clientSocket,)).start()
        print('%s-%s 连接成功......' % (clientAddr[0], clientAddr[1]))
```

在上述代码中，首先定义了 handleClient() 函数，用来处理客户端的请求。在这个函数中，首先获得并打印客户端的请求内容；然后准备响应内容，包括响应行、响应头、响应体，其中响应体是一段 HTML 代码，注意响应行、每个响应头之间都是一个换行符，响应头与响应体之间是两个换行符；然后通过 socket 发送给客户端。在随后的主程序代码中，创建 socket，绑定本地地址和端口，监听客户端请求；然后开始循环接收客户端请求，连接成功后，创建并启动线程，执行 handleClient() 函数来处理客户端请求，同时打印客户端连接成功的信息。

运行上述代码，相当于启动了一个 Web 服务器。在浏览器中输入本地地址与端口"127.0.0.1:5678"访问服务器，会返回响应报文，浏览器解析响应报文并显示。图 11-5 所示为服务器运行后的界面，图 11-6 所示为在浏览器中访问服务器的结果。

图 11-5　基于 socket 的 Web 服务器运行界面

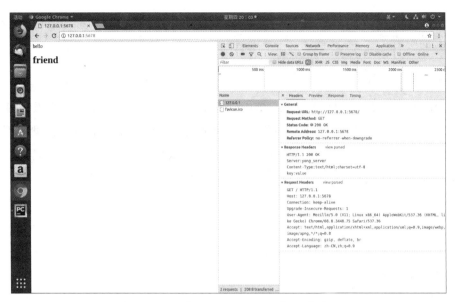

图 11-6　浏览器访问 Web 服务器的结果

在图 11-5 中，可以看到浏览器访问服务器之后，服务器程序在 console 窗口输出的客户端信息及客户端的请求数据包。在图 11-6 中，浏览器显示了服务器发送的 HTML 响应报文体，使用开发者工具可以看到浏览器的请求包及服务器的响应包头部信息。

11.2　前端简介

本节主要介绍一些前端开发方法或语言，主要包括 HTML、CSS、JavaScript 和 jQuery 等。这些语言或规范能构造一种在浏览器中显示或运行的页面，常用于从服务器接收响应内容的展示；也可以作为应用程序界面，采集用户输入的参数信息，连同用户请求一同由浏览器发送到服务器上，实现与服务器的交互。

11.2.1　HTML 简介

HTML 是超文本标记语言（HyperText Markup Language），是一种通用的用来描述网页内容的标记语言。使用 HTML 描述的网页内容，可以直接在浏览器中解析并显示，因此 HTML 也成为开发网页与网站最常用的语言。HTML 通过在网页的文本、图片、多媒体内容上加上特定的标签，来构造一种超文本；超文本元素、超文本之间通过超链接关联起来，构建了 WWW 上丰富的内容体系。

HTML 是通过一套标签来描述网页文档的，标签包括的内容又称为 HTML 元素。HTML 的结构包括头部（Head）与主体（Body）两部分，其中头部描述浏览器所需要的信息，主体

部分包含显示的具体内容。下面首先介绍一些 HTML 中常见的元素，然后通过例子来看一下 HTML 的应用。

1 常用的 HTML 元素

HTML 元素一般由一对标签及包含的内容构成。标签是由尖括号包括的关键字构成，关键字不区分大小写。标签及标签包含的内容，一般作为 HTML 元素，所以标签一般成对出现：第一对尖括号表示 HTML 元素开始，第二对尖括号表示 HTML 元素结束，为了加以区分，第二对尖括号中的关键字前面加一个"/"符号；开始标签与结束标签之间的部分，是标签修饰及 HTML 元素的内容；如果没有内容要修饰或修饰比较简单，有时可以只写开始标签，这时需要在尖括号包含的关键字后面加上"/"符号，表示只有一个标签。在开始标签尖括号中的关键字之后，可以用"属性 = 值"的形式来描述 HTML 元素的属性。

（1）html 元素。

语法为：

```
<html>...</html>
```

表示 HTML 文档的开始与结束，网页的所有内容都位于这两个标签之间。

（2）Head 元素。

语法为：

```
<head>...</head>
```

head 元素包含了所有的头部标签元素。在 <head> 标签中可以插入脚本（scripts）、样式文件（CSS）及各种 meta 信息，主要是浏览器解析文档时用到的一些全局性的设置。

（3）Title 元素。

语法为：

```
<title>...</title>
```

定义文档的标题，通常放在 <head> 区域，浏览文件时标题内容显示在浏览器上方的标题栏内。

（4）Body 元素。

语法为：

```
<body>...</body>
```

定义文档的主体，即网页可见的页面内容。在该标签内，可以包括段落、区块、列表、分级标题等多种元素或内容，共同构成 HTML 文档的主体部分。

（5）Heading 标题。

语法为：

```
<h1>...</h1>
```

在文档中作为一个标题使用。其中"1"可以替换为其他数字，如"2""3"等，表示分级标题。

（6）段落元素。

语法为：

```
<p>…</p>
```

标签内容作为一个段落显示，可以在标签中设置本段落的 align 属性。

（7）元数据标签。

语法为：

```
<meta>
```

meta 标签描述了一些基本的元数据，通常用于指定网页的编码、搜索关键词、网页作者等。元数据通常放在 <head> 区域，不显示在页面上，但会被浏览器解析。

2 HTML 应用示例

范例 11.2-1 HTML 标签的使用（11\ 代码 \11.2 前端简介 \demo01.html）。

以下代码使用 HTML 标签创建了一个 HTML 文档，设置字体为"utf-8"，文档标题为"web 开发 -HTML"，在主体部分显示了一个一级标题和一个段落：

```
<!--11-2-demo01.html -->
<html>
<head>
    <meta charset="utf-8"/>
    <title>web 开发 -HTML</title>
</head>
<body>
    <h1> 我的第一个标题 </h1>
    <p> 我的第一个段落。</p>
</body>
</html>
```

将上述代码保存为一个文件，可以在浏览器中打开，解析效果如图 11-7 所示。

图 11-7　HTML 应用示例

很多浏览器都提供了查看网页 HTML 内容的功能，在菜单栏或右键快捷菜单中选择"查看源码"命令，可以查看当前网页的源码，除了能看到 HTML 标签文档外，还可以看到后面要讲的 CSS、JavaScript 和 jQuery 等代码，非常便于学习。

11.2.2　CSS 简介

HTML 标签原本被设计为用于定义文档内容，虽然有很多标签都附加了对 HTML 元素格式的描述，但 HTML 元素本身还是一种树形结构，其实质还是对 HTML 文档内容的一种组织。本节要介绍的 CSS 又称为层叠样式表（Cascading Style Sheets），通过样式定义 HTML 元素的显示风格，解决了 HTML 文档内容与标签的分离。CSS 是一种应用非常广泛的 HTML 内容显示技术，能被大多数浏览器支持，是一种重要的前端开发技术。下面首先介绍 CSS 的语法与应用形式，然后通过实例演示 CSS 的应用。

1　CSS 的语法

CSS 的语法比较简单，主要包括选择器及对应 HTML 元素的属性值：

```
选择器 { 属性：值；}
```

其中，选择器表示样式表使用的 HTML 元素，如 p 表示 <p>、h1 表示 <h1> 等；属性值用键值对组成的字典类型数据来表示，键表示属性，值表示属性值。下面看几个小例子：

```
h1{font-size:36pt; color:blue;}
```

表示分级标题 <h1> 的字体大小是 36pt，颜色是 blue。

还可以分行书写：

```
p
{
color:red;
text-align:center;
}
```

表示段落 <p> 的颜色是 red，text-align 是 center，即字符居中排列。

CSS 选择器除了可以使用 HTML 元素的标签来表示之外，还可以在 HTML 元素中定义 id 和 class，然后在 CSS 中用 id 或 class 作为选择器，其代码为：

```
<html>
<head>
    <style>
        .head1{font-size:36pt; color:blue;}
        #para1{ color:red;text-align:center;}
    </style>
```

```
</head>
<body>
    <h1 class="head1"> 字体及颜色设置 </h1>
    <p id="para1"> 段落居中及颜色设置 </p>
</body>
</html>
```

上述代码中，分别使用 .class 与 #id 作为 CSS 的 HTML 文档元素选择器，这里的 class 与 id 分别表示对应的 HTML 文档元素中 class 属性与 id 属性设置的值。

2 CSS 的应用形式

CSS 的语句要通过 <style> 标签或 style 属性插入 HTML 文档中才能起作用。具体而言，在 HTML 文档中插入 CSS 样式有 3 种方式，即内部样式表、外部样式表和内联样式。

（1）内部样式表。

内部样式表是指直接通过 <style> 标签将 CSS 语句插入 HTML 文档的 HEAD 元素中，代码为：

```
<head>
    <style>
        h1{font-size:36pt; color:blue;}
        p{color:red;text-align:center;}
    </style>
</head>
```

上述代码设置了 HTML 文档的标题 h1 和段落 p。

（2）外部样式表。

外部样式表将 CSS 语句放到 <style> 标签中，单独存放一个文件，然后在 HTML 文档的 HEAD 元素中进行引用，代码为：

```
<head>
    <link rel="stylesheet" type="text/css" href="mystyle.css">
</head>
```

在上述代码中，引用了样式表文件 mystyle.css，文件内容代码为：

```
<style>
    h1{font-size:36pt; color:blue;}
    p{color:red;text-align:center;}
</style>
```

（3）内联样式。

内联样式是将样式语句嵌入要作用的 HTML 元素的标签内。可以将 style 作为标签的一

个属性，将样式的属性值键值对作为 style 的属性赋给它。代码为：

```
<p style=" color:red;text-align:center">这是一个段落。</p>
```

上述代码设置了 p 元素的 CSS 样式。

❸ CSS 应用示例

范例 11.2-2 CSS 的使用（11\ 代码 \11.2 前端简介 \demo02.html）。

以下代码使用内部样式表的形式，设置了 HTML 文档中 h1 元素与 p 元素的样式表：

```
<!--11-2-demo02.html-->
<html>
<head>
    <meta charset="utf-8">
    <title>web 开发 -CSS</title>
    <style type="text/css">
        body {
            background-color:#d0e4fe;
        }
        h1 {
            color:orange;
            text-align:center;
        }
        p {
            font-size:20px;
        }
    </style>
</head>
<body>
    <h1> 我的第一个标题 </h1>
    <p> 我的第一个段落。</p>
</body>
</html>
```

在浏览器中打开上述文件，可以看到上述 HTML 文档的 CSS 渲染效果，如图 11-8 所示。

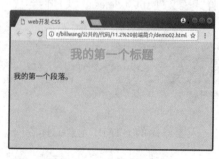

图 11-8　CSS 应用示例

11.2.3 JavaScript 简介

JavaScript 是目前最流行的脚本语言，主要用于 Web 开发，运行在 HTML 文档中，由浏览器负责解析。与 HTML、CSS 相比，JavaScript 被设计为向 HTML 页面增加交互性，其实质是描述了网页的行为。下面先简单介绍 JavaScript 的语法，然后通过例子演示 JavaScript 的应用。

1 JavaScript 的语法

JavaScript 是运行在 Web 页面的一种程序脚本语言，与 Python 类似，拥有编程语言的所有要素：运算符、标识符、变量、表达式、语句、函数、对象和事件等。JavaScript 有丰富的功能，其主要用途之一是操作各种 HTML 元素，增加用户的交互性，来看其具体的用法。

（1）HTML 文档对象模型。

当网页被加载时，浏览器会创建页面的文档对象模型（Document Object Model），其根对象是 Document，用户可以使用 Document 对象直接改变 HTML 文档的内容，也可以在 Document 中查找到具体的 HTML 元素，再进行修改。

```
document.write("<p> 这是一个段落。</p>");
```

上述代码在 HTML 文档加载时，在当前位置加入了一个段落元素（文档加载完成时调用，会覆盖整个文档）。JavaScript 区分大小写，在 JavaScript 中 document 代表了 HTML 文档的 Document 对象。

```
var x1=document.getElementById("id1");
var x2=document.getElementsByIClassName("class1");
var x3=document.getElementsByTagName("p");
```

上述 3 行代码分别根据 id1、class1、标签名在 document 中查找相应的 HTML 元素。var 表示变量声明；变量也可以不声明，直接使用。

（2）JavaScript 改变 HTML 文档内容。

使用 document 获得 HTML 元素后，就可以改变元素的内容：

```
x=document.getElementById("id1");
x.innerHTML="Hello JavaScript";
```

上述代码获得 ID 值为 id1 的 HTML 元素，将其内容变为 "Hello JavaScript"。

（3）JavaScript 对事件的响应。

JavaScript 可以通过代码或函数的形式，为一些文档元素设置事件响应函数：

```
<button type="button" onclick="alert(' 欢迎 !')"> 请点击 !</button>
```

上述代码为 button 添加了单击事件，单击 "button" 按钮后会弹出一个窗口。

2 JavaScript 的使用方式

JavaScript 脚本代码在 HTML 文档中需要放在 <script> 标签中，共有两种方式可以把 JavaScript 代码插入 HTML 文档中。

（1）直接插入网页中。

在 HTML 文档的 Head 或 Body 中，可以直接通过 <script> 标签将 Script 代码插入 HTML 文档中：

```
<body>
    <h2>我的第一个 JavaScript 程序</h2>
    <button type="button" onclick="displayDate()">显示日期</button>
    <script>
        function displayDate(){
            document.getElementById("demo").innerHTML=Date();
        }
    </script>
</body>
```

（2）引用方式。

可以将 JavaScript 代码单独存放在一个文件中，在 HTML 文档中，通过 <script> 标签的 src 属性将 JavaSript 代码引入：

```
<body>
    <script src="myscript.js"></script>
</body>
```

其中，myscript.js 中包含以下内容：

```
document.write("<p>这是一个段落。</p>")
```

3 JavaScript 应用示例

范例 11.2-3 JavaScript 的使用（11\ 代码 \11.2 前端简介 \demo03.html）。

以下代码使用 JavaScript 为 button 设置了鼠标单击事件处理函数：

```
<!--11-2-demo03.html-->
<html>
<head>
    <meta charset="utf-8">
    <title>web 开发 -JAVASCRIPT</title>
</head>
<body>
    <h2>我的第一个 JavaScript 程序</h2>
```

```
    <p id="demo"></p>
    <button type="button" onclick="displayDate()">显示日期</button>
    <script>
        function displayDate(){
            document.getElementById("demo").innerHTML=Date();
        }
    </script>
</body>
</html>
```

在浏览器中打开上述文件，单击"显示日期"按钮，会显示当前系统日期。代码运行结果如图 11-9 所示。

图 11-9　JavaScript 应用示例

11.2.4　jQuery 简介

jQuery 并不是一种新的开发语言，它实际上是一套 JavaScript 库，通过 jQuery 简化了 JavaScript 的操作。下面首先介绍 jQuery 的语法，然后通过例子演示 jQuery 的应用。

1 jQuery 的语法

前面讲过 JavaScript 的基本用法是通过 document 对象查找一个 HTML 元素，然后对该元素进行修改。jQuery 的基本思路也是这样的，通过 jQuery 查询和选取一个或一些 HTML 元素，并对它们执行一定的操作。但 jQuery 极大地简化了这个过程，其基本语法为：

```
$(selector).action()
```

其中，$(selector) 称为选择器，表示对 HTML 元素的选择；选择的方法类似于 CSS 和 JavaScript，可以通过标签名、ID 和类名进行选择。action() 表示对元素执行的动作。

```
$("#id1").hide()
$("p").hide()
$(".class1").hide()
```

上述代码分别表示对 ID 值为 id1 的元素进行隐藏，对所有的 <p> 元素进行隐藏，对所有类名为 class1 的元素进行隐藏。

2 jQuery 的事件方法

jQuery 具有强大的事件处理能力。在 jQuery 中定义了事件方法，这些事件方法与 HTML DOM 的事件相对应。在前面的 jQuery 语法中的 action() 位置可以加上以下事件方法，表示对选择器选择的 DOM 对象的事件执行相应的处理方法：

```
$("p").click(function(){
    // 段落元素 p 被单击时，执行相应的处理方法
});
```

通过以上代码，可以定义 <p> 元素的单击事件处理方法。对于文档对象 document，有一个 ready() 方法，表示在 HTML 文档完全加载完后执行该函数，通常作为 jQuery 所有函数的入口：

```
$(document).ready(function(){
    // 所有的 jQuery 代码
});
```

3 jQuery 应用示例

范例 11.2-4 jQuery 的使用（11\ 代码 \11.2 前端简介 \demo04.html）。

以下代码使用 jQuery 定义了段落元素 p 的单击事件处理方法：

```
<!--11-2-demo04.html-->
<html>
<head>
    <meta charset="utf-8">
    <title>web 开发 -JQUERY</title>
    <script src="http://code.jquery.com/jquery-1.10.2.js"></script>
    <script>
        $(document).ready(function(){
            $("p").click(function(){
                $(this).hide();
            });
        });
    </script>
</head>
<body>
    <p> 如果你点我，我就会消失。</p>
    <p> 继续点我 !</p>
```

```
    <p>接着点我！</p>
    </body>
</html>
```

在浏览器中打开上述文件，运行后的界面如图 11-10 所示。

图 11-10 jQuery 应用示例

图 11-10 中初始显示了 3 个 <p> 元素，在对应 <p> 元素上单击，会导致单击元素被隐藏。图中单击了一次，因此未被单击的两个 <p> 元素会继续显示。

11.3 WSGI 接口

11.1 节中按照 TCP 实现了一个自己的 Web 服务器，可以响应客户端浏览器的请求，并向客户端浏览器发送响应报文。在服务器实现中，使用 socket 来创建连接、接收请求、读取请求、发送响应报文等各种基础性的工作。那有没有一种通用的方法，可以实现服务器端的这种 HTTP 报文解析、报文收发，以简化 Web 服务器的开发流程呢？答案就是 WSGI。

11.3.1 理解 WSGI

WSGI 是 Web 服务器网关接口（Web Server Gateway Interface），它定义了实现 Web 服务器的接口标准。使用 WSGI 开发 Web 服务器，不用再去关注 TCP 连接、HTTP 原始请求和相应格式，只需专注于 Web 业务的处理即可。WSGI 没有官方的实现，它只是一个标准或协议，只要遵照 WSGI，开发的应用程序就可以在任何服务器上运行。

在 Python 中，根据 WSGI 实现了服务器软件。对于 Web Server 或应用程序框架的并发者来说，可能需要了解 WSGI 的各种细节。但对于 Web 应用开发者来说，需要了解并遵循的 WSGI 接口定义其实非常简单，它只要求 Web 开发者实现一个 application() 回调函数，就可以响应 HTTP 请求。符合 WSGI 规范的服务器仅仅接受客户端的请求，然后将其解析后传递给 application() 函数，并将 application() 函数返回的响应传递给客户端。除此之外，该服务器不做其他动作。下面介绍在 Pytnon 中 application() 函数的定义规范：

```
def application(environ, start_response):
    start_response('200 OK', [('Content-Type', 'text/html')])
    return [b'<h1>Hello, Web!</h1>']
```

application() 函数就是要传给 WSGI 服务器的自定义函数。这个函数要遵循 WSGI 的以下约定。

（1）要包含两个参数，environ 包含由服务器传给该函数的由客户端发送的请求报文信息，该参数是字典类型；start_response 是一个遵循 WSGI 相关约定的回调函数：需要以响应报文的响应行、响应头作为参数，响应头参数是元组元素构成的列表，表示响应头的键值对信息。

（2）函数返回一个列表，表示由服务器端发送回客户端的响应报文主体部分。

（3）在返回响应报文之前，可以根据请求头编写程序逻辑，以便构造响应报文。

（4）application() 与 start_resoponse() 作为回调函数，可以定义成其他函数名，但是定义、传参、调用时名称要保持一致。

11.3.2 运行 WSGI 服务

Python 在内置的 wsgiref 模块中实现了 WSGI，用于支持 Web 应用及框架的开发。它实现的主要功能有：提供了一些工具类来操作请求报文和响应报文；提供了一些基类，可以用来实现一个 WSGI 服务器；实现了一个示例 HTTP 服务器，可以用来支持 WSGI 应用；用于验证是否符合 WSGI 规范的工具等。应用 wsgiref 内置实现的简单 WSGI 服务器，定义 WSGI 应用软件，可以实现一个 Web 应用程序。

范例11.3 WSGI 接口的使用（11\ 代码 \11.3 WSGI 接口）。

其代码为：

```
# 导入模块
from wsgiref.simple_server import make_server
# 自定义的 application 函数
def application(environ, start_response):
    print('-' * 200)
    print(environ)
    print(environ['PATH_INFO'])
    print('-'*200)
    start_response('200 OK', [('Content-Type', 'text/html'),('key','value')])
    return [b'<h1>Hello, Web!</h1>']
```

```
# 创建一个服务器，IP 地址为空，表示本机，端口是 5678，处理函数是 application()
httpd = make_server('', 5678, application)
print('Serving HTTP on port 5678...')
# 开始监听 HTTP 请求
httpd.serve_forever()
```

在上述代码中，首先根据 WSGI 规范定义了 application() 函数，打印传入的客户端请求参数，打印请求行中的路径信息，调用传入的 start_response() 函数，构造和处理响应行、响应头信息，最后构造和返回响应主体部分；调用 wsgiref 包中的 make_server() 函数启动内置实现的简单 WSGI 服务器，绑定本地地址与 5678 号端口，开始监听 HTTP 请求。运行上述代码，在浏览器中输入"http://127.0.0.1:5678/"，可以看到浏览器从服务器上取得的响应信息。图 11-11 所示为浏览器的显示结果，图 11-12 所示为服务器程序运行后的输出界面。

图 11-11　应用浏览器访问 WSGI 服务器

图 11-12　WSGI 服务器运行界面

在图 11-11 中，按"Ctrl+Shift+I"组合键直接调出开发者工具，可以查看请求报文信息，如图 11-13 所示。

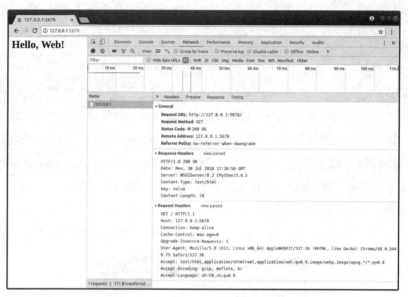

图 11-13　在浏览器中查看请求的信息

查看图 11-13 中的请求的信息，与服务器上输出的 environ 进行比较，可以发现 environ 中还包含一部分本地服务器信息。

　课堂范例

范例 11 ▶ 模拟基于 HTTP 协议的静态页面服务器（11\ 代码 \11.4 课堂范例 \demo01.py）。

设计一个 index.html 文档，在 <head> 元素中包含链接图标文件，在 <body> 部分包含 <h1> 标题，另外，通过 <img> 嵌入一幅图片；实现一个静态页面服务器，当浏览器访问服务器根目录时，显示根目录信息；当按照正确路径访问 index.html 时，在浏览器中能够显示 index.html 中的文字与图片内容；当路径不正确时，显示访问的页面不存在；对出现的异常进行处理。

1 分析并设计静态页面服务器的主要构成部分

（1）静态页面。

根据题目要求设计静态页面 index.html，其主要代码分为头部和主体两部分。

头部代码为：

```
<head>
    <link rel="shortcut icon" href="/favicon.ico" type="image/x-icon" />
</head>
```

使用 <link> 引入图标文件。

主体部分代码为：

```
<body>
    <h1>cat</h1>
    <img src="/cat.jpg" alt=" 图片未显示，你可以想象一下 " width="200">
</body>
```

使用 <img> 标签引用图片文件。

（2）服务器实现及关键代码分析。

根据题目要求，需要向客户端返回静态的页面或图片，通过基于 socket 的 TCP 连接来实现静态服务器。参照 11.1.4 节的代码，建立服务器端的 socket，绑定本地地址及空闲端口号，开始监听端口，循环等待浏览器客户端连接，如果连接成功，启动新的线程，调用回调函数，处理客户端的请求。下面主要分析一下回调函数的实现。

首先，在回调函数中，根据浏览器客户端请求获取请求行中的请求路径：

```
# 获取请求信息
recv_msg = socket_client.recv(1024).decode('utf-8')
# 获取客户端请求的路径
request_path = recv_msg.splitlines()[0].split()[1]
```

然后，根据请求路径，判断请求资源是否存在，如果存在，打开本地资源，读入资源内容，构建响应报文，通过 socket 发送到客户端：

```
if request_path=='/index.html':
    with open('./html/index.html','r',encoding='utf-8') as file:
        response_body = file.read()
        response_line = 'HTTP/1.1 200 OK'
        response_header = 'Server: BWS/1.1' + os.linesep + 'Name:yong' \
        + os.linesep + 'Content-Type:text/html; charset=utf-8'
        send_msg = response_line + os.linesep + response_header \
        + os.linesep + os.linesep + response_body
        socket_client.send(send_msg.encode('utf-8'))
```

最后，客户端浏览器解析响应报文时，发现报文体中包含其他资源引用的时候，会再次发送请求报文，获取被引用资源，所以对 Index.html 中嵌入的图片也要单独处理：

```
if request_path == quote('/cat.jpg'):
    with open('./html/cat.jpg', 'rb') as file:
        response_body = file.read()
        response_header = 'Server: BWS/1.1' + os.linesep + 'Name:yong' \
        + os.linesep + 'Content-Type:image/jpeg'
        response_line = 'HTTP/1.1 200 OK'
        send_msg = (response_line + os.linesep + response_header \
```

```
            + os.linesep + os.linesep).encode('utf-8') + response_body
        socket_client.send(send_msg)
```

2 静态页面服务器的完整代码

根据前面的分析，设计了静态 Web 服务器的完整代码。

静态页面文件代码为：

```
<!--11-4-index.html -->
<html>
<head>
    <title>这是标题</title>
    <meta http-equiv="content-type" content="text/html;charset=utf-8">
    <link rel="shortcut icon" href="/favicon.ico" type="image/x-icon" />
</head>
<body>
    <h1>cat</h1>
    <img src="/cat.jpg" alt=" 图片未显示，你可以想象一下 " width="200">
</body>
</html>
```

静态服务器：

```python
# 11-4-demo01.py
from socket import *
from threading import *
import time
import os
from urllib.request import quote,unquote
def func(socket_client,address):
    try:
        # 获取请求信息
        recv_msg = socket_client.recv(1024).decode('utf-8')
        # 获取客户端请求的路径
        request_path = recv_msg.splitlines()[0].split()[1]
        #判断路径，给予对应的返回响应（响应行、响应头、响应体）
        if request_path=='/index.html':
            with open('./html/index.html','r',encoding='utf-8') as file:
                response_body = file.read()
                response_line = 'HTTP/1.1 200 OK'
                response_header ='Server: BWS/1.1' + os.linesep + 'Name:yong' \
                    + os.linesep + 'Content-Type:text/html; charset=utf-8' \
                send_msg = response_line + os.linesep + response_header \
                    + os.linesep+os.linesep + response_body
```

```
                socket_client.send(send_msg.encode('utf-8'))
        elif request_path=='/':
            response_body = '<h1 style="color:red"> 我是首页 </h1>'
            response_line = 'HTTP/1.1 200 OK'
            response_header = 'Server: BWS/1.1' + os.linesep + 'Name:yong' \
            + os.linesep + 'Content-Type:text/html; charset=utf-8'
            send_msg = response_line + os.linesep + response_header \
            + os.linesep + os.linesep + response_body
            socket_client.send(send_msg.encode('utf-8'))
        elif request_path=='/favicon.ico':
            with open('./html/favicon.ico', 'rb') as file:
                response_body = file.read()
            response_header = 'Server: BWS/1.1' + os.linesep + 'Name:yong' \
            + os.linesep +'Content-Type:image/x-icon'
            response_line = 'HTTP/1.1 200 OK'
            send_msg = (response_line+ os.linesep + response_header \
            + os.linesep +os.linesep).encode('utf-8') + response_body
            socket_client.send(send_msg)
        elif request_path == quote('/cat.jpg'):
            with open('./html/cat.jpg', 'rb') as file:
                response_body = file.read()
            response_header = 'Server: BWS/1.1' + os.linesep + 'Name:yong' \
            + os.linesep +'Content-Type:image/jpeg'
            response_line = 'HTTP/1.1 200 OK'
            send_msg = (response_line + os.linesep + response_header \
            + os.linesep +os.linesep).encode('utf-8') + response_body
            socket_client.send(send_msg)
        else:
            response_body = '<h1 style="color:red"> 你访问的页面不存在 </h1>'
            response_line = 'HTTP/1.1 404 NOTFound'
            response_header = 'Server: BWS/1.1' + os.linesep + 'Name:yong' \
            + os.linesep +'Content-Type:text/html; charset=utf-8'
            send_msg = response_line + os.linesep + response_header \
            + os.linesep +os.linesep + response_body
            socket_client.send(send_msg.encode('utf-8'))
except Exception as ex:
    print(ex)
    response_line = 'HTTP/1.1 500 ERROR'
    response_header = 'Server: BWS/1.1' + os.linesep + 'Name:yong' \
    + os.linesep +'Content-Type:text/html; charset=utf-8'
    response_body = '<h1 style="color:red"> 网站正在维护, \
```

```
            请稍后再试--%s</h1>'%ex
        send_msg = response_line + os.linesep + response_header + os.linesep \
        + os.linesep +response_body
        socket_client.send(send_msg.encode('utf-8'))
    socket_client.close()
if __name__ == '__main__':
    # 创建服务器对象
    socket_server = socket()
    # 绑定
    socket_server.bind(('',5678))
    # 监听
    socket_server.listen()
    print('5678 监听中...等待连接...')
    while True:
        # 等待客户端的连接
        socket_client,address = socket_server.accept()
        print('【%s : %s 连接成功...】' % (address[0], address[1]))
        # 创建新的线程处理
        Thread(target=func,args=(socket_client,address)).start()
```

　　根据上述代码，在服务器端源代码文件 11-4-demo01.py 的同一目录下，建立文件夹 html，在该文件夹下放置 index.html 文件，以及该文件引用的图标文件 favicon.ico 和图片文件 cat.jpg。

　　运行服务器，在浏览器中分别打开网址 127.0.0.1:5678/ 和 127.0.0.1:5678/index.html，可以看到浏览器分别显示的界面如图 11-14 和图 11-15 所示。服务器端的控制台输出如图 11-16 所示。

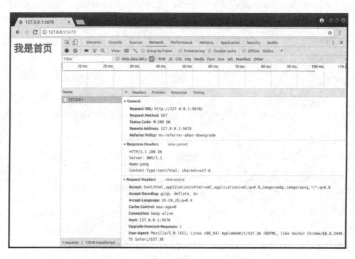

图 11-14　浏览器访问服务器根目录

图 11-15　浏览器访问服务器中的静态页面

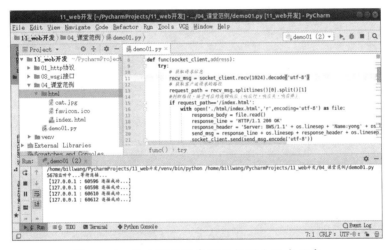

图 11-16　静态页面服务器的控制台输出信息

在图 11-14 与图 11-15 中，通过"Ctrl+Shift+I"打开开发者工具，在其中可以看到对应的请求报文和响应报文。访问静态页面时，由于页面通过 src 引用了图片，因此浏览器会再次向服务器发送请求，获取图片。

🖥️ 上机实战

使用 JS 制作时钟的效果。在页面中显示当前时间字符串，包括年、月、日、星期几、时、分、秒等信息，时间要能实时刷新（11\ 代码 \11.5 上机实战 \demo01.py）。

程序运行结果如图 11-17 所示。

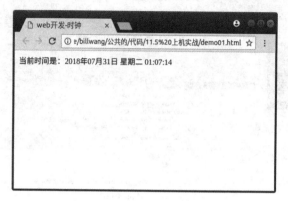

图 11-17　用 JS 实现时钟效果

第 12 章 飞机大战

12

游戏作为一个休闲娱乐的活动，吸引着众多人的参与，当你畅享游戏乐趣的时候，有没有考虑编制一个自己的游戏呢？本章将介绍在 Python 中如何进行游戏编程，并通过一个飞机大战游戏的编程，让读者逐步接触到游戏编程的基本方法和技巧。

12.1 认识 pygame

1 pygame 介绍

前面已经简单介绍过 pygame 模块，当时通过一个简单的实例编制了一个控制飞机移动的小程序。pygame 模块是一套用来设计游戏的第三方模块，可以运行在几乎所有的平台和操作系统上，它是基于 SDL（Simple DirectMedia Layer）库的。SDL 是一套开放源代码的跨平台多媒体开发库，使用 C 语言编写，它提供了多种控制图像、声音、输入、输出等函数，让开发者只要用相同或相似的代码就可以开发出跨平台（Linux、Windows、Mac OS X 等）的应用软件。目前 SDL 多用于开发游戏、模拟器、媒体播放器等多媒体应用领域。Python 语言通过该模块可以创建完全界面化的游戏和多媒体程序。

2 安装 pygame

pygame 模块安装的方法与其他模块类似，打开命令终端，在命令行中输入以下命令，即可实现模块的安装。

```
pip3 install pygame
```

然后在程序的开始导入所需模块，本节的例子需要导入 pygame 模块和 sys 模块，其代码为：

```
import pygame
import sys
```

首先初始化所有引入的模块，因为用 pygame 做任何事情之前必须先进行初始化，下面代码为初始化 pygame 对象。

```
pygame.init()
```

由于人类眼睛的特殊生理结构，当所看画面的帧率高于 24 时，就会认为是连贯的，此现象称为视觉暂留。帧率（Frame Rate）是用于测量显示帧数的量度，其测量单位为每秒显示帧数 (Frames per Second，FPS)。一般来说 30 帧是可以接受的，将性能提升至 60 帧则可以明显提升交互感和逼真感，但是超过 75 帧就不容易察觉到有明显的流畅度提升了。

下面代码创建 clock 对象，可以用来设置游戏的帧率：

```
clock = pygame.time.Clock()
```

下面代码设定窗口的宽和高：

```
size = width, height = 500, 300
```

下面代码设定窗口中物体的移动速度，变量给出的 [2,1] 表示 x 方向移动 2 个像素，y 方向移动 1 个像素：

```
speed = [2, 1]
```

下面代码设定窗口的背景颜色：

```
bg = (255, 255, 255)
```

3 surface 对象

pygame 用 surface 对象来描述图像，就像一个画板一样。pygame.display.set_mode() 函数创建一个新的 surface 对象来描述实际显示的图形。此时在 surface 上画的任何东西都将在显示器上可见。

下面代码创建了一个图形化窗口的 surface 对象：

```
screen = pygame.display.set_mode(size)
```

4 绘制图像

对生成的 Windows 窗口设置标题使用 pygame.display.set_caption(' ') 方法，括号内的字符串用来设置窗口上的标题，下面是常用的两个命令。

- pygame.display.get_caption()：获得窗口的标题。
- pygame.display.set_caption(title)：设置窗口的标题。

下面代码设置窗口标题为"舞动的小球"：

```
pygame.display.set_caption(' 舞动的小球 ')
```

下面代码加载图片：

```
ball = pygame.image.load('./images/ball.png')
```

下面代码返回一个覆盖整个 surface 的矩形并赋给变量 position，这个矩形的左上角位于窗口的（0,0）位置，大小与所装入的图形一样。

```
position = ball.get_rect()
```

5 移动图像

程序在循环体中不断地检测用户的输入，然后根据输入移动图像、绘制图像等。

下面代码获取事件并循环判断事件的类型，然后根据时间的类型执行不同的操作。

```
    for event in pygame.event.get():
        if event.type == pygame.QUIT:
            sys.exit()
```

移动图像的过程中，判断小球是否超出了窗口的边界，如果超出边界，就翻转图像，向反方向运行，这样小球就回到窗口中。

```
    position = position.move(speed)
    # 判断位置
    if position.left < 0 or position.right > width:
    # 翻转图像
        ball = pygame.transform.flip(ball, True, False)
```

```
  # 反方向移动
      speed[0] = -speed[0]
  if position.top < 0 or position.bottom > height:
      speed[1] = -speed[1]
      ball = pygame.transform.flip(ball, False, True)
```

6 界面的更新

下面代码对窗口填充背景色，相当于把原先窗口中显示的内容都清除：

```
    screen.fill(bg)
```

下面代码绘制小球运动后的图像：

```
    screen.blit(ball, position)
```

下面代码更新窗口界面，使所画的小球在窗口中可见：

```
pygame.display.update()
```

7 控制速度

下面代码设置游戏的帧率：

```
    clock.tick(100)
```

执行程序，效果如图 12-1 所示。

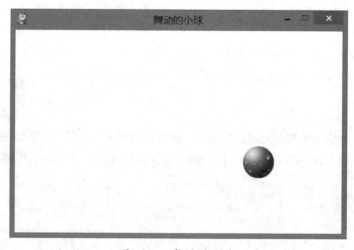

图 12-1　舞动的小球

本节代码存放在"12\代码\12.1 认识 pygame\demo01.py"中。

12.2 事件的处理

事件是用户或浏览器自身执行的某种动作，如单击鼠标左键、鼠标右键、鼠标移动，按键盘上的某个键等。响应某个事件的函数称为事件处理程序（也称事件处理函数、事件句柄）。

12.2.1 理解事件

pygame 模块支持各种事件，如键盘事件、鼠标事件、游戏手柄事件等，事件的获取通过 pygame.event.get() 方法得到。下面通过一个实例来捕获鼠标或键盘事件，然后显示事件的结果。

pygame 中常用的事件如表 12-1 所示。

表 12-1　pygame 中常用的事件

事件	产生途径	参数
QUIT	用户单击"关闭"按钮	none
ACTIVEEVENT	pygame 被激活或隐藏	gain, state
KEYDOWN	键盘被按下	unicode, key, mod
KEYUP	键盘被放开	key, mod
MOUSEMOTION	鼠标移动	pos, rel, buttons
MOUSEBUTTONDOWN	鼠标按下	pos, button
MOUSEBUTTONUP	鼠标放开	pos, button
VIDEORESIZE	pygame 窗口缩放	size, w, h

代码前面的导入模块和创建 surface 对象的方法与 12.1 节的实例一样，不同之处的代码如下。

下面代码设置要显示字体 Font 对象的样式，此处设置为默认样式 22 像素：

```
font = pygame.font.Font(None, 22)
```

下面代码获取行高：

```
line_height = font.get_linesize()
```

下面代码给出字体的初始位置：

```
x,y = 0,0
```

下面代码设置背景的填充颜色：

```
screen.fill(bg)
```

12.2.2 捕捉事件

捕捉事件是指通过一个消息循环不断捕捉各种事件，并将事件的名称显示到窗口中。

下面代码创建一个 surface 对象，用于显示文字：

```
surface_font = font.render(str(event), True, (255, 0, 0))
```

下面代码将 surface_font 放在 screen 指定位置上：

```
screen.blit(surface_font,(x, y))
```

每次事件都显示到不同行，因此程序每次需要获取下一行的位置：

```
y += line_height
```

显示结果时，需要进行判断，如果超过边界，从 0 行重新开始显示：

```
if y > height:
    y = 0
    # 填充颜色，覆盖原来的内容
    screen.fill(bg)
```

下面代码更新界面，使自己所画的内容在窗口中可见：

```
pygame.display.flip()
```

下面代码设置帧率：

```
clock.tick(100)
```

运行代码后移动鼠标、单击鼠标左 / 右键或按不同的键盘键，部分结果如图 12-2 所示。

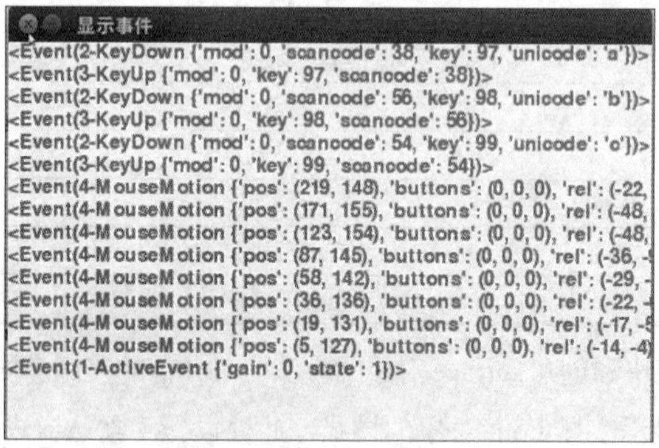

图 12-2　鼠标捕捉事件

从图 12-2 中可以看出，分别显示了按下键盘上的键（KeyDown）、松开键盘上的键（KeyUp）、移动鼠标（MouseMotion）等事件。

下面可以改写前面小球移动的例子，通过按键盘上的上、下、左、右箭头来控制小球的移动方向，控制事件的代码为：

```
if event.type == KEYDOWN:
        # 左键
        if event.key == K_LEFT:
            speed[0] = -x
        # 右键
        if event.key == K_RIGHT:
```

```
        speed[0] = x
# 上键
if event.key == K_UP:
    speed[1] = -y
# 下键
if event.key == K_DOWN:
    speed[1] = y
```

其他代码与原先代码一样，不再给出。通过上面的代码可以看出，首先判断键盘是否被按下（KeyDown），如果键盘被按下，再判断是否是上下左右箭头（K_UP 、K_DOWN 、K_LEFT、K_RIGHT），然后修改移动的方向。

本节代码存放在"12\ 代码 \12.2 事件的处理 \demo01.py、demo02.py"中。

12.3 有趣的功能

在游戏操作过程中，经常会使用全屏、调整图像大小、图像透明度及音效等功能，下面介绍如何在游戏中实现这些基本功能。

12.3.1 显示模式

前面介绍 surface 对象时，没有提到显示模式的概念。显示模式是指显示器的颜色、亮度、对比度等基本特性，在游戏创建过程中，经常会遇到窗口全屏、尺寸改变等情况，这时窗口中的内容都需要重新绘制。

❶ 全屏

下面通过一个实例演示如何实现窗口全屏的转换，该程序运行时，窗口大小为 500×300 像素，当按"F10"键时转换为全屏大小，再次按"F10"键，又转换为原始大小，其实现方式和 12.2 节实例中的很多地方类似。首先创建 surface 对象，其次设置其初始大小，然后在程序中捕捉键盘事件，进行窗口大小的转换，其中主要使用了 pygame.display.set_mode() 的方法，该方法的语法格式为：

```
pygame.display.set_mode(resolution=(0,0),flags=0,depth=0)
```

返回值也是一个 surface 对象，其中参数 resolution 可以控制生成 Windows 窗口的大小，flags 代表的是扩展选项，depath 不推荐设置。

flags 标志位控制显示屏的样式，主要参数有下面几个。

pygame.FULLSCREEN：控制全屏，用 0 或 1 来控制。

pygame.HWSURFACE：控制是否进行硬件加速。

pygame.RESIZABLE：控制窗口是否可以调节大小。

这几个参数值相当于是全局的常量，使用时可以通过 from pygame.locals import * 导入。

因此，如果有窗口大小，就可以直接设置窗口按照这个大小进行显示。例如：

```
size = width, height = 500, 300
screen = pygame.display.set_mode(size)
```

另外，可以使用下面的方法获取当前屏幕信息：

```
current = pygame.display.Info()
```

然后使用下面的代码设置窗口为全屏：

```
screen = pygame.display.set_mode((current.current_w, current.current_
h), FULLSCREEN | HWSURFACE)
```

程序中捕捉键盘的代码和 12.2 节一样，只不过这里判断是否等于 F10，代码为：

```
event.key == K_F10
```

另外，可以通过一个变量 isfull 的值来判断当前是否是全屏，如果是则其值为 True，否则为 False，然后根据这个变量的值判断是否需要在全屏和原始大小之间转换，代码为：

```
if event.key == K_F10:
                if isfull:
                    screen = pygame.display.set_mode(size)
                else:
                    # 设置全屏
                    screen = pygame.display.set_mode((current.current_
w, current.current_h), FULLSCREEN | HWSURFACE)
                isfull = not isfull
```

本节代码存放在"12\ 代码 \12.3 有趣的功能 \demo01.py"中。

2 调节窗口尺寸

上面的实例窗口大小只能在原始尺寸和全屏之间通过控制 F10 键进行转换，不能任意改变窗口的大小，下面介绍如何改变窗口的大小。

与前面类似，首先在 pygame.display.set_mode 方法中有一个参数 RESIZABLE 控制窗口是否可以调节大小。

然后程序监听事件进行相应的操作，此时监听事件为 VIDEORESIZE，即当鼠标移动到窗口边缘时可以进行拖动以变换大小，代码为：

```
if event.type == VIDEORESIZE:
            size = event.size
            screen = pygame.display.set_mode(size, RESIZABLE)
```

除了修改窗口的显示模式外，还可以变换其中图像的大小或内容，实现不同图像之间的转换，并且可以调节图像的透明度。

本节代码存放在"12\代码\12.3 有趣的功能\demo02.py"中。

12.3.2 调整图像大小

下面的实例可以改变窗口中图像的大小，当按下键盘上的"="键（或"+"键）时图像增大；当按下键盘上的"–"键时图像变小；当按下键盘上的"Space"键时，图像恢复原始大小。变换大小主要通过 pygame.transform.scale() 方法实现，该方法有两个参数，格式为：

```
pygame.transform.scale(old_ball,current_size)
```

其中，第一个参数是要调整图像的大小，第二个参数是调整尺寸。在这个实例中，当按下不同键时，可以设定图像变换大小的比例。

主要代码为：

```
if event.type == KEYDOWN:
        if event.key == K_MINUS or event.key == K_EQUALS or event.
key == K_SPACE:
            if event.key == K_MINUS:
                if rate > 0.5:
                    rate -= 0.1
            elif event.key == K_EQUALS:
                if rate < 3:
                    rate += 0.1
            elif event.key == K_SPACE:
                rate = 1.0
            current_size = (int(old_position.width * rate),int(old_
position.height * rate))
            ball = pygame.transform.scale(old_ball,current_size)
```

图 12-3 所示为图像调整大小前的界面。

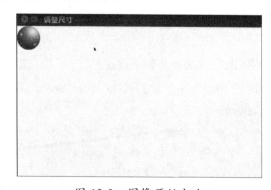

图 12-3 图像原始大小

图 12-4 所示为图像放大的界面。

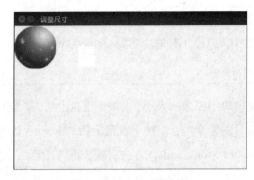

图 12-4　放大的图像

当然，pygame.transform 还可以用来对图像进行翻转、调整分辨率等操作。

本节代码存放在"12\ 代码 \12.3 有趣的功能 \demo03.py"中。

12.3.3 转换图像透明度

在游戏运行过程中，经常需要转换其中的图像，有时还会对图像的透明度进行转换，下面介绍如何实现这些功能。

实现图形更换，首先需要加载图片然后实现转换，转换图片使用方法 convert()。例如，下面代码导入两幅图像并进行转换：

```
bg = pygame.image.load('./images/bg.png').convert()
dog = pygame.image.load('./images/dog.png').convert()
```

注意，此处导入图像与前面实例中的导入方法不一样，前面实例导入图像是使用下面的代码：

```
ball = pygame.image.load('./images/ball.png')
```

而使用方法 convert() 可以方便地对图像进行透明度等修改，因此导入图像时建议使用该方法。

12.2 节代码中的 .blit() 方法为更换图像，其第一个参数是前面导入的转换图像，第二个参数是图像的位置。

而透明度修改使用 set_alpha() 方法，其中，参数 alpha 的值为 0~255，0 代表完全透明，255 是完全不透明。

在程序中设置透明度使用键盘控制，当按下键盘上的"="键（或"+"键）时，透明度增加；当按下键盘上的"－"键时透明度变小；当按下键盘上的"Space"键时，透明度恢复原始值。

```
if event.type == KEYDOWN:
        if event.key == K_MINUS or event.key == K_EQUALS or event.
key == K_SPACE:
            if event.key == K_MINUS:
                if alpha > 50:
                    alpha -= 50
```

```
                    if alpha<0:
                        alpha = 0
            elif event.key == K_EQUALS:
                if alpha < 255:
                    alpha += 50
                if alpha>255:
                    alpha = 255
            else:
                alpha = 255
```

运行程序，原始图像的透明度效果如图 12-5 所示；当按下键盘上的 " - " 键时，透明度变小，效果如图 12-6 所示。

图 12-5　原始图像透明度

图 12-6　透明度减小的图像

本节代码存放在 "12\ 代码 \12.3 有趣的功能 \demo04.py" 中。

12.3.4 ▶ 音效

游戏音乐会给人带来更加现实的感受。音效可以分为背景音效和特效音效。其中，背景音效是当程序启动时就有的，而特效音效可以在程序运行过程中通过按下键盘上的不同键产生。可以使用下面两种方法产生音效。

```
pygame.mixer.Sound(filename)
```

pygame.mixer.Sound() 方法返回一个 Sound 对象。调用它的 .play( ) 方法，即可播放较短的音频文件（如玩家受到伤害、收集到金币等）。

```
pygame.mixer.music.load(filename)
```

pygame.mixer.music.load() 方法用来加载背景音乐。调用该方法即可播放背景音乐（在同一个时刻 pygame 只允许加载一个背景音乐）。

下面通过代码介绍如何实现加载背景音效。

首先需要加载背景音乐，也是使用 surface 对象，使用 pygame.mixer.music.load() 方法导入，其中参数设置为音乐文件的路径：

```
pygame.mixer.music.load('./sounds/bg.wav')
```

同时需要使用 set_volume() 方法设置音效的音量：

```
pygame.mixer.music.set_volume(0.1)
```

然后使用 play() 方法播放：

```
pygame.mixer.music.play()
```

对于游戏中的控制音效，可以先导入文件，并设置音量，然后在程序中根据需要监听键盘按键，根据设置的按键进行播放。例如，下面就是设置一段控制音效的代码：

```
dog_sound = pygame.mixer.Sound('./sounds/dog.wav')
dog_sound.set_volume(0.8)
```

上面这段代码中虽然导入文件并设置了音量，但是并没有使用 play() 方法播放，在程序中通过监听键盘按键，如果按下的是 "Enter" 键则播放控制音效，如果按下的是 "Space" 键则停止播放控制音效，其代码为：

```
if event.type == KEYDOWN:
        if event.key == K_RETURN or event.key == K_SPACE:
            if event.key == K_RETURN:
                # 播放
                dog_sound.play()
            else:
                # 停止
                dog_sound.stop()
```

本节代码存放在 "12\ 代码 \12.3 有趣的功能 \demo05.py" 中。

12.4 图形的绘制

在游戏中，绘制线段、矩形、多边形、圆形、椭圆形等图形时需要使用 pygame.draw 模块，该模块用于在 surface 对象上绘制一些简单的形状。常用的图形绘制函数有以下几类。

- pygame.draw.rect()：绘制矩形。

- pygame.draw.polygon()：绘制多边形。

- pygame.draw.circle()：根据圆心和半径绘制圆形。

- pygame.draw.ellipse()：根据限定矩形绘制一个椭圆形。

- pygame.draw.arc()：绘制弧线。

- pygame.draw.line()：绘制线段。

- pygame.draw.lines()：绘制多条连续的线段。

- pygame.draw.aaline()：绘制抗锯齿的线段。

- pygame.draw.aalines()：绘制多条连续的线段（抗锯齿）。

大部分函数用 width 参数指定图形边框的大小，如果 width = 0 则表示填充整个图形。所有的绘图函数仅能在 surface 对象的剪切区域生效。这些函数返回一个 Rect，表示包含实际绘制图形的矩形区域。大部分函数都有一个 color 参数，传入一个表示 RGB 颜色值的三元组，当然也支持 RGBA 四元组。其中的 A 是指 Alpha，用于控制透明度。不过该模块的函数并不绘制透明度，而是直接传入对应 surface 对象的 pixel alphas 中。color 参数也可以是已经映射到 surface 对象像素格式中的整型像素值。当这些函数在绘制时，必须暂时锁定 surface 对象。许多连续绘制的函数可以通过一次性锁定直到画完再解锁来提高效率。

下面通过一些实例介绍如何使用这些函数。

12.4.1　绘制线段

绘制线段包含绘制单条线段、多条连续的线段及抗锯齿的线段，基本语法分别如下。

绘制线段的语法格式为：

```
line(Surface, color, start_pos, end_pos, width=1)
```

其中，start_pos、end_pos 分别是线段开始点和结束点的坐标。

绘制多条连续线段的语法格式为：

```
lines(Surface, color, closed, pointlist, width=1)
```

其中，pointlist 参数是一系列点的坐标。如果 closed 参数设置为 True，则绘制首尾相连的线段。

绘制抗锯齿线段的语法格式为：

```
aaline(Surface, color, startpos, endpos, blend=1)
```

其中，blend 参数指定是否通过绘制混合背景的阴影来实现抗锯齿功能。

绘制多条连续线段（抗锯齿）的语法格式为：

```
aalines(Surface, color, closed, pointlist, blend=1)
```

其中，pointlist 参数是一系列端点。如果 closed 参数设置为 True，则绘制首尾相连的线段。blend 参数指定是否通过绘制混合背景的阴影来实现抗锯齿功能。

例如，下面的两段代码分别绘制红色的线段和消除锯齿的线段。

```
    pygame.draw.line(screen, RED, (10, 10), (450, 30), 1)
    pygame.draw.lines(screen, RED, 1, [(100,40),(200,40),(290,240),(10,
240)], 1)
```

上面第一行代码从点 (10, 10) 到点 (450, 30) 之间绘制一条红色的线段；第二行代码在点 (100,40)，点 (200,40)，点 (290,240)，点 (10,240) 之间绘制 3 条连续的红色线段。

```
    pygame.draw.aaline(screen, BLACK, (30, 300), (480, 80), 1)
    pygame.draw.aalines(screen, BLACK, 1, [(100, 340), (200, 340), (290,
```

```
540), (10, 540)], 1)
```

上面第一行代码从点 (30, 300) 到点 (480, 80) 之间绘制一条黑色的抗锯齿的线段；第二行代码在点 (100,340), 点 (200,340), 点 (290,540), 点 (10,540) 之间绘制 3 条连续的黑色抗锯齿的线段。

绘制线段是先创建一个 surface 对象，用于显示屏幕上的所有信息，并设置窗口的大小和标题，以及游戏的帧率，最后更新界面，使所画的线段在窗口中可见。代码的运行结果如图 12-7 所示。

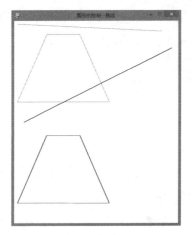

图 12-7　绘制各种线段

本节代码存放在"12\ 代码 \ 12.4 图形的绘制 \demo01.py"中。

12.4.2　绘制矩形

矩形绘制的基本语法格式为：

```
rect(Surface, color, Rect, width=0)
```

以上代码表示在 surface 对象上绘制一个矩形。其中，Rect 参数指定矩形的位置和尺寸，width 参数指定边框的宽度，如果设置为 0 则表示填充该矩形。

例如以下代码：

```
pygame.draw.rect(screen, RED, (10, 100,100, 200), 0)
pygame.draw.rect(screen, GREEN, (120, 100,100, 200), 1)
pygame.draw.rect(screen, GREEN, (330, 100,100, 200), 10)
```

上面代码中第一行表示绘制一个矩形，矩形的左顶点坐标是 (10, 100)，长和宽分别是 100 像素和 200 像素，矩形边界颜色是红色，并且填充该矩形；第二行表示绘制一个矩形，矩形的左顶点坐标是 (120, 100)，长和宽分别是 100 像素和 200 像素，矩形边界颜色是绿色，并且边框宽度是 1 像素；第三行表示绘制一个矩形，矩形的左顶点坐标是 (330, 100)，长和宽分别是 100 像素和 200 像素，矩形边界颜色是绿色，并且边框宽度是 10 像素。

程序的运行结果如图 12-8 所示。

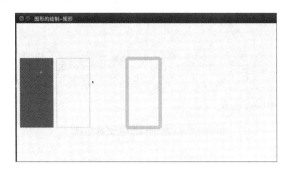

图 12-8　矩形的绘制

本节代码存放在"12\代码\12.4 图形的绘制\demo02.py"中。

12.4.3 ▶ 绘制多边形

绘制多边形的基本语法格式为：

```
polygon(Surface, color, pointlist, width=0)
```

在 surface 对象上绘制一个多边形。其中，pointlist 参数指定多边形的各个顶点，width 参数指定边框的宽度，如果设置为 0 则表示填充该矩形。

例如：

```
pygame.draw.polygon(screen, RED, [[100, 100], [0, 200], [200, 200]], 1)
```

上面代码绘制一个多边形，多边形的各个顶点坐标依次为（100，100），（0，200），（200，200），边界宽度为 1 像素。

程序代码执行结果如图 12-9 所示。

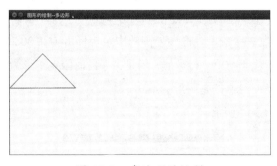

图 12-9　多边形的绘制

本节代码存放在"12\代码\12.4 图形的绘制\demo03.py"中。

12.4.4 ▶ 绘制圆形

绘制圆形需要根据圆心和半径绘制，其基本语法格式为：

```
circle(Surface, color, pos, radius, width=0)
```

在 surface 对象上绘制一个圆形。其中，pos 参数指定圆心的位置，radius 参数指定圆的半径，width 参数指定边框的宽度，如果设置为 0 则表示填充该矩形。

例如：

```
pygame.draw.circle(screen, RED, [60, 250], 40,2)
```

上面代码以点（60,250）为圆心，以 40 为半径，绘制一个红色的圆形，边界宽度为 2。

程序执行结果如图 12-10 所示。

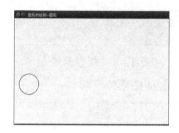

图 12-10　圆形的绘制

本节代码存放在 "12\ 代码 \ 12.4 图形的绘制 \demo04.py" 中。

12.4.5　绘制椭圆形

根据限定矩形绘制一个椭圆形，基本语法格式为：

```
ellipse(Surface, color, Rect, width=0)
```

在 surface 对象上绘制一个椭圆形。其中，Rect 参数指定椭圆外围的限定矩形，width 参数指定边框的宽度，如果设置为 0 则表示填充该矩形。

例如：

```
pygame.draw.ellipse(screen, RED, [20,20,200,100],2)
pygame.draw.ellipse(screen, RED, [200,200,180,180],2)
```

上面代码第一行绘制一个椭圆，椭圆外围的限定矩形由（20,20,200,100）确定，边框为红色，宽度为 2；第二行代码与第一行类似，但是由于此时限定矩形为（200,200,180,180），长和宽都是 180，因此此时绘制的是圆形。

程序执行结果如图 12-11 所示。

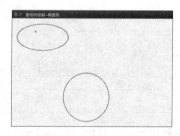

图 12-11　椭圆形的绘制

本节代码存放在"12\ 代码 \ 12.4 图形的绘制 \demo05.py"中。

12.4.6 绘制弧线

绘制弧线的基本语法格式为：

```
arc(Surface, color, Rect, start_angle, stop_angle, width=1)
```

以上代码表示在 surface 对象上绘制一条弧线。其中，Rect 参数指定弧线所在椭圆外围的限定矩形，两个 angle 参数指定弧线的开始和结束位置，width 参数指定边框的宽度。

例如：

```
pygame.draw.arc(screen, BLACK, [210, 75, 150, 200], 0, pi / 2, 2)
    pygame.draw.arc(screen, GREEN, [210, 75, 150, 200], pi / 2, pi, 4)
        pygame.draw.arc(screen, BLUE, [210, 75, 150, 200], pi, 3 * pi / 2, 3)
pygame.draw.arc(screen, RED, [210, 75, 150, 200], 3 * pi / 2, 2 * pi, 1)
```

上面代码分别绘制 4 条弧线，如第一行代码表示指定弧线所在椭圆外围的限定矩形为 (210, 75, 150, 200)，起始和结束的位置的角度分别为 0 和 pi / 2，边界宽度为 2。

程序执行结果如图 12-12 所示。

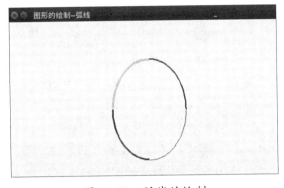

图 12-12 弧线的绘制

本节代码存放在"12\ 代码 \ 12.4 图形的绘制 \demo06.py"中。

12.5 碰撞检测

游戏中的图像会经常运动，如果和其他物体产生碰撞要如何处理呢，下面介绍实现碰撞的代码。

12.5.1 动画精灵

精灵（sprite）在游戏动画中一般是指一个独立运动的画面元素，但在 pygame 中，可以是一个带有图像（surface）和大小位置（rect）的对象。精灵可以认为是一个个小图片，是一种可以在屏幕上移动的图形对象，并且可以与其他图形对象交互。精灵图像可以是使用pygame 绘制函数绘制的图像，也可以是原来就有的图像文件。

　　pygame.sprite.Sprite 是 pygame 中用来实现精灵的一个类。在使用时，并不需要对它进行实例化，只需要继承它，然后按需写出自己的类即可，因此非常简单实用。

　　这个实例要实现的效果是由若干个小球在窗口中运动，当小球碰到窗口的边界时会反弹回来，如图 12-13 所示。

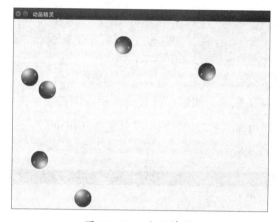

图 12-13　动画精灵

　　要实现上面的效果，首先继承 pygame.sprite.Sprite 类，代码为：

```
class Ball(pygame.sprite.Sprite):
    def __init__(self, image, position, speed, screen_size):
        pygame.sprite.Sprite.__init__(self)
        self.image = pygame.image.load(image).convert()
        self.rect = self.image.get_rect()
        self.rect.left, self.rect.top = position
        self.speed = speed
        self.screen_size = screen_size


    def move(self):
        # 移动
        self.rect = self.rect.move(self.speed)
        # 判断
        if self.rect.left < 0 or self.rect.right > self.screen_size[0]:
            # 翻转图像
            self.image = pygame.transform.flip(self.image, True, False)
            # 反方向移动
```

```
                  self.speed[0] = -self.speed[0]
        if self.rect.top < 0 or self.rect.bottom > self.screen_size[1]:
              # 翻转图像
              self.image = pygame.transform.flip(self.image, False, True)
              # 反方向移动
              self.speed[1] = -self.speed[1]
```

在这个继承的 Ball 类中定义了两个方法，其中 __init__() 方法初始化一些基本参数，如图像的初始位置、移动速度和屏幕大小，move() 方法定义小球如何移动，如碰到边界时如何翻转、反方向移动等。

然后在主程序中分别定义这些小球，代码为：

```
balls = []
# 创建 6 个小球
for i in range(6):
     # 随机位置
     position = randint(0, width-50), randint(0, height-50)
     # 随机速度
     speed = [randint(-3, 3), randint(-3, 3)]
     # 判断
     if speed == [0,0]:
          speed=[2,2]
     # 创建精灵对象
     ball = Ball('./images/ball.png', position, speed, screen_size)
     # 添加到集合中
     balls.append(ball)
```

为便于管理各个动画精灵，创建一个元组 balls 存储所有小球，循环体中随机创建 6 个小球，每个小球的开始位置、速度都使用随机函数 randint() 产生，然后调用前面创建的 Ball 类分别创建这些对象，其中的参数分别是小球所在的目录及文件名、初始位置、速度及屏幕的大小。

最后使用下面代码调用 move() 方法控制每个小球的移动，然后再执行位置显示，并按照设定的帧率更新页面。

```
for item in balls:
     item.move()
     screen.blit(item.image, item.rect)
pygame.display.flip()
clock.tick(100)
```

在上面代码中，小球运动到边界时，使用的并不是碰撞检测，而是根据小球位置是否超出窗口大小进行判断，当超过窗口时，其运动为反方向运动。两个小球在空间相遇的情况，并没有考虑。

本节代码存放在"12\ 代码 \ 12.5 碰撞检测 \demo01.py"中。

12.5.2 碰撞检测

碰撞就是游戏中的元素是否碰到一起，如打飞机游戏，没有躲开炮弹就算碰撞。碰撞需要及时检测出来，当出现碰撞时要么游戏结束，要么重新开始游戏。

pygame 支持非常多的冲突检测技术，下面是一些常用的检测技术。

（1）两个精灵之间的矩形检测：在只有两个精灵时可以使用 pygame.sprite.collide_rect() 函数来进行一对一的冲突检测。这个函数需要传递两个参数，并且每个参数都是需要继承自 pygame.sprite.Sprite。

（2）圆形冲突检测：矩形冲突检测并不适用于所有形状的精灵，因此 pygame 中还有圆形冲突检测。pygame.sprite.collide_circle() 函数是基于每个精灵的半径值来进行检测的。

（3）两个精灵之间的像素遮罩检测：pygame 还提供了一个更加精确的检测——pygame.sprite.collide_mask()。这个函数接收两个精灵作为参数，返回值是一个 bool 变量。

（4）精灵和组之间的矩形冲突检测：调用 pygame.sprite.spritecollide(sprite,sprite_group, bool) 函数时，一个组中的所有精灵都会逐个地对另外一个单个精灵进行冲突检测，发生冲突的精灵会作为一个列表返回。这个函数的第一个参数就是单个精灵，第二个参数是精灵组，第三个参数是一个 bool 值。最后这个参数起了很大的作用，当为 True 时，会删除组中所有冲突的精灵，当为 False 时不会删除冲突的精灵。基本语法格式为：

```
list_collide = pygame.sprite.spritecollide(sprite,sprite_group,False);
```

● 精灵组之间的矩形冲突检测：利用 pygame.sprite.groupcollide() 函数可以检测两个组之间的冲突，返回一个字典。

下面通过实例学习一下如何使用这些检测技术。

与上面动画精灵程序不一样的地方是此时通过创建一个精灵组进行操作，代码为：

```
balls = []
    group = pygame.sprite.Group()
    for i in range(6):
        position = randint(0, width-50), randint(0, height-50)
        speed = [randint(-3, 3), randint(-3, 3)]
        if speed == [0,0]:
            speed=[2,2]
        ball = Ball('./images/ball.png', position, speed, screen_size)
        while pygame.sprite.spritecollide(ball, group, False):
```

```
              ball.rect.left, ball.rect.top = randint(0, width - 100),
randint(0, height - 100)
          balls.append(ball)
          group.add(ball)
```

此外，还增加判断当前刚创建的小球是否与其他小球有碰撞的情况，如果有，修改小球左上角的位置，直到没有碰撞为止。这里使用了 pygame.sprite.spritecollide() 方法，即精灵和组之间的矩形冲突检测。

同样，在小球移动过程中也需要判断是否有碰撞。通过遍历精灵组判断是否有碰撞，如果有，则修改移动速度和方向，并翻转小球，代码为：

```
for item in group:
    group.remove(item)
    if pygame.sprite.spritecollide(item, group, False):
        item.speed[0] = -item.speed[0]
        item.speed[1] = -item.speed[1]
        item.image = pygame.transform.flip(item.image, True, True)
    group.add(item)
```

本节代码存放在"12\代码\12.5 碰撞检测\demo02.py"中。

12.6 飞机大战

通过前面的学习，大家已经认识了 pygame 创建游戏的基本方法和使用过程，下面就通过一个综合的游戏——飞机大战，来加深对这些基本知识的理解。

首先看一下飞机大战游戏情况的基本说明，该游戏需要具有以下功能。

① 敌方有小、中、大 3 种飞机，速度不同。

② 消灭小飞机、中飞机、大飞机分别需要 1、8、20 发子弹。

③ 每消灭一架小飞机、中飞机、大飞机分别得 1000、6000、10000 分。

④ 每 30 秒有一个随机的子弹补给：全屏炸弹和双倍子弹。其中，全屏炸弹最多 3 个，双倍子弹最多使用 18 秒。

⑤ 根据分数逐步提高游戏难度，通过飞机数量的增多和速度的加快来实现。

⑥ 玩家有 3 次机会。

⑦ 游戏结束后，显示分数。

效果如图 12-14 所示。

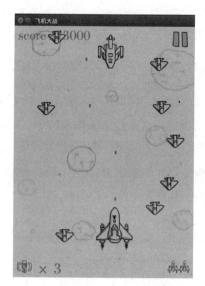

图 12-14　游戏主界面

经过分析，这个游戏需要许多第三方模块来实现，并且监听键盘和鼠标事件及碰撞检测。同时，飞机需要发射不同的子弹与敌方的飞机作战。游戏过程中可以暂停游戏，并且可以控制游戏的难度，游戏可以随机发放补给，在结束时有提示画面，同时还有声音等其他效果。下面结合基本功能介绍代码如何实现。

首先导入所需模块，代码为：

```
import pygame
import sys
import traceback
from pygame.locals import *
from random import *
```

（1）敌方有小、中、大 3 种飞机，速度不同，消灭小飞机、中飞机、大飞机分别需要 1、8、20 发子弹。

要实现 3 种飞机，可以根据飞机的相同点和功能定义一个飞机父类，代码为：

```
class Enemy(pygame.sprite.Sprite):
        def __init__(self, image_name, image_down_names, bg_size, rate1,
rate2, speed, active, blood_volume=1,
                    hit=False):
        pygame.sprite.Sprite.__init__(self)
        self.image = pygame.image.load(image_name).convert_alpha()
        self.destroy_images = []
        for each in image_down_names:
            self.destroy_images.append(pygame.image.load(each).convert_
```

```
alpha())
        self.rect = self.image.get_rect()
        self.speed = speed
        self.active = True
        self.width, self.height = bg_size[0], bg_size[1]
        self.left_top = (
        randint(0, self.width - self.rect.width), randint(-rate1 *
self.height, -rate2 * self.height))
        self.rect.left, self.rect.top = self.left_top
        self.mask = pygame.mask.from_surface(self.image)
        self.blood_volume = blood_volume
        self.hit = hit

    # 移动
    def move(self):
        if self.rect.top < self.height:
            self.rect.top += self.speed
        else:
            self.reset()

    # 重置
    def reset(self):
        self.active = True
        self.rect.left, self.rect.top = self.left_top
```

上面代码定义敌机父类 Enemy，其中定义了 3 个方法。__init__() 方法定义飞机的初始化过程，包含若干初始化参数（图像、中弹后图像、背景大小、初始位置参数 1、初始位置参数 2、速度、是否活动着、血量、是否被击中），同时还定义了飞机移动的方法 move() 和重置的方法 reset()。

接下来根据 Enemy 父类定义 3 种飞机子类，代码为：

```
class SmallEnemy(Enemy):
    def __init__(self, bg_size):
        super().__init__('./images/enemy1.png', [ \
            './images/enemy1_down1.png', \
            './images/enemy1_down2.png', \
            './images/enemy1_down3.png', \
            './images/enemy1_down4.png'], \
                        bg_size, 5, 0, 2, True
```

```
                                    )
```

　　上面代码定义小敌机类 SmallEnemy，该飞机中一枪就会毙命，其中重新定义了 __init__()
方法。

```
class MidEnemy(Enemy):
    blood_volume = 8


    def __init__(self, bg_size):
        super().__init__('./images/enemy2.png', [ \
            './images/enemy2_down1.png', \
            './images/enemy2_down2.png', \
            './images/enemy2_down3.png', \
            './images/enemy2_down4.png'], \
                        bg_size, 10, 1, 1, True, 8
                        )
        self.image_hit = pygame.image.load('./images/enemy2_hit.png').
convert_alpha()

    def reset(self):
        super().reset()
        self.blood_volume = MidEnemy.blood_volume
```

　　上面代码定义敌机类 MidEnemy 中 8 枪才会毙命，并且重新定义了 __init__() 方法。

```
class BigEnemy(Enemy):
    blood_volume = 20


    def __init__(self, bg_size):
        super().__init__('./images/enemy3_n1.png', [ \
            './images/enemy3_down1.png', \
            './images/enemy3_down2.png', \
            './images/enemy3_down3.png', \
            './images/enemy3_down4.png', \
            './images/enemy3_down5.png', \
            './images/enemy3_down6.png'], \
                        bg_size, 15, 5, 1, True, 20
                        )
        self.image1 = self.image
        self.image2 = pygame.image.load('./images/enemy3_n2.png').
convert_alpha()
        self.image_hit = pygame.image.load('./images/enemy3_hit.png').
```

```
convert_alpha()

    def reset(self):
        super().reset()
        self.blood_volume = BigEnemy.blood_volume
```

上面代码定义大敌机类 BigEnemy 中 20 枪才会毙命，其中重新定义了 __init__() 方法。

（2）消灭飞机的子弹类定义如下。

同样，安装面向对象的编程思想，编制子弹的父类，代码为：

```
class Bullet(pygame.sprite.Sprite):
    # 初始化参数（位置，图像，速度，是否活动着）
    def __init__(self,position,image_name,speed,active):
        pygame.sprite.Sprite.__init__(self)
        self.image = pygame.image.load(image_name).convert_alpha()
        self.rect = self.image.get_rect()
        self.rect.left, self.rect.top = position
        self.speed = speed
        self.active = active
        self.mask = pygame.mask.from_surface(self.image)
    # 移动
    def move(self):
        self.rect.top -= self.speed
        if self.rect.top < 0:
            self.active = False
    # 重置
    def reset(self, position):
        self.rect.left, self.rect.top = position
        self.active = True
```

下面分别定义两种子弹子类：

```
class Bullet1(Bullet):
    def __init__(self, position):
        super().__init__(position,'./images/bullet1.png',12,False)


class Bullet2(Bullet):
    def __init__(self, position):
        super().__init__(position,'./images/bullet2.png',14,False)
```

（3）我方战机的定义。

定义我方战机游戏开始时的位置，以及在游戏中如何进行上下左右移动，具体实现代码为：

```
class MyPlane(pygame.sprite.Sprite):
    # 初始化参数
    def __init__(self, bg_size):
        pygame.sprite.Sprite.__init__(self)
        self.image1 = pygame.image.load('./images/me1.png').convert_alpha()
        self.image2 = pygame.image.load('./images/me2.png').convert_alpha()
        self.destroy_images = []
        self.destroy_images.extend([
            pygame.image.load('./images/me_destroy_1.png').convert_alpha(),
            pygame.image.load('./images/me_destroy_2.png').convert_alpha(),
            pygame.image.load('./images/me_destroy_3.png').convert_alpha(),
            pygame.image.load('./images/me_destroy_4.png').convert_alpha()
        ])
        self.rect = self.image1.get_rect()
        self.width, self.height = bg_size[0], bg_size[1]
        self.rect.left, self.rect.top = \
                        (self.width - self.rect.width) // 2, \
                        self.height - self.rect.height - 60
        self.speed = 10
        self.active = True
        self.invincible = False
        self.mask = pygame.mask.from_surface(self.image1)
    # 向上移动
    def moveUp(self):
        if self.rect.top > 0:
            self.rect.top -= self.speed
        else:
            self.rect.top = 0

    # 向下移动
    def moveDown(self):
        if self.rect.bottom < self.height - 60:
            self.rect.top += self.speed
        else:
            self.rect.bottom = self.height - 60

    # 向左移动
```

```
def moveLeft(self):
    if self.rect.left > 0:
        self.rect.left -= self.speed
    else:
        self.rect.left = 0

# 向右移动
def moveRight(self):
    if self.rect.right < self.width:
        self.rect.left += self.speed
    else:
        self.rect.right = self.width
# 重置
def reset(self):
    self.rect.left, self.rect.top = \
                    (self.width - self.rect.width) // 2, \
                    self.height - self.rect.height - 60
    self.active = True
    self.invincible = True
```

（4）每30秒有一个随机的子弹补给：全屏炸弹和双倍子弹。其中，全屏炸弹最多3个，双倍子弹最多使用18秒。

下面代码定义补给包的父类：

```
class Supply(pygame.sprite.Sprite):
    # 初始化参数（图背景大小、图像、速度、是否活动）
    def __init__(self, bg_size, image_name, speed, active):
        pygame.sprite.Sprite.__init__(self)
        self.image = pygame.image.load(image_name).convert_alpha()
        self.rect = self.image.get_rect()
        self.width, self.height = bg_size[0], bg_size[1]
        self.rect.left, self.rect.bottom = randint(0, self.width -
self.rect.width), -100
        self.speed = speed
        self.active = active
        self.mask = pygame.mask.from_surface(self.image)

    # 移动
    def move(self):
        if self.rect.top < self.height:
```

```
            self.rect.top += self.speed
        else:
            self.active = False


    # 重置
    def reset(self):
        self.active = True
        self.rect.left, self.rect.bottom = randint(0, self.width -
self.rect.width), -100
```

下面代码定义子弹补给包：

```
class Bullet_Supply(Supply):
    def __init__(self, bg_size):
        super().__init__(bg_size, './images/bullet_supply.png', 5, False)
```

下面代码定义全屏炸弹补给包：

```
class Bomb_Supply(Supply):
    def __init__(self, bg_size):
        super().__init__(bg_size, './images/bomb_supply.png', 4, False)
```

（5）下面代码给出程序的初始化：

```
pygame.init()
pygame.mixer.init()
bg_size = width, height = 480, 650
screen = pygame.display.set_mode(bg_size)
pygame.display.set_caption(' 飞机大战 ')
background = pygame.image.load('./images/background.png').convert()
BLACK = (0, 0, 0)
WHITE = (255, 255, 255)
GREEN = (0, 255, 0)
RED = (255, 0, 0)
```

上面代码定义了屏幕设置、背景图，以及颜色，同时下面代码载入游戏音乐：

```
pygame.mixer.music.load('sound/game_music.ogg')
pygame.mixer.music.set_volume(0.2)
bullet_sound = pygame.mixer.Sound('sound/bullet.wav')
bullet_sound.set_volume(0.2)
bomb_sound = pygame.mixer.Sound('sound/use_bomb.wav')
bomb_sound.set_volume(0.2)
supply_sound = pygame.mixer.Sound('sound/supply.wav')
supply_sound.set_volume(0.2)
```

```
get_bomb_sound = pygame.mixer.Sound('sound/get_bomb.wav')
get_bomb_sound.set_volume(0.2)
get_bullet_sound = pygame.mixer.Sound('sound/get_bullet.wav')
get_bullet_sound.set_volume(0.2)
upgrade_sound = pygame.mixer.Sound('sound/upgrade.wav')
upgrade_sound.set_volume(0.2)
enemy3_fly_sound = pygame.mixer.Sound('sound/enemy3_flying.wav')
enemy3_fly_sound.set_volume(0.2)
enemy1_down_sound = pygame.mixer.Sound('sound/enemy1_down.wav')
enemy1_down_sound.set_volume(0.2)
enemy2_down_sound = pygame.mixer.Sound('sound/enemy2_down.wav')
enemy2_down_sound.set_volume(0.2)
enemy3_down_sound = pygame.mixer.Sound('sound/enemy3_down.wav')
enemy3_down_sound.set_volume(0.5)
me_down_sound = pygame.mixer.Sound('sound/me_down.wav')
me_down_sound.set_volume(0.2)
```

根据获取的不同事件播放不同的音乐。

（6）根据分数逐步提高游戏难度，通过飞机数量的增多和速度的加快来实现。

游戏等级设置为 4 级，每一级根据游戏分数确定，当分数小于 50000 分时属于 1 级；当分数大于 50000 分、小于 300000 分时属于 2 级；当分数大于 300000 分、小于 600000 分时属于 3 级；当分数大于 600000 分、小于 1000000 分时属于 4 级；当分数大于 1000000 分时属于 5 级。每一级的速度相比上一级的速度增加一定比例。代码为：

```
if level == 1 and score > 50000:
    level = 2
    upgrade_sound.play()
    # 增加 3 架小型敌机、2 架中型敌机和 1 架大型敌机
    add_small_enemies(small_enemies, enemies, 3)
    add_mid_enemies(mid_enemies, enemies, 2)
    add_big_enemies(big_enemies, enemies, 1)
    # 提升小型敌机的速度
    inc_speed(small_enemies, 1)
elif level == 2 and score > 300000:
    level = 3
    upgrade_sound.play()
    # 增加 5 架小型敌机、3 架中型敌机和 2 架大型敌机
    add_small_enemies(small_enemies, enemies, 5)
    add_mid_enemies(mid_enemies, enemies, 3)
```

```
          add_big_enemies(big_enemies, enemies, 2)
          # 提升小型敌机的速度
          inc_speed(small_enemies, 1)
          inc_speed(mid_enemies, 1)
      elif level == 3 and score > 600000:
          level = 4
          upgrade_sound.play()
          # 增加 5 架小型敌机、3 架中型敌机和 2 架大型敌机
          add_small_enemies(small_enemies, enemies, 5)
          add_mid_enemies(mid_enemies, enemies, 3)
          add_big_enemies(big_enemies, enemies, 2)
          # 提升小型敌机的速度
          inc_speed(small_enemies, 1)
          inc_speed(mid_enemies, 1)
      elif level == 4 and score > 1000000:
          level = 5
          upgrade_sound.play()
          # 增加 5 架小型敌机、3 架中型敌机和 2 架大型敌机
          add_small_enemies(small_enemies, enemies, 5)
          add_mid_enemies(mid_enemies, enemies, 3)
          add_big_enemies(big_enemies, enemies, 2)
          # 提升小型敌机的速度
          inc_speed(small_enemies, 1)
          inc_speed(mid_enemies, 1)
```

（7）游戏结束后，显示分数。

使用一个全局变量判断是否打破游戏纪录，如果打破纪录，则修改基本得分并保存到文件 'best.txt' 中。

```
if not recorded:
            recorded = True
            # 读取历史最高得分
            with open('best.txt', 'r') as f:
                record_score = int(f.read())

            # 如果玩家得分高于历史最高得分，则存档
            if score > record_score:
                with open('best.txt', 'w') as f:
                    f.write(str(score))
```

同时游戏在运行时，一直监听键盘上的哪个键被按下，或者鼠标哪个键被按下。当按下

键盘上的上、下、左、右键时，控制飞机的移动；当按下"Space"键时，飞机发出子弹；当子弹发出之后，使用 pygame.sprite.spritecollide() 方法判断是否碰撞，并根据碰撞的次数确定不同敌机的坠毁；当我方 3 个战机都坠毁后游戏结束，此时给出提示信息：是否重新开始或结束游戏。具体代码为：

```
    record_score_text = score_font.render('Best : %d' % record_score, True,
(255, 255, 255))
            screen.blit(record_score_text, (50, 50))

            gameover_text1 = gameover_font.render('Your Score', True,
(255, 255, 255))
            gameover_text1_rect = gameover_text1.get_rect()
            gameover_text1_rect.left, gameover_text1_rect.top = \
                                    (width - gameover_text1_rect.width) // 2,
height // 3
            screen.blit(gameover_text1, gameover_text1_rect)

            gameover_text2 = gameover_font.render(str(score), True, (255,
 255, 255))
            gameover_text2_rect = gameover_text2.get_rect()
            gameover_text2_rect.left, gameover_text2_rect.top = \
                            (width - gameover_text2_rect.width) // 2, \
                            gameover_text1_rect.bottom + 10
            screen.blit(gameover_text2, gameover_text2_rect)

            again_rect.left, again_rect.top = \
                            (width - again_rect.width) // 2, \
                            gameover_text2_rect.bottom + 50
            screen.blit(again_image, again_rect)

            gameover_rect.left, gameover_rect.top = \
                            (width - again_rect.width) // 2, \
                            again_rect.bottom + 10
            screen.blit(gameover_image, gameover_rect)

            # 检测用户的鼠标操作
            # 如果用户按下鼠标左键
            if pygame.mouse.get_pressed()[0]:
```

```
            # 获取鼠标坐标
            pos = pygame.mouse.get_pos()
            # 如果用户单击"重新开始"按钮
            if again_rect.left < pos[0] < again_rect.right and \
                again_rect.top < pos[1] < again_rect.bottom:
                # 调用 main() 函数，重新开始游戏
                main()
            # 如果用户单击"结束游戏"按钮
            elif gameover_rect.left < pos[0] < gameover_rect.right and \
                 gameover_rect.top < pos[1] < gameover_rect.bottom:
                # 退出游戏
                pygame.quit()
                sys.exit()
```

初始界面如图 12-15 所示。

图 12-15　初始界面

此时如果用户单击"重新开始"按钮，则重新进行游戏；如果用户单击"结束游戏"按钮，则退出游戏。

上面是飞机大战游戏的基本实现过程，请读者认真分析代码，理解实现过程。

第 13 章　每日生鲜

本章通过一个每日生鲜电商项目，来讲解 Python 项目开发的流程及方法。首先介绍 Web 项目的一些相关知识，然后介绍项目开发的 4 大模块，即商品模块、用户模块、购物车模块和订单模块。

13.1 Web 项目相关知识

电子商务平台是运营电子商务的一种 Web 网站，公司通过网络平台进行商品的展示与销售。使用 Python 开发 Web 网站可以用已有的一些框架，如 Django 等。下面首先对电子商务项目进行介绍，然后讲述如何使用 Django 搭建 Web 项目开发环境。

13.1.1 电商项目介绍

电子商务是以信息网络技术为手段的商务活动，而电子商务网站就是承载这种活动的重要平台。目前的电子商务平台有综合电子商务平台与垂直电子商务平台两种。其中，综合电子商务平台是面向多种产品运营销售业务的，垂直电子商务平台是针对某一个行业或细分市场深化运营的，且网站旗下的商品都是同一类型的产品。本章开发的生鲜电子商务项目实际上是一种垂直电子商务平台，主要运营生鲜类产品。

生鲜电子商务网站主要包含 4 个功能模块：商品模块、用户模块、购物车模块、订单模块。其中，商品模块实现商品的添加、商品列表、商品明细及商品搜索等；用户模块实现用户的注册、用户登录、安全退出、用户个人信息管理、最近浏览信息管理等；购物车模块实现商品购买、商品修改、商品删除等；订单模块包括下单、显示订单、付款等功能。

电子商务网站开发完成后由专业公司进行运营，下面介绍生鲜网站的运行流程。

13.1.2 网站的运行流程

电子商务网站是进行商品电子交易的网络化平台，大型电子商务平台运营过程非常复杂，进货、商品上线、折扣、出库、订单管理、退换货等都有严格的规范。本章开发的生鲜电子商务网站功能较为简单，主要从后台管理、前台浏览购物两个方面来分析网站的运行流程，加深对生鲜电商网站功能模块的理解。

1 后台管理

后台管理包括：电子商务运营商根据现有商品库存、商品销售情况完成进货，根据库存及进货信息修改网站当前商品信息，管理商品上线、下架，调整商品在网站上的显示等。

当用户提交订单之后，运营商需要根据用户订单信息，完成商品出库、商品配送工作。

2 前台功能

前台功能主要是针对用户的。用户可以在网站注册，登录网站，添加个人信息、收货地址，查看最近浏览的商品；可以浏览商品，查看商品的详细信息，在网站上搜索商品；可以把感兴趣的商品加入购物车，也可以修改或删除购物车中的商品；用户能够进行下单、付款交易，能够看到订单状态等。

限于篇幅，本章的每日生鲜电商网站，主要讲解前台功能。

13.1.3　Django 建立网站的优势

在每日生鲜电子商务网站设计中，采用 Django 框架进行网站架构与开发。Django 是一个开放源码的 Web 应用框架，其本身由 Python 编写。

Django 采用改进的 MVT 设计模式，即 Model View Template。其中，Model 定义数据库相关的内容，负责与数据库的交互，一般存放在 models.py 中；View 是业务逻辑的核心，负责接收请求、获取数据、返回结果，一般存放在 views.py 中。Template 是一套模板，负责构造封装要返回的 HTML。在 MVT 模式中，浏览器发送的请求根据 urls.py 先进行路由，然后由视图 View 接收，由 View 提交给 Model 与数据库进行交互，Model 将数据库的结果传给 View，由 View 通知 Template 对数据结果进行渲染，产生 HTML 页面，最后 View 将 HTML 页面作为响应发送给浏览器。

Django 实现了 ORM，在 Django 中操作数据库十分方便。关系数据库中的一行相当于 Model 中的一个对象；关系数据库中的一个表相当于一个对象的集合。使用 Django 不需要编写 SQL 语句，首先定义 Model 类，然后通过迁移构建数据库 Schema；在数据库操作时，通过 Model 类的方法修改 Model 对象，在后台 ORM 会生成对应的 SQL 语句实现对数据库表的操作。

Django 不仅自带数据库，还能通过插件安装第三方数据库。Django 包含丰富的插件，几乎提供了网站开发的全套工具。应用 Django 能够简便、快速、一站式开发数据库驱动的网站，非常适合本项目每日生鲜电子商务网站的开发，这也是本项目采用 Django 开发的原因。下面介绍在 Python 中如何搭建项目开发环境，以及如何安装 Django。

13.1.4　搭建开发环境

1 虚拟开发环境

一个项目一般要实现一个相对复杂的功能，可能要用到多个 Pyhton 模块，在同一台计算机上开发多个项目时，每个项目可能使用不同的 Python 模块、不同版本的 Python，甚至同一模块的不同版本。要保证不同项目都能正确运行，必须能够在不同的系统配置之间快速准确地切换。因此，有必要为每一个项目建立独立的开发环境，为其安装需要的模块。项目做好之后，形成可安装的所有的模块列表，再在环境中进行安装、上线。这种技术实际上就是虚拟开发环境技术。下面介绍如何设置虚拟开发环境。

（1）安装虚拟环境。

在 Linux 中，使用 APT 工具或 pip 工具都可以安装虚拟环境，但二者的安装路径有所不同，下面主要介绍通过 APT 工具安装虚拟环境，其命令为：

```
sudo apt-get install virtualenv
```

在终端窗口中输入上述命令，按"Enter"键确认，可以下载并安装虚拟环境。为了便于使用虚拟环境命令，还可以安装虚拟环境扩展包，它提供了很多方便的命令，可以迅速创建和操作虚拟环境。安装命令为：

```
sudo apt-get install virtualenvwrapper
```

在终端窗口中输入上述命令，按"Enter"键确认，可以下载并安装虚拟环境的扩展包。

（2）配置虚拟环境。

安装完成之后，对虚拟环境进行配置。首先在进入当前用户的根目录 home 目录中，使用 mkdir 创建目录 ./.myvirtualenvs。

```
mkdir ./.myvirtualenvs
```

这个目录就是虚拟环境主目录，稍后会在这个目录中创建项目的虚拟环境。然后切换当前目录到 virtualenvwrapper 的安装路径 /usr/share/virtualenvwrapper/，找到 virtualenvwrapper.sh 文件，这个文件中封装并简化了虚拟环境的操作。每次都需要先运行 shell 文件，才能运行该文件中对应的虚拟环境命令。为了方便调用，为当前用户配置个性化设置，使当前用户登录之后能够直接运行 virtualenvwarpper 中的命令。编辑当前用户目录下的 ./.bashrc 配置文件，添加 virtualenvwrapper 的初始化配置：

```
cd
vim ./.bashrc
```

执行上述命令，打开配置文件，在最后一行加入：

```
export WORKON_HOME=/home/yong/.myvirualenvs
source /usr/share/virtualenvwrapper/virtualenvwrapper.sh
```

上述代码第一行用来设置 virtualenvwrapper 所需的环境变量；第二行表示运行 virtualenvwrapper，然后可以直接调用在其中定义的函数，用于创建和操作虚拟环境。配置界面如图 13-1 所示。

图 13-1　配置 virtualenvwrapper

保存当前的 .bashrc 之后，可以更新一下当前的 shell：

```
source ./.bashrc
```

运行成功之后，可以使用 virtualenvwrapper 创建虚拟环境，创建虚拟环境的命令是 mkvirtualenv，默认 Python 2 需要修改为 Pyhton 3，首先要找到 Python 3 的安装位置：

```
which python3
```

以上命令会显示 Python 3 所在的位置，然后用 Python 3 来创建虚拟环境：

```
mkvirtualenv -p /usr/bin/python3 mydjangoweb
```

建立虚拟环境名称为 mydjangoweb。建立虚拟环境后，Python 3 关联的工具包会复制到虚拟环境对应的子目录中；同时将启动虚拟环境，这时可以看到虚拟环境目录在提示符中出现，创建命令及结果如图 13-2 所示。

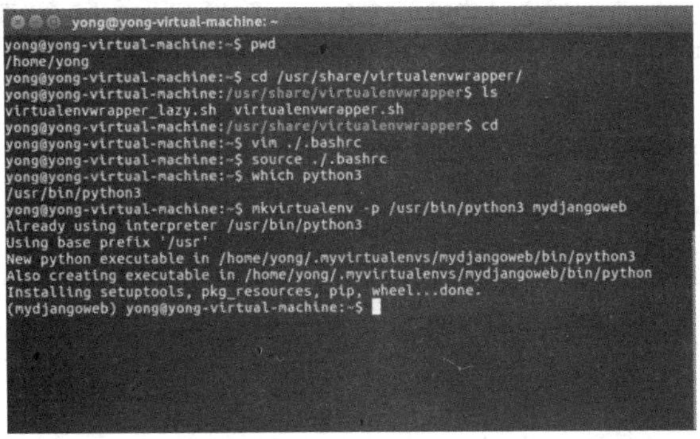

图 13-2　使用 virtualenvwrapper 创建虚拟环境

进入当前设置的工作目录 .myvirtualenvs，使用 tree 命令可以看到创建的虚拟目录 mydjangoweb 文件夹：

```
tree ./mydjangoweb
```

在文件夹中可以看到，与 Python 3、pip 等相关的工具和包都复制到了当前虚拟环境中。

2 安装 Django

Django 是 Python 的一个包，可以通过 pip 工具进行安装。首先打开一个终端窗口，启动前面建立的虚拟环境：

```
workon mydjangoweb
```

在当前的虚拟环境中可以使用 pip 命令安装 Django：

```
pip install django==1.8.2
```

上述命令表示安装 Django 1.8.2 版本，目前这个版本的资源相对丰富一些；如果不加版本号，表示安装最新版。默认的 pip 源安装速度非常慢，可以在网上搜索 pip 源，比如用清华大学的匹配源 https//pypi.tuna.tsingna.edu.cn/simple 进行安装，速度就会快很多。

```
pip install django==1.8.2 -i https//pypi.tuna.tsingna.edu.cn/simple
```

命令运行界面如图 13-3 所示。

图 13-3　在虚拟环境中安装 Django

安装过程中如果下载或安装失败，可以再次运行命令，重新安装。安装完成之后，在虚拟环境对应的目录 mydjangoweb 中，能找到 Django：

```
mydjangoweb/lib/python3/site-packages/
```

如果该目录下有相关的 Django 文件，说明安装成功；由于是在虚拟环境中安装的，Django 命令只能在虚拟环境中使用。使用 pip 命令，可以查看虚拟环境中安装的 Django：

```
pip list
```

该命令显示当前环境中安装的所有包和版本信息，可以看到 Django 1.8.2 已经安装了。还可以在 Python 中测试 Django：

```
python
import django
django.VERSION
```

如果 Django 安装成功，就会看到版本信息。

如果要退出当前虚拟环境，使用命令 deactivate：

```
deactivate
```

运行以上命令后，可以看到提示符中的 mydjangoweb 字符没有了。退出虚拟环境之后，在本地环境中进入 Python，再次查看 Django 的版本信息，系统提示找不到 Django 了。可见，在虚拟环境中安装的工具包，不会影响本地的 Python 运行环境。

本章用到的包还有 django-haystack（2.6.1）、django-tinymce（2.4.0）、jieba（0.39）、PyMySQL（0.8.0）、Whoosh（2.7.4）等，需要使用 pip 工具在虚拟环境中进行安装。

13.1.5　小结

本节主要介绍了电子商务网站的功能、模块、运行流程，以及电子商务网站的相关开发技术。重点介绍了在 Linux 中搭建电子商务网站项目的 Python 虚拟开发环境，以及 Web 框架 Django 在 Python 中的下载与安装。

13.2　商品模块

商品模块主要实现商品的展示、商品信息浏览、商品搜索等功能。本节主要从商品模型类设计、网站首页、商品列表页、商品详细页、商品搜索页等方面介绍商品模块的实现。

13.2.1　模型类设计

每日生鲜电子商务项目的框架是基于 Django 来构建的，因此首先介绍如何使用 Django 来构建 Web 项目框架和应用模块；后续模块的构建就不再深入讲解了。

❶ 使用 Django 通过终端构建 Web 项目

Django 是一个 Web 框架，提供了 Web 项目的基本架构。安装 Django 之后，可以使用 Django 来创建 Web 项目，可以用 django-admin.py 或 django-admin 命令：

```
django-admin startproject dailyfresh
```

在终端中运行上述命令，可以创建一个 dailyfresh 网站，即一个基于 Django 的网站。默认情况下，系统创建了配置文件 settings.py、路由文件 urls.py、wsgi 接口文件 wsgi.py 和管理文件 manage.py 等；对于复杂的系统，还需要创建一些应用模块，在当前项目下可以使用 manage.py 来创建。

```
python manage.py startapp df_goods
```

在终端中运行上述命令，会在当前项目下建立 df_goods 模块，该模块下默认创建了模型文件 models.py、视图文件 view.py 和模型迁移文件夹 migrations 等内容。类似地，还可以建立用户模块、购物车模块和订单模块等。

在专业版 PyCharm 中，新建工程时可以选择 Django 项目，然后根据界面配置有关信息直接创建一个基于 Django 框架的项目，在项目的终端中，还可以以上述命令的形式向项目中添加应用模块。

在 PyCharm 中打开已经创建好的每日生鲜电子商务项目工程，如图 13-4 所示。

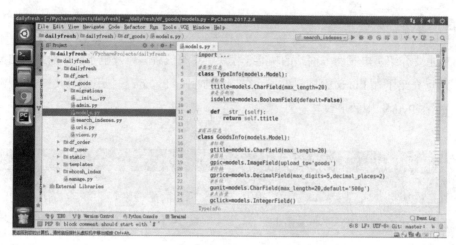

图 13-4　每日生鲜电子商务项目工程

从图 13-4 中可以看到，项目的商品模块、用户模块、购物车模块和订单模块分别对应 df_goods、df_user、df_cart、df_order 应用模块；与项目同名的子文件夹 dailyfresh 存放项目的配置文件；templates 文件夹存放系统的 HTML 模板文件；static 文件夹存放 CSS、JS、图片资源等。下面对项目主要功能模块的代码实现进行介绍。

② 商品模型类设计

（1）定义实体类。

Django 中通过 models.py 定义实体类，在 df_goods 应用模块中，有关于类型信息与商品信息的定义：

```python
#df_goods_models.py
from django.db import models
from tinymce.models import HTMLField
# 类型信息
class TypeInfo(models.Model):
    # 标题
    ttitle=models.CharField(max_length=20)
    # 是否删除
    isdelete=models.BooleanField(default=False)
    def __str__(self):
        return self.ttitle
# 商品信息
class GoodsInfo(models.Model):
    # 标题
    gtitle=models.CharField(max_length=20)
    # 图片
```

```
gpic=models.ImageField(upload_to='goods')
# 价格
gprice=models.DecimalField(max_digits=5,decimal_places=2)
# 单位
gunit=models.CharField(max_length=20,default='500g')
# 点击量
gclick=models.IntegerField()
# 简介
gdescription=models.CharField(max_length=200)
# 库存
ginventory=models.IntegerField()
# 详情内容
gcontent=HTMLField()
# 外键 - 类别
gtypeinfo=models.ForeignKey(TypeInfo)
# 是否删除
isdelete = models.BooleanField(default=False)
def __str__(self):
    return self.gtitle
```

上述代码中，可以看到类型信息定义了 ttitle、isdelete 两个字段；商品信息定义了 gtitle、gpic、gprice、gunit、gclick、gdescription、ginventory、gcontent、gtypeinfo、isdelete 等字段，其中 gtypeinfo 作为外键与类型信息关联。

（2）实体类迁移。

实体类定义完成之后，通过配置迁移，实现与数据库表的 ORM 绑定。这里采用 MySQL 数据库，其相关信息在 dailyfresh 下的 settings.py 中进行配置：

```
DATABASES = {
    'default': {
        'ENGINE': 'django.db.backends.mysql',
        'HOST':'localhost',
        'PORT':'3306',
        'USER':'root',
        'PASSWORD':'root',
        'NAME': 'dailyfresh',
    }
}
```

上述代码定义了项目使用的数据库 dailyfresh 及相关的连接信息。实体类迁移的目的是将应用模块模型的改变映射到数据库 Schema 上，需要在 settings.py 注册应用模块，保证系统能找到应用。打开 settings.py，找到 INSTALLED_APPS，添加应用模块：

```
INSTALLED_APPS = (
    'django.contrib.admin',
    'django.contrib.auth',
    'django.contrib.contenttypes',
    'django.contrib.sessions',
    'django.contrib.messages',
    'django.contrib.staticfiles',
    'df_user',
    'df_goods',
    'tinymce',
    'df_cart',
    'df_order',
    'haystack',
)
```

实体类的迁移命令包含以下两条。

```
python manage.py makemigrations
```

根据模型的改变，创建一个新的迁移。在终端窗口中运行时，会在当前应用模块的子目录 migrations 下产生一个迁移文件 0001_initial.py。

```
python manage.py migrate
```

在终端窗口中运行时，将当前产生的迁移应用到数据库结构上，同步数据库结构和实体类；会针对当前模型的改变，创建 df_goods_goodsinfo 和 df_goods_typeinfo 两张表或更改两张表的结构。

（3）管理实体类。

可以通过应用模块目录下的 admin.py，将 model 注册到 Django Admin 管理工具中：

```
#df_goods_admin.py
from django.contrib import admin
from .models import *
class TypeInfoAdmin(admin.ModelAdmin):
    list_display = ['id','ttitle']
class GoodsInfoAdmin(admin.ModelAdmin):
    list_per_page = 15
    list_display = ['id','gtitle','gprice','gunit','gclick','ginventor
y','gtypeinfo']
admin.site.register(TypeInfo,TypeInfoAdmin)
admin.site.register(GoodsInfo,GoodsInfoAdmin)
```

完成注册之后，可以通过 Django 的管理工具，在 Web 页面上直观地浏览操作实体类。

13.2.2 ▶ 首页

本节首先介绍首页的运行效果，然后根据 Django 中的路由、MVT 机制，逐步来分析首页的实现。

Django 中自带的有 Web 服务器，启动命令为：

```
python manage.py runserver
```

在 PyCharm 中启动终端窗口，进入之前创建的虚拟环境，运行以上命令启动 Web 服务器，界面如图 13-5 所示。

图 13-5 启动 Web 服务器

在图 13-5 中，可以看到服务器的地址是 http://127.0.0.1:8000/，打开浏览器输入上述地址，即可显示每日生鲜项目的首页，如图 13-6 所示。

图 13-6 每日生鲜项目的首页

在 Django 中通过 urls.py 将网址映射到 views.py 中的某个函数上。在生鲜电商项目中包含多个应用模块，为了便于管理，通过配置文件目录 dailyfresh 下的 urls.py 与应用模块下的 urls.py 进行联合设置路由。在后面模块中会再讲到 dailyfresh/urls.py，此处先打开 df_goods 模块中的 urls。

```
#df_goods_urls.py
from django.conf.urls import url
from . import views
from .views import *
urlpatterns=[
    url('^$',views.index),
    url('^list(\d+)_(\d+)_(\d+)/$', views.list),
    url('^(\d+)/$', views.detail),
    url(r'^search/', MySearchView()),
]
```

上述代码中的 urlpatterns 定义了一个列表，其元素是 url() 函数的返回结果。url() 函数的第一个参数是正则表达式表示的网址，第二个参数是函数；在 url() 函数中将网址与 views 中的函数绑定。其中，第一个 url() 函数的参数 ^$ 表示空字符串，这里表示网站的默认网址；views.index 表示 views.py 中的 index() 函数。可见，浏览器发送的显示首页的请求实际上由 views 的 index() 函数进行处理，打开 views.py，来看关于 index() 函数的定义。

```
def index(request):
    '''首页：查询各分类的最新 4 条数据和最热 4 条数据'''
    typelist=TypeInfo.objects.all()
    type0=typelist[0].goodsinfo_set.order_by('-id')[0:4]
    type01=typelist[0].goodsinfo_set.order_by('-gclick')[0:4]
    type1=typelist[1].goodsinfo_set.order_by('-id')[0:4]
    type11=typelist[1].goodsinfo_set.order_by('-gclick')[0:4]
    type2=typelist[2].goodsinfo_set.order_by('-id')[0:4]
    type21=typelist[2].goodsinfo_set.order_by('-gclick')[0:4]
    type3=typelist[3].goodsinfo_set.order_by('-id')[0:4]
    type31=typelist[3].goodsinfo_set.order_by('-gclick')[0:4]
    type4=typelist[4].goodsinfo_set.order_by('-id')[0:4]
    type41=typelist[4].goodsinfo_set.order_by('-gclick')[0:4]
    type5=typelist[5].goodsinfo_set.order_by('-id')[0:4]
    type51=typelist[5].goodsinfo_set.order_by('-gclick')[0:4]
    context={
        'title':'首页','guest_cart':1,
        'type0':type0,'type01':type01,
        'type1': type1, 'type11': type11,
        'type2': type2, 'type21': type21,
        'type3': type3, 'type31': type31,
        'type4': type4, 'type41': type41,
        'type5': type5, 'type51': type51,
        'cart_count':cart_count(request)}
    return render(request,'df_goods/index.html',context)
```

在上述代码中使用实体类 TypeInfo，使用 ORM 从数据库 df_goods_typeinfo 查询各分类的最新 4 条数据和最热 4 条数据，并将其传给 df_goods/index.html 进行渲染后返回。index.html 属于 MVT 中的 Template，要让系统能够找到模板，需要在 settings.py 中进行配置。

```python
TEMPLATES = [
    {
        'BACKEND': 'django.template.backends.django.DjangoTemplates',
        'DIRS': [os.path.join(BASE_DIR,'templates')],
        'APP_DIRS': True,
        'OPTIONS': {
            'context_processors': [
                'django.template.context_processors.debug',
                'django.template.context_processors.request',
                'django.contrib.auth.context_processors.auth',
                'django.contrib.messages.context_processors.messages',
            ],
        },
    },
]
```

在 index.html 中，通过列表形式显示新鲜水果、海鲜水产、猪牛羊肉、禽类商品、新鲜蔬菜和速冻食品 6 个类别的内容，每类产品显示前 4 种最新、最热的产品，如图 13-7 所示。

图 13-7　首页中的新产品与热销产品展示

13.2.3　列表页

单击热销产品右上方的"查看更多"按钮（可以参考图 13-14），可以进入所属类别的列表页。例如，单击该按钮进入新鲜水果的列表页，界面如图 13-8 所示。

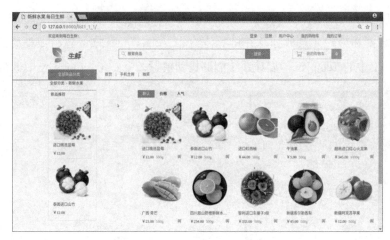

图 13-8   新鲜水果的列表页

根据 index.html 中"查看更多"的 href 信息，查看当前模块 urls.py 中的 urlpatterns 信息：

```
urlpatterns=[
    url('^$',views.index),
    url('^list(\d+)_(\d+)_(\d+)/$', views.list),
    url('^(\d+)/$', views.detail),
    url(r'^search/', MySearchView()),
]
```

在 url() 函数中，看到网址绑定的函数是 views.list。当前模块的 views.py 中关于 list() 函数的定义为：

```
def list(request,tid,pindex,sort):
    '''列表页：按条件显示'''
    typeinfo=TypeInfo.objects.get(pk=int(tid))
    news=typeinfo.goodsinfo_set.order_by('-id')[0:2]
    # 默认，最新
    if sort=='1':
        goods_list=GoodsInfo.objects.filter(gtypeinfo_id=int(tid)).
order_by('-id')
    # 价格从低到高
    elif sort=='2':
        goods_list=GoodsInfo.objects.filter(gtypeinfo_id=int(tid)).
order_by('gprice')
    # 人气点击量从高到低
    elif sort=='3':# 人气，点击量
        goods_list=GoodsInfo.objects.filter(gtypeinfo_id=int(tid)).
order_by('-gclick')
    # 分页显示
```

```
        paginator=Paginator(goods_list,10)
        page=paginator.page(int(pindex))
        context={'title':typeinfo.ttitle,'guest_cart':1,
                'page':page,
                'paginator':paginator,
                'typeinfo':typeinfo,
                'sort':sort,
                'news':news,
                'cart_count':cart_count(request)}
        return render(request,'df_goods/list.html',context)
```

在上述代码中，首先从数据库中找到最新的两个产品，显示在左侧；其余产品按照新旧、价格从低到高、人气从高到低顺序进行综合排序，然后进行分页处理，将结果传给 df_goods/list.html 进行渲染显示。下面是代码片段 list.html 中的部分代码：

```
<ul class="goods_type_list clearfix">
    {%for g in page%}
    <li>
        <a href="/{{g.id}}/"><img src="/static/{{g.gpic}}"></a>
        <h4><a href="/{{g.id}}/">{{g.gtitle}}</a></h4>
        <div class="operate">
            <span class="prize"> ¥{{g.gprice}}</span>
            <span class="unit">{{g.gunit}}</span>
            <a href="/cart/add{{g.id}}_1/" class="add_goods" title=
"加入购物车"></a>
        </div>
    </li>
    {%endfor%}
</ul>
```

在上面代码中，循环读取参数 page 中的信息进行产品显示。

13.2.4 详情页

在首页或列表页中，每种产品在显示时，都通过 href 链接一个产品 ID 表示的网址，在当前模块的 urls.py 中，将这种网址映射到 views.detail 函数中进行处理。

```
urlpatterns=[
    url('^$',views.index),
    url('^list(\d+)_(\d+)_(\d+)/$', views.list),
    url('^(\d+)/$', views.detail),
    url(r'^search/', MySearchView()),
```

```
]
```

下面是 views.py 中函数 detail() 的定义：

```
def detail(request,id):
    ''' 详情页 '''
    goods=GoodsInfo.objects.get(pk=int(id))
    # 点击量加 1
    goods.gclick=goods.gclick+1
    goods.save()
    # 当前类别最新的两条数据
    news=goods.gtypeinfo.goodsinfo_set.order_by('-id')[0:2]
    context={'title':goods.gtypeinfo.ttitle,'guest_cart':1,
             'g':goods,'news':news,'id':id,
             'cart_count':cart_count(request)}
    response=render(request,'df_goods/detail.html',context)
    # 记录最近浏览，最多显示 6 条，在用户中心使用
    goods_ids=request.COOKIES.get('goods_ids','')
    goods_id='%d'%goods.id
    # 判断是否有浏览记录，如果有则继续判断；如果没有则将当前浏览记录添加
    if goods_ids!='':
        goods_ids1=goods_ids.split(',')
        # 如果商品已经被记录，则删除
        if goods_ids1.count(goods_id)>=1:
            goods_ids1.remove(goods_id)
        # 添加到第一个
        goods_ids1.insert(0,goods_id)
        # 如果超过 6 个则删除最后一个
        if len(goods_ids1)>=6:
            del goods_ids1[5]
        goods_ids=','.join(goods_ids1)
    else:
        goods_ids=goods_id
    # 写入 cookie
    response.set_cookie('goods_ids',goods_ids)
    return response
```

在 detail() 函数中，根据产品 ID，从数据库中取出当前产品类别中最新的两种产品，以及购物车的相关信息一起作为参数传给 df_goods/detail.html 页面进行渲染，同时将用户浏览信息加入 cookies。

由此可见，在首页或列表中单击任何一种产品，都会进入该产品的详情页，如图 13-9 所示。

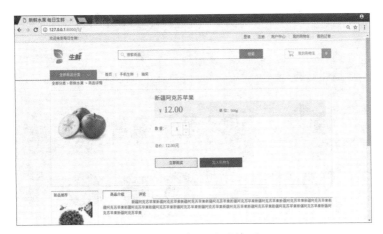

图 13-9　产品的详情页

13.2.5　搜索页

在首页、列表页、详情页中都有搜索框，在页面中输入商品相关内容可以进行搜索。它在界面上是这样实现的：在网站的主要页面上，都直接或间接地包含一个公共的模板 base.html，在这个页面中实现了搜索框，base.html 中的有关代码为：

```
<form method='get' action="/search/" target="_blank">
<input type="text" class="input_text fl" name="q" placeholder="搜索商品">
<input type="submit" class="input_btn fr" value="搜索">
</form>
```

从上述代码可以看到，搜索框提交了一个 "/search/" 请求，再次打开路由文件 urls.py：

```
urlpatterns=[
    url('^$',views.index),
    url('^list(\d+)_(\d+)_(\d+)/$', views.list),
    url('^(\d+)/$', views.detail),
    url(r'^search/', MySearchView()),
]
```

看到 search 请求由 MySearchView 对象来处理，在 views.py 中可以找到这个类的定义。搜索是用 Whoosh 来实现的。在 templates/search/indexes/df_goods/goodsinfo_text.txt 中配置了搜索的选项：

```
{{object.gtitle}}
{{object.gdescription}}
{{object.gcontent}}
```

在这里对产品的标题、描述和内容等信息进行搜索。

图 13-10 所示为搜索页面，在搜索框中输入 "进口" 进行搜索。

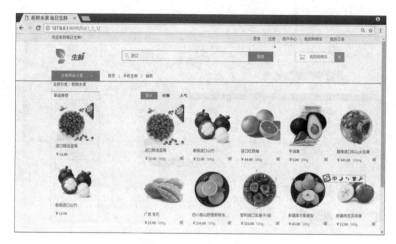

图 13-10　搜索页面

搜索结果如图 13-11 所示，可见有关进口的商品都被搜索并显示出来了。

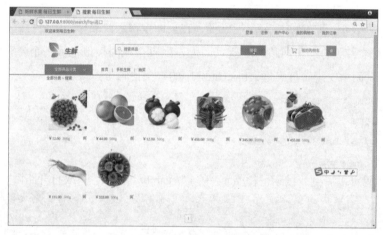

图 13-11　搜索结果

13.3　用户模块

　　用户不仅是电子商务网站的服务对象，对运营电子商务的公司而言，还是一种重要的资源。在每日生鲜电商网站提供了用户模块，可以对用户信息进行管理，主要包括注册、登录、安全退出、个人信息、收货地址、最近浏览等内容。

13.3.1　模型类设计

　　与商品模块实现类似，首先看一下用户模块的模型类设计。在 Python 中设计用户模型类，其代码为：

```
#df_user_models.py
from django.db import models
#用户信息
class UserInfo(models.Model):
    #用户名
    uname=models.CharField(max_length=20)
    #密码
    upwd=models.CharField(max_length=40)
    #邮箱
    uemail=models.CharField(max_length=30)
    #收件人
    ureceiver=models.CharField(max_length=20,default='')
    #地址
    uaddress=models.CharField(max_length=100,default='')
    #邮编
    uzipcode=models.CharField(max_length=6,default='')
    #电话
    uphone=models.CharField(max_length=11,default='')
```

上述代码设计了用户实体，包括用户名、密码、邮箱、收件人、地址、邮编、电话等信息。实体类设计完成之后，与商品模型类似，在 settings.py 中对用户应用模块进行注册，然后通过迁移构建 MySQL 中的数据库 Schema。迁移后，在 dailyfresh 数据库中创建表 df_user_userinfo，实现与用户类 UserInfo 的对应。

13.3.2 注册

每日生鲜电商网站将用户登录、注册、退出、用户中心等内容包含在 base.html 中，作为网页的基础内容，网站的主要页面都以直接或间接的形式包含 base.html 中的内容。下面是 base.html 中的部分代码：

```
{%if request.session.user_name|default:'' != ''%}
<div class="login_btn fl">
    欢迎您：<em>{{request.session.user_name}}</em>
    <span>|</span>
    <a href="/user/logout/">退出</a>
</div>
{%else%}
<div class="login_btn fl">
    <a href="/user/login/">登录</a>
    <span>|</span>
    <a href="/user/register/">注册</a>
```

```
</div>
{%endif%}
<div class="user_link fl">
    <span>|</span>
    <a href="/user/info/">用户中心 </a>
    <span>|</span>
</div>
```

在上述代码中，根据用户的不同状态，会显示注册、登录或退出选项。从上面代码中，可以看到注册对应的 url 是 "/user/register/"，打开 df_user 模块的 urls.py 文件如下：

```
from django.conf.urls import url
from .import views
urlpatterns=[
    url(r'^register/$',views.register),
    url(r'^register_handle/$',views.register_handle),
    url(r'^register_exist/$', views.register_exist),
    url(r'^login/$', views.login),
    url(r'^login_handle/$', views.login_handle),
    url(r'^logout/$',views.logout),
    url(r'^info/$', views.info),
    url(r'^order(\d*)/$', views.order),
    url(r'^site/$', views.site),
]
```

从上述代码中可以看出将 register 请求路由提交到了 views.register 中，可是在 HTML 中提交的请求是 "/user/register/"。这是因为 Django 为了便于管理路由，将项目的路由与应用模块的路由进行了分开设置，可以打开项目配置文件夹 dailyfresh 下的 urls.py 文件进行查看：

```
from django.conf.urls import include, url
from django.contrib import admin
urlpatterns = [
    url(r'^admin/', include(admin.site.urls)),
    url(r'^user/',include('df_user.urls')),
    url(r'^tinymce/', include('tinymce.urls')),
    url(r'^',include('df_goods.urls')),
    url(r'^cart/',include('df_cart.urls')),
    url(r'^order/',include('df_order.urls')),
    url(r'^search/', include('haystack.urls')),
]
```

可以看到，通过 include() 函数，将所有用户模块的 url 请求都加了一个前缀 "user/"，而且商品模块 df_goods 的 url 请求加的前缀是空字符串，所以关于商品模块的 url 请求，不

需要加 "df_goods"，只需参照 df_goods/urls.py 即可。

下面来看一下 views.register 如何来处理 "注册" 的请求，在 views.py 中找到相应的代码：

```
def register(request):
    '''注册页面'''
    context={'title':'用户注册'}
    return render(request,'df_user/register.html',context)
```

从上面代码中看到将 register 请求直接转到 HTML 模板 "df_user/register.html" 进行处理。

注册页面是一个嵌入了 JavaScript 代码的 HTML 页面，其运行效果如图 13-12 所示。

图 13-12　注册页面

在图 13-12 中的用户名文本框中输入信息开始注册，通过 JavaScript 代码，对姓名、密码、Email 等字段实现了一些有效性验证。例如，输入的用户名如果已经被占用，则给用户以信息提示。下面来看一下相关的代码：

```
function check_user_name(){
    var len = $('#user_name').val().length;
    if(len<5||len>20)
    {
        $('#user_name').next().html('请输入 5-20 个字符的用户名');
        $('#user_name').next().show();
        error_name = true;
    }
    else
    {
        $.get('/user/register_exist/?uname='+$('#user_name').val(),
function (data) {
            if(data.count==1){
                $('#user_name').next().html('用户名已经存在').show();
```

```
                                      error_name = true;
                        }else{
                                $('#user_name').next().hide();
                        error_name = false;
                        }
                });
        }
}
```

上述代码取自 dailyfresh/static/js/register.js，首先验证用户名长度，然后发送 AJAX 请求，验证用户名是否存在，该请求由 views.py 中的 register_exist() 函数进行处理：

```
def register_exist(request):
    '''判断用户名是否已经存在，返回用户名的数量'''
    uname=request.GET.get('uname')
    count=UserInfo.objects.filter(uname=uname).count()
    return JsonResponse({'count':count})
```

最终从数据库中查询当前用户名是否存在，如果存在，JavaScript 会提示用户重新输入。用户输入的信息满足要求之后，单击"注册"按钮，提交请求。

```
<form action="/user/register_handle/" method="post" id="reg_form">
```

上面的代码行是表单提交的请求，从 urls.py 中看到，表单请求由 views.py 中的函数 register_handle() 处理：

```
def register_handle(request):
    '''处理注册'''
    # 接收用户输入
    post=request.POST
    uname=post.get('user_name')
    upwd=post.get('pwd')
    upwd2=post.get('cpwd')
    uemail=post.get('email')
    # 判断两次密码
    if upwd!=upwd2:
        return redirect('/user/register/')
    # 密码加密
    s1=sha1()
    s1.update(upwd.encode('utf-8'))
    upwd3=s1.hexdigest()
    # 创建对象，并新增
    user=UserInfo()
```

```
    user.uname=uname
    user.upwd=upwd3
    user.uemail=uemail
    user.save()
    # 注册成功，转到登录页面
    return redirect('/user/login/')
```

该函数取出表单请求中的参数，构造 user 对象，然后存入数据库，最后将请求转向登录页面。

13.3.3 登录

在电商网站相关页面单击"登录"按钮或注册完成之后，将向服务器发送或转发"/user/login/"请求，查看 urls.py：

```
urlpatterns=[
    url(r'^register/$',views.register),
    url(r'^register_handle/$',views.register_handle),
    url(r'^register_exist/$', views.register_exist),
    url(r'^login/$', views.login),
    url(r'^login_handle/$', views.login_handle),
    url(r'^logout/$',views.logout),
    url(r'^info/$', views.info),
    url(r'^order(\d*)/$', views.order),
    url(r'^site/$', views.site),
]
```

从上述代码中可以看到 views.login 处理了用户登录请求：

```
def login(request):
    ''' 登录页面 '''
    uname=request.COOKIES.get('uname','')
    context={'title':'用户登录','error_name': 0,'error_pwd': 0,'uname':uname}
    return render(request,'df_user/login.html',context)
```

在上面代码中，将用户的登录请求转向 HTML 模板页面 df_user/login.html，浏览器显示界面如图 13-13 所示。

图 13-13　用户登录页面

在 login.html 中，仍然使用 JavaScript 对用户输入信息进行验证，输入信息满足要求之后，单击"登录"按钮，发送请求：

```
<form action="/user/login_handle/" method="post">
```

该请求由 views.py 中的 login_handle() 函数进行处理：

```python
def login_handle(request):
    '''处理登录'''
    # 接收请求信息
    post=request.POST
    uname=post.get('username')
    upwd=post.get('pwd')
    jizhu=post.get('jizhu',0)
    # 根据用户名查询对象
    users=UserInfo.objects.filter(uname=uname)
    # 判断：如果未查到则用户名错，如果查到则判断密码是否正确，如正确则转到用户中心
    if len(users)==1:
        s1=sha1()
        s1.update(upwd.encode('utf-8'))
        if s1.hexdigest()==users[0].upwd:
            url=request.COOKIES.get('url','/')
            red = HttpResponseRedirect(url)
            # 成功后删除转向地址，防止以后直接登录造成的转向
            red.set_cookie('url','',max_age=-1)
            # 记住用户名
            if jizhu!=0:
                red.set_cookie('uname',uname)
            else:
                red.set_cookie('uname','',max_age=-1)
            request.session['user_id']=users[0].id
            request.session['user_name']=uname
            return red
```

```
        else:
            context = {'title': '用户登录','error_name': 0, \
            'error_pwd': 1,'uname':uname,'upwd':upwd}
            return render(request,'df_user/login.html',context)
    else:
        context = {'title': '用户登录','error_name':1, \
        'error_pwd': 0,'uname':uname,'upwd':upwd}
        return render(request,'df_user/login.html',context)
```

在上述代码中，首先将用户名与密码在数据库中进行查询验证，如果验证正确表明登录成功，如不正确则重新转向登录页面；用户信息正确时，可以根据用户的选择，将信息写入 cookies，将信息写入 session 后转向首页或用户 cookies 中的地址。登录成功后的页面如图 13-14 所示。

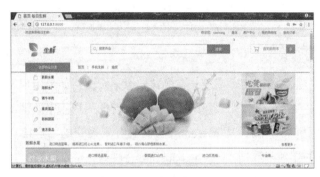

图 13-14　登录成功页面

在图 13-14 中，由于当前用户在浏览首页时进行了登录操作，因此登录以后还留在首页。

13.3.4　安全退出

用户在登录状态时，个人信息会显示在页面顶端，个人信息右边有"退出"选项，如图 13-14 所示。单击"退出"按钮，会返回首页，同时将目前 session 中的信息清空。这个操作最终由 views.py 中的 logout() 函数来处理：

```
def logout(request):
    '''安全退出'''
    request.session.flush()
    return redirect('/')
```

在上述代码中，清空了 session，然后将首页 URL 返回客户端浏览器。

13.3.5　个人信息

在生鲜网站中，查看用户中心、购物车、我的订单等操作，都需要用户在登录状态下操作。所以对这些操作进行处理时，要对用户个人信息进行判断，如果已登录，转向正常页面；如果没有登录，则转向登录页面，要求用户登录。在项目中，这种个人信息判断功能是用装饰器来实现的：

```python
#user_decorator.py
from django.shortcuts import redirect
from django.http import HttpResponseRedirect
# 装饰器，如果未登录，记录要登录的地址，然后转到登录页面
def login(func):
    def login_fun(request,*args,**kwargs):
        if request.session.has_key('user_id'):
            return func(request,*args,**kwargs)
        else:
            red=HttpResponseRedirect('/user/login/')
            red.set_cookie('url',request.get_full_path())
            return red
    return login_fun
```

在上述代码中，如果用户已经登录，直接转向原来页面；如果用户没有登录，记录用户请求页面，然后转向登录页面，如果登录成功，直接转向用户原来的请求页面。例如，未登录用户单击"用户中心"按钮，从 base.html 页面中看到提交的用户请求是"/user/info/"，在 urls.py 中，对应的处理函数是 views.py 中的 info() 函数：

```python
@user_decorator.login
def info(request):
    '''用户信息'''
    user_email=UserInfo.objects.get(id=request.session['user_id']).
uemail
    # 最近浏览
    goods_list=[]
    goods_ids=request.COOKIES.get('goods_ids','')
    if goods_ids!='':
        goods_ids1=goods_ids.split(',')#['']
        #GoodsInfo.objects.filter(id__in=goods_ids1)
        for goods_id in goods_ids1:
            goods_list.append(GoodsInfo.objects.get(id=int(goods_id)))

    context={'title':'用户中心',
             'user_email':user_email,
             'user_name':request.session['user_name'],
             'page_name':1,
             'goods_list':goods_list}
```

```
        return render(request,'df_user/user_center_info.html',context)
```

从上述代码中看到，info() 函数已经被加了装饰器，由 user_decorator.login 进行预处理；
如果用户没有登录，就会转向登录页面，等用户登录成功，再转给 info() 函数；最后将由
df_user/user_center_info.html 模板页面进行渲染显示。用户中心的显示页面如图 13-15 所示。

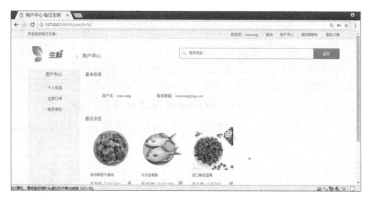

图 13-15　用户中心页面

在用户中心页面可以修改用户的相关信息。

13.3.6　收货地址

在图 13-15 中，单击"收货地址"按钮，发送请求"/user/site/"，在 urls.py 中，该请求
被 views.site 处理：

```
@user_decorator.login
def site(request):
    '''修改用户信息'''
    user = UserInfo.objects.get(id=request.session['user_id'])
    if request.method=='POST':
        post=request.POST
        user.ureceiver=post.get('ureceiver')
        user.uaddress=post.get('uaddress')
        user.uzipcode=post.get('uzipcode')
        user.uphone=post.get('uphone')
        user.save()
    context={'title':'用户中心','user':user,
            'page_name':1}
    return render(request,'df_user/user_center_site.html',context)
```

从上述代码中可以看到，首先根据用户 ID，从数据库中提取用户信息；如果浏览器请求
中包含有用户信息，即请求修改，用请求参数更新用户信息，写回数据库；最后将用户信息
传给 df_user/user_center_site.html 页面进行渲染显示，如图 13-16 所示。

图 13-16　收货地址显示和修改

在图 13-16 中可以对用户信息进行修改，然后将页面重新提交给 /user/site/ 进行处理。

13.3.7 ▶ 最近浏览

最近浏览是显示用户最近浏览的一些商品信息，在用户中心页面的个人信息选项页面的下端进行显示（见图 13-15）。通过前面的讲述知道，图 13-15 所示页面是 df_user/user_center_info.html 的渲染界面，而该页面接收 views.info 函数的相关参数，views.info 中的代码如下：

```
@user_decorator.login
def info(request):
    '''用户信息'''
    user_email=UserInfo.objects.get(id=request.session['user_id']).
uemail
    # 最近浏览
    goods_list=[]
    goods_ids=request.COOKIES.get('goods_ids','')
    if goods_ids!='':
        goods_ids1=goods_ids.split(',')#['']
        #GoodsInfo.objects.filter(id__in=goods_ids1)
        for goods_id in goods_ids1:
            goods_list.append(GoodsInfo.objects.get(id=int(goods_id)))
    context={'title':'用户中心',
             'user_email':user_email,
             'user_name':request.session['user_name'],
             'page_name':1,
             'goods_list':goods_list}
    return render(request,'df_user/user_center_info.html',context)
```

在 info() 函数中，首先从用户的 cookies 中拿到商品 ID，然后通过商品 ID 从数据库中取出商品，作为参数传递给 user_center_info.html 页面，实现"最近浏览"商品的展示。

13.4　购物车模块

购物车模块是电子商务网站的一种重要功能，用于保存用户选择的商品，最后形成订单。购物车是分配给用户的一个虚拟实体，用户在浏览商品时，对感兴趣的商品可以随时加入购物车；用户也可以进入购物车页面，随时修改自己的选择，最后在购物车中形成自己的订单。在每日生鲜电商网站中实现了购物车的基本功能，包括购买商品、修改商品数量、删除商品等。下面介绍如何实现这些模块。

13.4.1　设计模型类

首先来看一下购物车的相关模型类，在项目文件 df_cart/models.py 中：

```
#df_cart_models.py
from django.db import models
# 购物车
class CartInfo(models.Model):
    # 关联的用户
    user=models.ForeignKey('df_user.UserInfo')
    # 关联的商品
    goods=models.ForeignKey('df_goods.GoodsInfo')
    # 购买的数量
    count=models.IntegerField()
```

从上述代码中看到，购物车实体类包含关联的用户、关联的商品和购买的数量 3 个字段，由于购物车要关联用户与商品，因此要建立相应的外键。要根据模型类生成数据库表，与前面的模型类类似，需要在 settings.py 中注册购物车模块 df_cart，然后迁移，在数据库 dailyfresh 中生成数据库表 df_cart_cartinfo。

13.4.2　购买商品

前面看到的大部分页面通过包含 base.html 而拥有 "我的购物车" 选项，单击 "我的购物车" 按钮，发送 "/cart/" 请求，对应的路由信息在 df_cart/urls.py 中：

```
from django.conf.urls import url
from . import views
urlpatterns=[
    url(r'^$',views.cart),
    url(r'^add(\d+)_(\d+)/$',views.add),
    url(r'^edit(\d+)_(\d+)/$',views.edit),
```

```
     url(r'^delete(\d+)/$',views.delete),
]
```

结合 dalifresh/urls.py，看到"/cart/"请求由 views.py 中的 cart() 函数处理：

```
@user_decorator.login
def cart(request):
    ''' 获取当前用户的购物车信息 '''
    uid=request.session['user_id']
    carts=CartInfo.objects.filter(user_id=uid)
    context={
        'title':'购物车',
        'page_name':1,
        'carts':carts
    }
    return render(request,'df_cart/cart.html',context)
```

在 cart() 函数中，根据当前用户 ID，从数据库中取出购物车信息，作为参数传给页面 df_cart/cart.html 进行渲染显示，购物车的界面如图 13-17 所示。

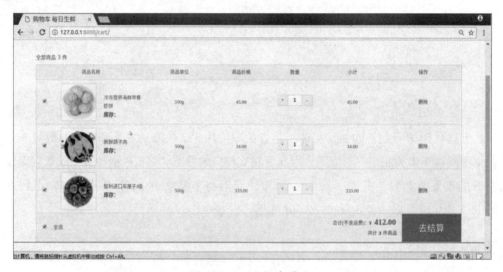

图 13-17　购物车界面

在商品列表、商品搜索和用户中心最近浏览等页面中，商品图片旁边都会显示一个购物车图标（图 13-8、图 13-11 和图 13-15），或者商品详情页面中（图 13-9）有"加入购物车"按钮。单击这些图标或按钮会触发"/cart/addxxx"请求，从 urls.py 中可以看到，该请求被 views.add 处理：

```
@user_decorator.login
def add(request,gid,count):
```

```
''' 新增 '''
# 用户 uid 购买了 gid 商品，数量为 count
uid=request.session['user_id']
gid=int(gid)
count=int(count)
# 查询购物车中是否已经有此商品，如果有则数量增加，如果没有则新增
carts=CartInfo.objects.filter(user_id=uid,goods_id=gid)
if len(carts)>=1:
    cart=carts[0]
    cart.count=cart.count+count
else:
    cart=CartInfo()
    cart.user_id=uid
    cart.goods_id=gid
    cart.count=count
cart.save()
# 如果是 AJAX 请求则返回 JSON，否则转向购物车
if request.is_ajax():
    count=CartInfo.objects.filter(user_id=request.session['user_
id']).count()
    return JsonResponse({'cart_id':cart.id,'count':count})
else:
    return redirect('/cart/')
```

在 add() 函数中，获取用户 ID、商品 ID 和数量，然后存入数据库，转发请求 '/cart/'，最终仍由 cart.html 渲染处理，显示购物车页面（图 13-17）。

13.4.3 修改

在图 13-17 的购物车页面中，大部分的操作由 JavaScript 客户端交互或发送 AJAX 请求完成，下面首先介绍如何修改商品数量。在商品数量列中，每种商品数量文本框两边都有加号和减号图标，当用户单击相应图标时，会触发 JavaScript 函数进行操作：

```
// 数量加
$('.add').click(function () {
    txt=$(this).next();
    count=parseFloat(txt.val());
    if(count>=99){
        txt.val(99).blur();
    }else{
```

```
                txt.val(count+1).blur();
        }
    });
// 数量减
$('.minus').click(function () {
    txt=$(this).prev();
    count=parseFloat(txt.val());
    if(count<=1){
        txt.val(1).blur();
    }else{
        txt.val(count-1).blur();
    }
    });
// 手动改数量
$('.num_show').blur(function () {
    count=$(this).val();
    if(count<=0){              // 数量不能少于 1
        $(this).val(1);
    }else if(count>=100){      // 数量不能大于 99
        $(this).val(99);
    }
    cart_id=$(this).parents('.cart_list_td').attr('id');
    $.get('/cart/edit'+cart_id+'_'+count+'/',function (data) {
        if(data.ok==0){       // 修改成功
            total();
        }else{                // 修改失败，显示原来的数量
            $(this).val(data.ok);
        }
    })
    });
```

在上面代码中，首先通过 JavaScript 改变数量文本框中的内容，然后发送 AJAX 请求"/cart/editxxx"，在 urls.py 中，看到该请求被 views.edit 处理：

```
@user_decorator.login
def edit(request,cart_id,count):
    '''修改'''
    count1=1
    try:
        cart=CartInfo.objects.get(pk=int(cart_id))
```

```
        count1=cart.count
        cart.count=int(count)
        cart.save()
        data={'ok':0}
    except Exception as e:
        data={'ok':count1}
    return JsonResponse(data)
```

在 views.py 的 edit() 函数中，拿到购物车数据，用传入的参数更新购物车数据并写回数据库，然后返回 AJAX 响应，实现购物车数据的实时修改。

13.4.4　删除

在购物车页面中，如果单击每个商品操作列中的"删除"链接，会触发购物车中的相应商品被删除，相应的操作使用 JavaScript 实现：

```javascript
// 删除
function cart_del(cart_id) {
    del=confirm('确定要删除吗 ');
    if(del) {
        $.get('/cart/delete' + cart_id + '/', function (data) {
            if (data.ok == 1) {
                $('ul').remove('#' + cart_id);
                total();
            }
        });
    }
}
```

在上述代码中弹出询问用户是否确定要删除的窗口，经用户确认删除后，删除界面显示的商品，然后重新计算购物车小计，并发送 AJAX 请求 "/cart/deletexxx"，该请求被 views. delete 处理：

```python
@user_decorator.login
def delete(request,cart_id):
    '''删除'''
    try:
        cart=CartInfo.objects.get(pk=int(cart_id))
        cart.delete()
        data={'ok':1}
    except Exception as e:
```

```
        data={'ok':0}
    return JsonResponse(data)
```

在 views.py 的 delete() 函数中，从数据库中删除购物车数据，返回 AJAX 响应，实现删除购物车中的数据。

13.5 订单模块

订单模块是电子商务网站的重要模块，在电子商务平台，用户和商家最终通过订单形式完成交易。每日生鲜电商项目的订单模块包括下单、显示、付款等功能。下面介绍如何实现这些模块。

13.5.1 设计模型类

首先来看订单模块的相关模型类：

```python
#df_order_models.py
from django.db import models
# 订单信息
class OrderInfo(models.Model):
    # 订单 ID
    oid=models.CharField(max_length=20, primary_key=True)
    #用户
    user=models.ForeignKey('df_user.UserInfo')
    # 时间
    odate=models.DateTimeField(auto_now_add=True)
    # 是否支付
    oispay=models.BooleanField(default=False)
    # 总金额
    ototal=models.DecimalField(max_digits=6,decimal_places=2)
    # 地址
    oaddress=models.CharField(max_length=150)
# 无法实现：真实支付，物流信息
class OrderDetailInfo(models.Model):
    ''' 订单详情信息 '''
    # 商品
    goods=models.ForeignKey('df_goods.GoodsInfo')
    # 订单
```

```
order=models.ForeignKey(OrderInfo)
# 单价
price=models.DecimalField(max_digits=5,decimal_places=2)
# 数量
count=models.IntegerField()
```

上述代码包含订单信息与详细订单信息两个实体类。其中，订单信息包括订单 ID、所属用户、时间、是否支付、总金额和地址；订单详细信息包括商品、所属订单、单价和数量。订单描述的是用户、商品之间的信息，所以在订单信息中包含用户外键；订单详情描述了订单的具体内容，所以包含了订单外键和商品外键。与前面类似，在 settings.py 中对订单模块 df_order 进行注册，然后迁移实体类，在数据库 dailyfresh 中创建表 df_goods_typeinfo 和表 df_order_orderdetailinfo，与订单模块的实体类进行映射。

13.5.2 下单

在产品详情页（图 13-9）单击"立即购买"按钮，或者在购物车页面（图 13-17）单击"去结算"按钮，都会发送"/order/"请求，查看 df_order/urls.py：

```
from django.conf.urls import url
from . import views
urlpatterns=[
    url(r'^$',views.order),
    url(r'^order_handle/$', views.order_handle),
    url(r'^pay(\d+)/$', views.pay),
]
```

结合 dailyfresh/urls.py：

```
from django.conf.urls import include, url
from django.contrib import admin
urlpatterns = [
    url(r'^admin/', include(admin.site.urls)),
    url(r'^user/',include('df_user.urls')),
    url(r'^tinymce/', include('tinymce.urls')),
    url(r'^',include('df_goods.urls')),
    url(r'^cart/',include('df_cart.urls')),
    url(r'^order/',include('df_order.urls')),
    url(r'^search/', include('haystack.urls')),
]
```

可以看出，"/order/"请求被 views.order 处理：

```
@user_decorator.login
```

```
def order(request):
    ''' 提交订单页面 '''
    # 查询用户对象
    user=UserInfo.objects.get(id=request.session['user_id'])
    # 根据提交查询购物车信息
    get=request.GET
    cart_ids=get.getlist('cart_id')
    cart_ids1=[int(item) for item in cart_ids]
    carts=CartInfo.objects.filter(id__in=cart_ids1)
    # 构建传递到模板中的数据
    context={'title':' 提交订单 ',
            'page_name':1,
            'carts':carts,
            'user':user,
            'cart_ids':','.join(cart_ids)}
    return render(request,'df_order/order.html',context)
```

在 views.py 中的 order() 函数中，首先从数据库中获得用户信息和购物车信息，将其传递给 df_order/order.html 页面进行渲染，订单页面如图 13-18 所示。

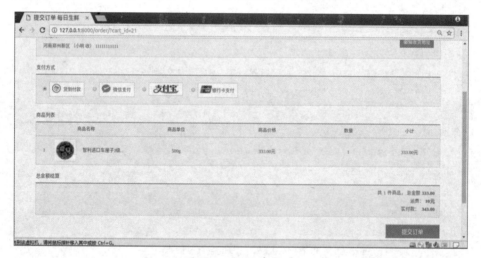

图 13-18　订单页面

在订单页面中会显示用户信息、购物车信息及结算信息，单击"提交订单"按钮，发送"/order/order_handle/"请求，从 urls.py 中可以看到，对应的处理是 views. order_handle：

```
@user_decorator.login
@transaction.atomic()
def order_handle(request):
    '''
```

```
    下订单使用事务
    一旦操作失败则全部回退
    成功，提交
    1、创建订单对象
    2、判断商品的库存
    3、创建详单对象
    4、修改商品库存
    5、删除购物车
'''
# 事务保存点
tran_id=transaction.savepoint()
# 接收购物车编号
cart_ids=request.POST.get('cart_ids')
try:
    # 创建订单对象
    order=OrderInfo()
    now=datetime.now()
    uid=request.session['user_id']
    order.oid='%s%d'%(now.strftime('%Y%m%d%H%M%S'),uid)
    order.user_id=uid
    order.odate=now
    order.oaddress=request.POST.get('address')
    order.ototal=0
    order.save()
    # 创建详单对象
    cart_ids1=[int(item) for item in cart_ids.split(',')]
    total=0
    for id1 in cart_ids1:
        detail=OrderDetailInfo()
        detail.order=order
        # 查询购物车信息
        cart=CartInfo.objects.get(id=id1)
        # 判断商品库存
        goods=cart.goods
        # 如果库存大于购买数量
        if goods.ginventory>=cart.count:
            # 减少商品库存
            goods.ginventory=cart.goods.ginventory-cart.count
```

```
                        goods.save()
                        # 完善详单信息
                        detail.goods_id=goods.id
                        price=goods.gprice
                        detail.price=price
                        count=cart.count
                        detail.count=count
                        detail.save()
                        total=total+price*count
                        # 删除购物车数据
                        cart.delete()
                else:# 如果库存小于购买数量
                        transaction.savepoint_rollback(tran_id)
                        return redirect('/cart/')
            # 保存总价
            order.ototal=total+10
            order.save()
            # 提交事务
            transaction.savepoint_commit(tran_id)
    except Exception as e:
        print('ERROR:%s'%e)
        # 回滚
        transaction.savepoint_rollback(tran_id)
    return redirect('/user/order/')
```

提交订单的操作比较复杂，在这里面要用到事务，保证数据的一致性，当订单提交不成功时，会进行回滚数据库的操作。订单提交过程用到了 Django 中提供的事务处理机制，将创建订单对象、修改商品库存、删除购物车数据 3 个操作放在一个事务中进行处理。提交事务成功之后，将转向请求 "/user/order/"，显示当前全部订单。

13.5.3 显示

单击页面中的"我的订单"（base.html 中包含，并在其他页面中引用）按钮，或者在用户中心页面（图 13-15）单击"全部订单"按钮，以及 13.5.2 节中的提交订单成功，都会发送请求 "/user/order/"，从 urls.py 中可以看到，该请求由 df_user 模块的 views.order 处理：

```
user_decorator.login
order(request,pindex):
    向订单'''
```

```
    order_list=OrderInfo.objects.filter(user_id=request.session['user_
id']).order_by('-oid')
    paginator=Paginator(order_list,2)
    if pindex=='':
        pindex='1'
    page=paginator.page(int(pindex))
    context={'title':'用户中心',
            'page_name':1,
            'paginator':paginator,
            'page':page,}
    return render(request,'df_user/user_center_order.html',context)
```

上述 order() 函数定义在 df_user 模块的 views.py 中。在该 order() 函数中，首先获得所有订单的信息，然后进行分页计算，将参数传给 "df_user/user_center_order.html" 页面，在用户中心显示全部订单。显示订单的页面如图 13-19 所示。

图 13-19　订单显示页面

13.5.4 付款

在图 13-19 中，对未支付订单，可以单击"去付款"按钮进行付款。现实中的付款操作，一般要链接到第三方网银支付接口，这步设计需要用公司的身份去申请，因此在这里只是模拟一下，真实支付与模拟流程类似，都是传递一些参数进行处理。

单击"去付款"按钮，会发送 "/order/payxxx" 请求，查看 urls.py，看到该请求由 views.pay 进行处理：

```
@user_decorator.login
def pay(request,oid):
    '''支付模拟'''
```

```
    print(oid)
    order=OrderInfo.objects.get(oid=oid)
    order.oispay=True
    order.save()
    print(order.oispay)
    context={'order':order}
    return render(request,'df_order/pay.html',context)
```

在 pay() 函数中，获取订单信息，将订单的支付状态改为已支付并写回数据库，最后将订单作为参数转给"df_order/pay.html"页面进行渲染显示。模拟的支付页面如图 13-20 所示。

图 13-20　模拟的支付页面

支付成功后返回订单页面，可见订单支付状态已发生改变，如图 13-21 所示。

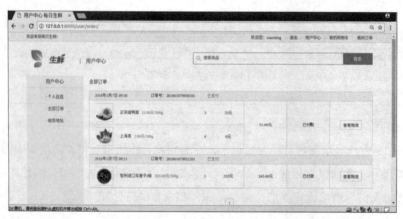

图 13-21　订单支付成功返回页面

至此，每日生鲜电商项目的主要功能就讲完了，接下来还可以对项目的功能进行扩展。

如图 13-21 中，对已完成的订单提供物流跟踪、申请退货和客户评价等功能。